钢冶炼过程耐火材料与渣/钢作用的数值模拟

黄　奥　张美杰　顾华志　著

科学出版社

北　京

内 容 简 介

本书主要内容包括耐火材料冶金过程及其数值模拟必需的基础知识概述，卷渣关键区域模型与边界条件，耐火材料与渣/钢三相区的卷渣行为，底吹钢包耐火材料蚀损的数学模型，底吹钢包耐火材料的蚀损规律，耐火材料渣蚀的基本模型，耐火材料的渣蚀行为模拟，气幕挡墙中间包钢液流动数学模型，气幕挡墙中间包内夹杂物运动与去除数值模拟，透气耐火材料对气幕挡墙中间包钢液流场的影响，二流板坯连铸中间包数值模拟，中间包内多物理场场协同分析方法，中间包内钢液流场与温度场数值计算与场协同分析，单流中间包夹杂物去除数值模拟与场协同分析，透气耐火材料服役过程热应力分析。

本书可供高等学校从事冶金等高温过程工业、耐火材料行业的相关专业学生使用，也可作为从事此方面科研、生产设计与应用工作的技术人员参考。

图书在版编目(CIP)数据

钢冶炼过程耐火材料与渣/钢作用的数值模拟/黄奥，张美杰，顾华志著. —北京：科学出版社，2018.10

ISBN 978-7-03-058765-7

Ⅰ.①钢…　Ⅱ.①黄…　②张…　③顾…　Ⅲ.①炼钢-冶金过程-数值模拟　Ⅳ.①TF703

中国版本图书馆 CIP 数据核字(2018)第 205345 号

责任编辑：谭耀文　王　晶/责任校对：董艳辉

责任印制：彭　超/封面设计：苏　波

科学出版社 出版

北京东黄城根北街 16 号

邮政编码：100717

http://www.sciencep.com

武汉市首壹印务有限公司印刷

科学出版社发行　各地新华书店经销

*

开本：787×1092　1/16

2018 年 10 月第　一　版　印张：12 1/2

2018 年 10 月第一次印刷　字数：300 000

定价：72.00 元

（如有印装质量问题，我社负责调换）

前　　言

耐火材料是高温过程工业的基础材料，其技术进步对洁净钢冶炼和高性能钢铁材料的生产起到至关重要的作用。近年来，重质耐火材料轻量化成为耐火材料的重要发展方向，在钢精炼等苛刻服役条件下耐火材料与冶金过程的相互作用机理及耐火材料轻量功能化的突破，对促进新型优质高性能钢铁品种的开发及钢铁生产节能降耗具有重要意义。传统上，耐火材料服役科学是一个试验科学，具有复杂多变和高温难见等特点。近年来，基于电子计算机的高速发展，数值模拟已成为一些领域的有效研究方法，因此作者在耐火材料服役数学模型及数值模拟方面进行了相关研究。

为有效增大渣/钢间的传质，减小耐火材料与渣/钢间的传质，在钢精炼卷渣这一常见现象中，尤其是采用精度更高的大涡模拟时，以米为基本尺度的大容器和以毫米为基本尺度的渣滴显现出多尺度的模拟难题。本书通过数学框架分析法确定和建立边界条件参数与底吹参数的关系，从而实现耐火材料与渣/钢关键三相区域的卷渣大涡模拟，揭示卷渣机制：随着气液股和渣眼的形成，渣钢边界一大块熔渣将被拉向下部钢液中，达到一定临界条件后，渣滴将在渣块的近钢液末端形成，最终卷入钢液中；修正后的 Ca 准数方程可以作为临界卷渣标准（速率），同时本书建立关联模型及底吹参数临界卷渣标准，这将有利于工业应用和预测。其后，本书建立钢精炼耐火材料的冲蚀模型，仿真计算耐火材料服役过程中溶解蚀损和冲蚀协同作用下钢包内衬材料的蚀损，为精炼参数优化及耐火材料损毁提出新的评价手段。熔渣向耐火材料渗透侵蚀时，对于多孔耐火材料，根据熔渣组成，控制其孔径小于某一临界值（如小于 0.7 μm），可以得到较好的抗渣性能，这将为钢精炼工作衬耐火材料的轻量化提供理论指导。在洁净钢冶炼中，连铸中间包是钢液凝固前最后一个耐火材料容器，其对钢水精炼的作用日益得到人们的重视。中间包底吹氩技术，不仅可以改变钢液的流动状态，起到中间包挡墙的作用，而且氩气泡产生的浮力产生气泡泵现象，促使该局部的湍动能耗散率显著增大，有利于夹杂物颗粒长大而排除。同时，上浮的气泡可以捕获夹杂物颗粒，并携带它一同上浮。近年来，国内外材料及冶金学者纷纷采用不同的研究手段，对气幕挡墙中间包的冶金作用进行了广泛研究，但均没有与透气耐火材料相结合。本书根据实际生产用透气耐火材料结构性能，建立底吹中间包气幕挡墙技术的数学模型，介绍底吹中间包气幕挡墙分析计算方法。同时，将引入场协同原理，定义中间包内钢液流场与温度场的协同数、钢液流场与夹杂物浓度场的协同角，从场协同角度分析控流装置的优化效果，为中间包流场优化提供新的理论指导。

本书共 16 章，绪论、第 1～7 章由黄奥编写，第 8～14 章由张美杰编写，第 15 章由顾华志编写。第 1 章介绍耐火材料冶金过程数值模拟必需的基础知识。第 2～7章分别介绍耐火材料与熔渣/熔钢界面行为及对耐火材料蚀损的影响，内容包括渣钢乳化关联耐火材料蚀损、耐火材料渣蚀与冲蚀等数学模型与数值模拟研究；第 8 章和第 9 章分别介绍气幕挡墙中间包钢液流动数学模型、夹杂物运动与去除数值模拟;第 10 章介绍透气耐火材料对气幕挡墙中间包钢液流场的影响;第 11 章以二流板坯连铸中间包为例,介绍了气幕挡墙中间包数值模拟计算与分析方法;第 12 章介绍中间包内场协同分析方法;第 13 章和第 14 章分别介绍中间包内钢液流场与温度场的场协同关系、钢液流场与夹杂物浓度场之间的协同关系;第 15 章介绍透气耐火材料服役过程及其烧氧排除渗入钢渣过程的热应力数值分析与优化。本书配有图书二维码,通过扫描二维码可看见部分彩图。

本书是在国家自然科学基金"基于多场耦合的精炼钢包轻量化耐火材料渣蚀行为研究"(51204126)、湖北省自然科学基金重点项目"耐火材料与熔渣能质交换多场耦合数值模拟与控制研究"(2011CDA053)、奥地利 K1-MET 项目"Investigation of possibleslag entrainment in steel ladles with respect to refractories"及湖北省博士后科技活动项目择优一等资助下完成的。感谢奥地利莱奥本矿业大学陶瓷所的 Harald Harmuth 教授的指导以及 Sandra Vollmann 和 Marianne Doletschek 的建议,感谢付绿平博士、邹阳博士、林小龙博士、连朋飞硕士对基础知识完善做了一些工作,此外,王雅杰硕士为本书的出版做了许多工作。在此一并表示衷心感谢。

对耐火材料与渣/钢作用的研究不仅涉及耐火材料学科的知识,还涉及冶金学科、流体动力学相关知识,作者知识有限,书中难免存在不足之处,敬请读者批评指正。

著　者

2018 年 3 月

目录

绪　论

耐火材料是服务和保障钢铁等高温过程安全运行、节能减排和技术进步的重要基础材料，参与钢铁等高温熔炼全过程，也是钢中非金属夹杂物和有害元素的主要来源之一。随着洁净钢冶炼技术的发展和钢包精炼炉(LF)等精炼手段的采用，其耐火材料的服役寿命显著降低，更多的耐火材料消耗意味着更多的杂质进入钢水，也意味着更大量的资源消耗和冶金废渣等排放。《国家中长期科学和技术发展规划纲要(2006—2020年)》和中华人民共和国工业和信息化部《钢铁产业调整政策(2015年修订)(征求意见表)》将“高效率、低成本洁净钢生产平台集成技术”作为工业技术发展中的一个方向；同时，《中国制造2025》《工业转型升级规划(2011—2015年)》《国家中长期科学和技术发展规划纲要(2006—2020年)》均提出了重点行业单位工业增加值能耗、物耗及污染物排指标达到或接近世界先进水平的战略目标。

洁净钢质量的提高不仅要求生产装备升级和工艺技术创新，而且对耐火材料的寿命和功能提出新的要求。《2011—2020年中国钢铁工业科学与技术发展指南》提出重点发展提高钢水洁净度和使用寿命的新型耐火材料，《工业转型升级规划》也将“大力推进工业节能降耗”和“资源利用高效化”作为重点任务。耐火材料的技术进步不仅对洁净钢冶炼和高性能钢铁材料的生产起到了至关重要的作用，而且一定程度上关乎钢铁等高温工业的可持续发展。尤其是近年来，重质耐火材料轻量化成为耐火材料的重要发展方向之一，耐火材料与冶金过程的相互作用机理及耐火材料本身性能的突破，对促进新型优质高性能钢铁品种的开发及钢铁生产节能降耗具有重要意义。

传统上，耐火材料服役科学是一个试验科学，具有复杂多变和高温难见等特点，采用“炒菜式或试错式”的研究方法，造成人力物力大量的浪费。钢精炼过程中，钢液顶部和熔渣接触，通过搅拌能够促进夹杂排入熔渣中。但有时，如在深脱硫情况下，需要足够大的搅拌能量来加速冶金反应，这便可能导致卷渣和冲刷，不仅恶化钢液质量，而且很可能加速炉衬-渣-钢三相区的耐火材料消耗，外生夹杂对钢的质量有重要影响，且速损局部易造成严重安全隐患；同时，材料的微结构(包括相组成)决定材料的性质，耐火材料的微结构是一种多相多组分的非均质结构，渣蚀损毁包含渣的渗透和熔损的物理、化学交互过程，轻量化耐火材料由于体积密度较低，气孔较多，熔渣的扩散通道更多、黏度更小，其渣蚀过程更加复杂。总而言之，钢精炼耐火材料面临材料微结构、温度、流动、化学反应等多种因素影响下的动态界面行为和苛刻服役条件，一般仅凭现行实验手段难以探明。近年来，基于电子计算机的高速发展，数值模拟已成为相关领域的有效研究方法。这一方法通过数学建模、数值计算和图像动静态显示，实现对工程过程和物理化学问题等复杂系统的探索。因此，发展和利用数值模拟技术，对于解析耐火材料在冶炼过程复杂苛刻条件下的蚀损机理和提高钢的品质具有重要的理论价值和实际意义。

为了评估耐火材料的寿命，实现其功能化，近年来作者及其团队在耐火材料服役数学模型及数值模拟上做了一些创新工作，得到一定的认识。例如，通过数学分析框架，突破精炼容器中耐火材料多相界面的跨(多)尺度制约，实现精炼过程卷渣行为的大涡模拟，探索渣滴的形成和运动及其对耐火材料蚀损的影响，明确卷渣机制，获得预测方法；以精炼主流铝镁系耐火材料为对象，构建高温钢液对耐火材料的冲刷蚀损模型，探明精炼过程耐火材料蚀损规律；建立耐火材料与熔渣界面耦合温度-流动-反应的多场耦合模型，获得多因素耦合作用下耐火材料与熔渣间的传输与蚀损机制，实现精炼过程轻量化耐火材料蚀损的预测，为设计和开发面向绿色、低耗冶金的钢精炼耐火材料提供理论指导；结合透气耐火材料的结构与性能，研究气幕挡墙中间包冶金技术，建立钢液流动与夹杂物去除的数学模型；突破传统的"炒菜式"研究方法，开展连铸中间包内多物理场协同分析，用场协同理论探索钢铁冶炼优化新的理论与方法。

(1) 在常见的底吹精炼钢包卷渣这一常见现象中，以米为基本尺度的大钢包和以毫米为基本尺度的渣滴显现出一个多尺度的模拟难题。尤其是采用精度更高的大涡模拟时，整个模拟需要划分非常精细的网格，也需要大量的计算时间和配置非常高端的高成本计算机。本书通过数学框架分析法确定和建立边界条件参数与吹气参数的关系，从而可以实现耐火材料与渣/钢关键三相区域的卷渣大涡模拟。

(2) 卷渣机制：随着气液股和渣眼的形成，渣钢边界一大块熔渣将被拉向下部钢液中，达到一定临界条件后，渣滴将在渣块的近钢液末端形成，最终卷入钢液中。卷渣临界条件：以某一精炼钢包为例，渣滴脱离渣块末端形成的临界渣/钢界面的钢液速度为0.48 m/s；卷渣的临界的吹氩流量为210 L/min；渣滴触蚀耐火材料的临界吹氩流量为230 L/min；随着吹氩流量的增加，渣滴尺寸的分布范围渐变宽广，且大于2 mm的渣滴数量占比增大，这很可能会加大耐火材料蚀损风险；熔渣的黏度是渣滴形成和卷渣行为的重要影响因素。

(3) 相比双吹精炼过程，单吹条件下耐火材料的蚀损程度较轻、范围较小，近渣线的耐火材料承受较大的蚀损；吹气量增大会加剧钢包内衬蚀损，而透气砖偏心度过大则造成透气砖内衬的局部过早损毁。因此应在保证吹气效果的同时，尽量选择小的底吹偏心度，以免短板效应。

(4) 在熔渣向耐火材料渗透过程中，由于不同材料存在不同的黏性和惯性阻力，实际渗透深度明显小于比可曼(Bilkerman)公式计算值；对于多孔耐火材料，控制其孔径小于某一临界值时，可以得到较好的抗渣性能；在没有严重黏渣的情况下，熔渣渗透后与耐火材料反应生成的致密高熔点相可以提高材料的抗渣性；在保持骨料显气孔率不明显增大的情况下设法减小骨料平均孔径(至少小于0.7 μm)并使基质致密化，同时根据熔渣性质调整耐火材料化学组成，将轻量化铝镁耐火材料应用于精炼钢包内衬是有望的。

(5) 多孔介质模型能更好地描述气体在气幕挡墙砖内的流动过程。气幕挡墙砖的气孔率及透气度对形成气泡的大小、气泡的逃逸速度有重要影响，对中间包内钢液的流动特性及气体的体积分布有一定影响。在吹气参数相同时，气幕挡墙砖的气孔率及透气度越大，所形成的气泡越大，气泡进入钢液的初始速度越大，从而带动钢液向上流动的速度增加，中间包内全混流体积分数增加，死区体积分数降低，上浮到液面的气体的体积分数增加，对平均停留时间、活塞流体积分数及中间包内气体的体积分数影响不大。

(6) 气幕挡墙中间包内夹杂物通过碰撞长大、斯托克斯定律的上浮作用、耐火材料壁面吸附作用、气泡对夹杂物的黏附作用而去除。壁面吸附及夹杂物的碰撞长大对夹杂物去除率的影响不大，约占总去除率的4%；大颗粒夹杂物主要通过斯托克斯定律的上浮作用而去除；小颗粒夹杂物主要靠气泡吸附作用而去除，占总去除率的50%以上。

(7) 气幕挡墙中间包内吹气参数及控流装置的使用情况对钢液流动特性、气体的体积分布及夹杂物去除率有重要影响；气幕挡墙代替中间包内的挡渣堰或挡渣坝均可以有效延长钢液的停留时间，促进夹杂物上浮去除。其中代替坝时，效果更显著；在同时使用湍流控制器、堰、坝的中间包内，在能形成有效气幕并不引起表面卷渣的吹气量下，气幕挡墙两侧形成的回流有助于降低死区体积，促进夹杂物的碰撞长大，稳定的上扬流动有利于延长停留时间，促进夹杂物上浮去除。

(8) 协同效果对夹杂物去除的影响分析得出，场协同数大、质量积耗散小的方案其传质效果好，夹杂物去除率高。场协同理论在中间包去夹杂适用。

综上所述，结合高温热模拟等实验，数值模拟技术对于高温冶炼苛刻环境下耐火材料服役过程现象的理解和设计指导非常有帮助。上述研究仅是一个初期的探索和发掘，还有更复杂的环境，如高压冶金技术是实现高氮钢等特殊钢种冶炼的重要手段，高压底吹气相渗氮是其重点开发技术之一，工况条件极为苛刻，同时电磁等外场冶金技术的发展也很迅速，其耐火材料蚀损过程还有待借助模拟手段进行探索。

第 1 章　基础知识概述

耐火材料是钢铁等高温工业技术进步的基础材料，是高温新技术、新工艺流程具有现实使用价值的重要保障。耐火材料参与钢铁熔炼全过程，也是钢中杂质的主要来源之一。洁净钢质量的提高不仅要求生产装备升级和工艺技术创新，而且对耐火材料与冶金过程的相互作用机理及耐火材料本身性能的突破有重大需求。

1.1　钢的精炼

1.1.1　炉外精炼技术

炉外精炼是指在特定的条件下（包括真空和各种气氛）进行脱氧、脱硫、去除杂质、调整成分（合金化）、夹杂物变性、控制和均匀钢水温度等的冶金过程。它的出现将传统的钢冶炼过程划分成初炼和精炼两个阶段，是在转炉或电炉等初炼完成之后，在精炼钢包中进行的真空脱气、脱碳、消除杂质元素和排除钢液中的非金属夹杂物。因此，炉外精炼也称为“二次精炼”。

随着冶金技术的发展，钢冶炼中温度和成分控制的精度要求越来越高，使得钢包二次精炼技术即炉外精炼技术兴起和快速发展，极大地满足、丰富和扩展了炼钢过程工艺及其冶金功能，钢包精炼炉（ladle furnace，LF）、氩氧脱碳法（argon-oxygen decaburization process，AOD）、真空吹氧脱碳法（vacuum oxygen decarburization process，VOD）、真空循环脱气法（Ruhrstahl Heraeus degassing process，RH）、氩封成分微调吹氧（composition adjustments by sealed argon-oxygen blowing process，CAS-OB）、钢包吹氩搅拌（ladle argon stirring，LAS）真空脱气（vacuum degassing，VD）等各式各样的精炼设备和技术也成为高品质洁净钢生产流程中必不可少的关键工艺。

1.1.2　底吹氩工艺

精炼钢包作为转炉或电炉钢的初炼和连铸工艺之间的装载钢液的容器，是炼钢工艺流程中必不可少的设备。它不仅是承接和运输钢液的容器，同时也是进行炉外二次精炼的精炼设备。精炼钢包吹氩技术是一种经济实用而且易于安装操作的精炼技术，能有效地均匀钢液温度和合金化成分，消除有害气体和排除夹杂物，改善钢液质量，从而得到广泛应用。钢包吹氩可以采取顶部喷吹或底部喷吹两种方式，但因顶部喷吹氩工艺存在吹气死角、再现性差等弊端，逐渐被底部喷吹氩工艺所取代，目前大多数钢厂均采用底吹氩搅拌钢液技术（图 1-1），并取得良好的冶金效果[1]。

钢包底吹氩工艺原理是通过各种形式的透气砖将具有一定压力的氩气由钢包底部喷

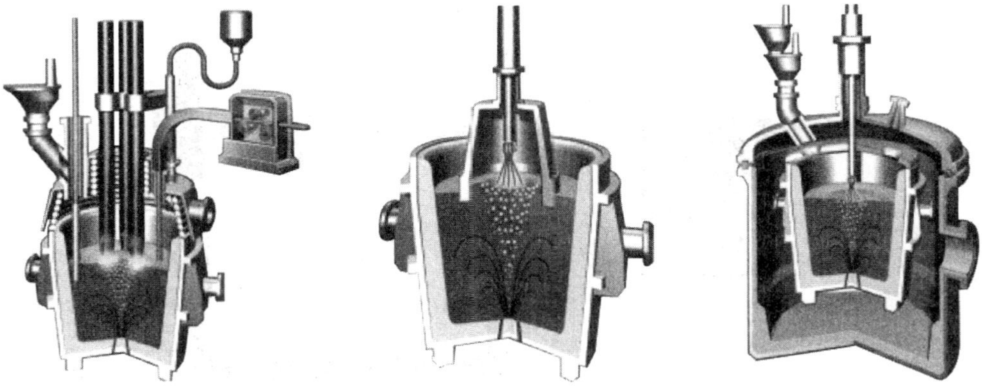

(a) 钢包精炼炉（LF）　(b) 氩封成分微调吹氩（CAS-OB）　(c) 真空吹氧脱碳法（VOD）

图 1-1　精炼钢包底吹氩示意图

吹至钢液中。氩气进入钢液后会形成气泡，气泡依靠浮力作用而上浮，带动下部钢液向液面流动，而到达液面后又回落至包底，钢液经如此循环往复的运动形成环流，达到搅拌钢液的目的[1]。钢包底部喷吹氩气来搅拌钢液有利于钢液温度的均匀化，而且钢液在流动过程中会使夹杂物上升到顶渣而得到去除，另外，钢液中的小气泡能够黏附微小夹杂物，并对钢液中的杂质气体和元素有捕获及排除功能，从而最大化地净化钢液。

1.2　渣/钢界面行为

1.2.1　卷渣现象

在钢冶炼过程中，从转炉、钢包、中间包至结晶器，钢渣乳化是非常重要的普遍现象。特别是在炉外精炼和连铸过程，高品质钢冶炼的决定性环节中，其有效增大钢液与熔渣的反应面积，提高钢液的精炼效率，但也能产生夹杂物污染钢液。通常在气体搅拌中，氩气从钢包底部吹入，当气流足够大时，气-液两相流股内的上升流将穿透渣层，并在熔池表面的升高区域形成一个圆顶形区域，通常称为“喷柱”。之后，熔渣被推向两侧，使熔融金属表面暴露，通常称为“渣眼”，接下来就可能发生卷渣。

例如，在脱硫等工艺过程中需要较大的氩气流量来加速反应，当吹入氩气过快时，会带动钢液剧烈环流，重者容易引起顶部钢液喷溅，轻者会导致熔渣卷入钢液中形成杂质，造成钢液的污染[2]（图 1-2）。更重要的是，卷入的渣滴有可能接触渣线下部的工作衬耐火材料，造成额外的过速蚀损。

1.2.2　临界条件

很多专家和学者利用物理与数学模拟对渣钢卷混的临界条件进行了研究，表 1-1 对这些研究的结果进行了总结。Asai[3]、Mietz 等[4]以及 Oeters[5]通过惯性力、表面张力和浮力的平衡分析得到卷渣临界速度。然后 Oeters[5]和 Wei 等[6]利用边界层理论获得熔

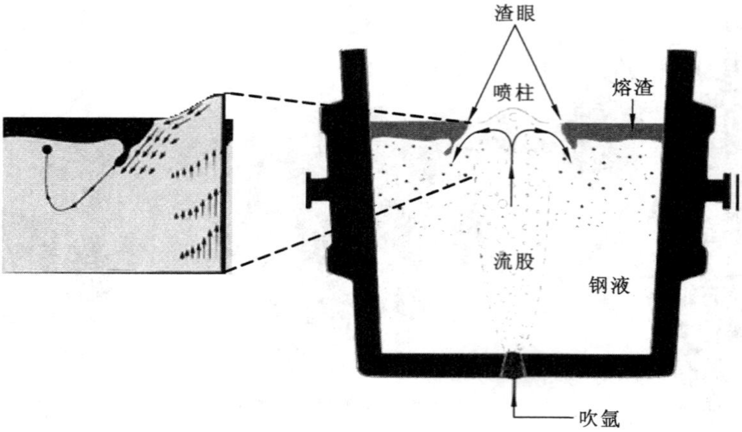

图 1-2　底吹氩气卷渣示意图

融金属的临界卷渣速度。Iguchi 等[7]通过对三维水-油模型模拟实验数据的分析定义了两相流股中心的临界卷渣速度。Krishnapisharody 等[8]在开尔文-亥姆霍兹不稳定性模型的基础上，提出了熔渣和熔融金属之间的临界速度差异的临界卷渣条件。Kim 等[9]和 Gan 等[10]根据在大范围内应用密度、黏度和界面张力的几个不相混溶的液-液体系的实验数据的多维分析，确定了临界吹气量。

表 1-1　卷渣临界条件

临界参数	临界条件	研究者
临界熔渣速度	$u_{cr}=\left(\frac{48\Delta\rho g\sigma}{\rho_s^2}\right)^{\frac{1}{4}}$ $u_{cr}=\left(\frac{128\Delta\rho g\sigma}{3\rho_s^2}\cos\beta\right)^{\frac{1}{4}}$	Asai[3] Mietz 等[4] Oeters[5]
临界熔钢速度	$u_{cr}=\frac{u_i}{u_l}=\left(\frac{\rho_l}{\rho_s}\right)^{\frac{2}{3}}\left(\frac{u_lL}{\nu_s}\right)^{\frac{1}{3}}\left(\frac{u_lL}{\nu_l}\right)^{-\frac{2}{15}}[(1-u_{cr})(0.11-0.069u_{cr})]^{\frac{2}{15}}$	Oeters[5] Wei 等[6]
临界流股中心速度	$u_{cr}=1.2\left(\frac{g\sigma}{\rho_s}\right)^{\frac{1}{4}}\left(\frac{h_s}{D}\right)^{\frac{2}{3}}\left(\frac{\nu_s}{\nu_l}\right)^{0.068}$	Iguchi 等[7]
临界渣/钢速度差	$\Delta u_{cr}=\left(\frac{2(\rho_l+\rho_s)}{\rho_s\rho_l}\sqrt{\sigma g(\rho_l-\rho_s)}\right)^{\frac{1}{2}}$	Krishnapisharody 等[8]
临界吹气量	$Q_{g,cr}=0.035H^{1.8}\left(\frac{\Delta\rho\sigma}{\rho_s^2}\right)^{0.35}$ $Q_{g,cr}=54.41\left(\frac{\Delta\rho\sigma}{\rho_s^2}\right)^{0.35}\left(\frac{h_s}{H}\right)^{-0.42}\left(\frac{\mu_s}{\mu_l}\right)^{0.3}$	Kim 等[9] Gan 等[10]
修正 *We*	$We_{mo}=\frac{u_{cr}^2\rho_l}{\sqrt{\sigma g(\rho_l-\rho_s)}}$	Hsiao 等[11]
修正 *Ca*	$Ca=\frac{u_{cr}\mu_l}{\sigma}=3\times10^{-6}\left(\frac{\nu_s}{\nu_l}\right)+2.8\times10^{-3}$	Hagemann 等[12]

Hsiao 等[11]采用底吹气水-油模型研究了卷渣现象。他们观察了下层相（水）的临界流率，并作为临界条件，表明上层相（油）开始形成液滴并分散到下层相中。*We* 是表示惯性力和表面张力的比值的准数，被直接或修正后用于判定二液系统的近似混合可能性。其被用在水-油系统的物理模型中，通过观测上层相强烈地分散进入下层相，计算出修正的 *We* 的临界值为 12.3。该判定临界标准被认为在钢-渣系统是有效的，且被广泛地用于熔渣的卷渣预测中。但是，该临界条件仅在当低密度相黏度影响很低时奏效。Hagemann 等[12]确定了临界 *Ca* 与临界速度和两相运动黏度之比的关系，研究了连铸工业中不同不相混溶流的特性，并得到临界修正 *Cc* 函数关系式，其仅在两相密度差的影响较低时是准确的。

通过改进的无量纲准数能够捕捉卷渣的起始点，预测渣滴的分离。在工业应用上，临界吹气量能够很容易地评判卷渣并且减少耐火材料蚀损。

1.2.3　研究方法

目前，工业试验、物理模拟和数值模拟三种方法通常被用来深入探究熔渣和熔钢之间的界面现象。

1. 工业试验

工业试验的目的是直接获得在高温或恶劣条件下熔渣和钢之间的界面现象的真实信息或数据。通常有两种途径，一种是离散型的静态采样，另一种是连续型的动态监测。

静态采样途径在各种不同的炼钢厂方式不同。例如，Beskow 等[13]发明了一种采样方法，成功地获取了钢包精炼处理中（包括气体搅拌）的熔渣/熔融金属界面的样品。这种新的取样方法如图 1-3 所示。但这些采样方法仍然难以开展实验研究，因为即使不考虑复杂性和成本，样品尺寸（相对于大块）和采样频率（相对于动态）是有限的。

图 1-3　卷渣静态采样方法

动态监测是一种较好的方法。Dannert 等[14]试图通过红外影像处理来监控底吹钢包搅动时的熔渣乳化作用，并且用一个过程控制的参数来量化它，如图 1-4 所示。首先要鉴定图像的相关特征，然后采用一个合适的图像处理程序来估测乳化作用是否发生，最后图像处理程序被用来量化底吹钢包搅动过程中的乳化作用。但是红外监测仪的分辨率使得熔渣液滴的出现无法被监控到（它们的特征尺寸小于 2 mm，远小于红外监测仪的最小分辨尺寸 25 mm）。

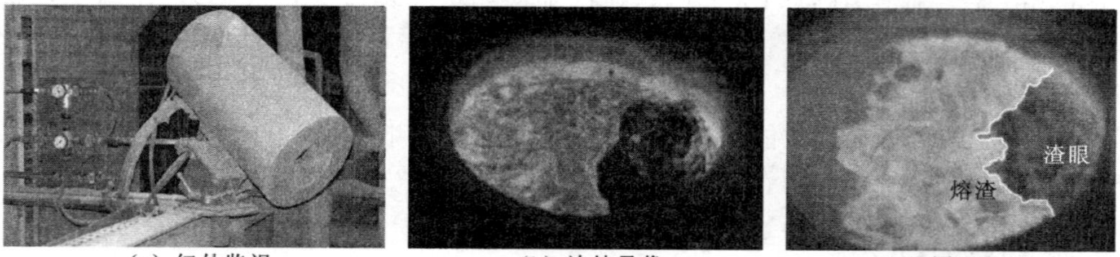

（a）红外监视 （b）连续录像 （c）图形处理

图 1-4 卷渣红外动态监测过程

因此，上述的工业途径太复杂和昂贵，并且无法记录熔渣卷入熔钢内部的动态卷渣情况。

2. 物理模拟

采用物理模型研究液-液两相界面和卷吸的相关文章有很多。其中，水和油是最常见的模型模拟相，相关研究者也取得不少研究成果。

Huang 等[15]用水-油-氮气模型研究可能的卷渣现象，并且观察钢包底吹气量增加时渣滴的运动。结果表明如图 1-5 所示，熔渣、钢液与耐火材料接触处有两种卷渣的可能，一种是熔渣/钢液的乳化形成渣滴，另一种是大块熔渣可能顺着三相边界向下运动。

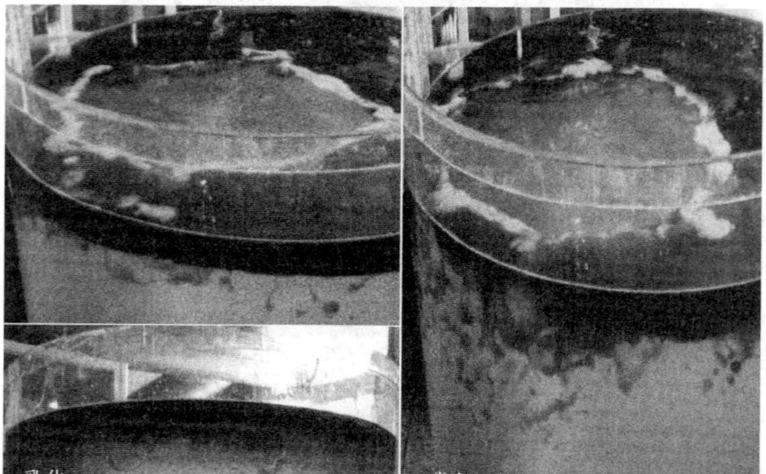

图 1-5 底吹钢包卷渣模拟结果

Savolainen 等[16]和 Krishnapisharody 等[8]也采用水-油模型研究卷渣的可能性，且测定渣滴的大小及分布。其讨论了卷渣的主要影响因素，结果表明低密度相的黏度、厚度、表面张力和相间密度差是影响卷渣的主要原因，表 1-2 说明了一个更好的判定临界卷渣的标准应该包含上述所有的因素。

表 1-2　卷渣主要影响因素

卷渣特性 \ 模拟渣性质	黏　度	界 面 张 力	相间密度差	渣 厚 度
临界速度	↑	↑	↑	↑
渣滴尺寸	↑	↑	↓	↑
渣滴分布	↑	↑		

注：记号“↑”表示成正比；“↓”表示成反比。

在某种程度上，上述这些研究与观察评估的结果一致，但是这些模型不能用来定量描述熔钢系统，因为它们是建立在水-油模型的基础之上的，并且模型和实体存在差异，如钢液的密度是水的 7 倍等。

3. 数值模拟

一般来说，在传统的实验和物理模型中，通常用几个过于简单化的基本元件去模拟复杂的真实系统。尽管我们能够用这些模型定性地研究动态过程，并且从物理原理上了解系统，但是用这些模拟的结果做出推论仍然是不切实际的。

相反，用数值方法来定量地表示真实系统的演变是一种有前景的仿真方法。实际上，数值模拟能够更好地代表真实环境。随着计算机技术的快速发展，这样便捷的模拟能够很好地描述真实的环境，并且能够更好地认识系统，得出合适的结论。

1）多相流模型

界面追踪多相流中流体体积函数 VOF(volume of fluid)模型[17]被认为是合适的模型。一般而言，这种模型基于一种标记方法，用一个流体体积函数表示流体的轨迹。因此，标记物决定了计算单元是否被两相之一所填充。标记物的分布决定了分层流体的位置并且能够从一组物相平衡方程中推断出来，即

$$\frac{\partial a_q \rho_q}{\partial t} + \nabla \cdot (a_q \rho_q \boldsymbol{u}) = 0 \tag{1-1}$$

式中：ρ_q 为各项流体的密度；相体积分数 a_q 之和为 1，即

$$\sum_q a_q = a_l + a_g = 1 \tag{1-2}$$

式中：下标 l 和 g 表示液相和气相；下标 q 表示一般相。式(1-1)中 $\boldsymbol{u}$ 是混合相速度，其基于动量方程

$$\frac{\partial(\rho_m \boldsymbol{u})}{\partial t} + \nabla \cdot (\rho_m \boldsymbol{u} \cdot \boldsymbol{u}) = -\nabla p + \nabla \cdot \boldsymbol{\tau} + \rho_m \boldsymbol{g} + \boldsymbol{S} \tag{1-3}$$

式中：p 为压力；$\boldsymbol{g}$ 为重力矢量；$\boldsymbol{\tau}$ 为应力张量；$\boldsymbol{S}$ 为源相，包含体积力和源相；相平均密度为

$$\rho_m = \sum_q a_q \rho_q \tag{1-4}$$

其中：a_q 为相体积分数；ρ_q 为流体密度；下标 q 表示一般相（液体或气体）；相体积分数总和为 1。

上述各个等式为各相的质量守恒方程和整体的动量守恒方程。在各个单元中，追踪技术通常用分段线性界面计算法（PLIC）处理。

2）湍流模型

如今，湍流可用几种不同的方法计算，如表 1-3 所示。通过合适的模型求解雷诺 N-S 方程，如 k-ε、k-ω 和剪切压力传输（shear stress transport）k-ω 两方程湍流模型[18]，或者通过直接数值模拟（direct numerical simulation）或大涡模拟（large eddy simulation，LES）来计算它们。

表 1-3　数值模拟方法

多相流模型	湍 流 模 型	研　究　者
VOF	直接数值模拟	Kastner 等[20]
	大涡模拟	Sulasalmi 等[21] Pirker[22]
	RANS 和 k-ε	Kastner 等[20]

可以清楚地看到，后面的模型计算方法能够更好地提供结果。但是和雷诺平均（RANS）方法[19] 相比，需要更大的计算量。

Kastner 等[20] 用 RANS 和 k-ε 模型，表明只有在界面的变形很小并且没有涡流形成的情况下适用，进而进行下一步的大涡流模拟是非常有益和有必要的。Sulasalmi 等[21] 和 Pirker[22] 指出 VOF 模型结合不稳定的大涡模拟是一种被证明了的适用于卷渣的模拟方式。图 1-6 展示出了部分计算结果。

（a）物理实验

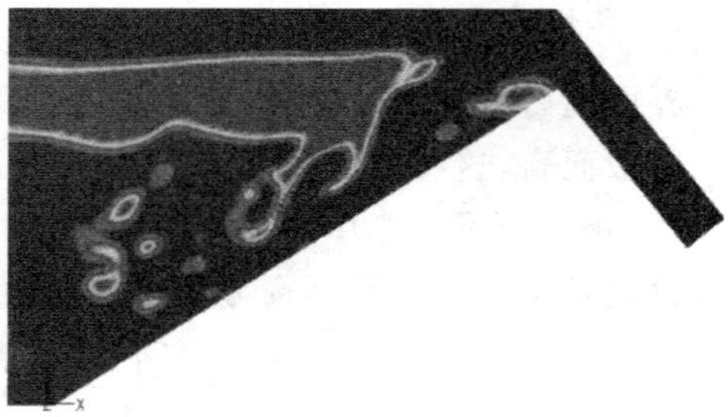

（b）大涡模拟

图 1-6　卷渣大涡模拟

1.3　大涡模拟

钢精炼用耐火材料，尤其是炉外精炼的重要设备 —— 钢包的工作衬的选择非常重要，其寿命长短不仅影响耐火材料的吨钢消耗以及炼钢成本，而且影响钢材的产量与质量。

1.3.1 线性支出系统模型

目前，直接数值模拟的可行性较低，多数采用湍流模型实现流体的湍流模拟。描述流体流动的湍流模型有零方程模型、单方程模型、k-ε 双方程模型、修正的 k-ε 模型、k-ω 模型、雷诺应力模型、湍应力模型、大涡模拟等。单方程模型与代数应力模型只能反映湍流当地的影响，不能反映对流与扩散效应，只能用于模拟较简单的湍流流动。应用最广泛的是 k-ε 双方程模型，它适合于较大雷诺数、低旋、弱浮力流动，而对强旋流、浮力流和近壁流等明显各向异性的流动不适用，也因此出现了许多修正的 k-ε 湍流模型。LES 的模拟结果都比较符合实际，但需要划分的网格数最多、时间较长，通常在使用非常精细的网格时是一个正确的选择。

LES 是对紊流脉动（或紊流涡）的一种空间平均，也就是通过某种滤波函数将大尺度的涡和小尺度的涡分离开，大尺度的涡直接模拟，小尺度的涡用模型来封闭。其控制方程采用了筛选时变流体流动方程。筛选过程有效地过滤掉了尺度小于滤波器的宽度或网格间距的小涡。由此使动力学方程控制大涡，即

$$\overline{\varphi}(x)=\int_D\varphi(x')G(x,x')\mathrm{d}x' \tag{1-5}$$

式中：D 为流体域；G 为过滤函数，用来确定过滤涡流的大小规模。

本书采用的筛选操作为

$$\overline{\varphi}(x)=\frac{1}{V}\int_v\varphi(x')\mathrm{d}x' \quad (x\in v) \tag{1-6}$$

式中：V 为体积计算单元。过滤函数为

$$G(x,x')=\begin{cases}\dfrac{1}{V} & (x'\in v)\\ 0 & (\text{其他})\end{cases} \tag{1-7}$$

筛选流体动力学方程，获得

$$\frac{\partial\rho}{\partial t}+\frac{\partial}{\partial x_i}(\rho\overline{u}_i)=0 \tag{1-8}$$

$$\frac{\partial}{\partial t}(\rho\overline{u}_i)+\frac{\partial}{\partial x_i}(\rho\overline{u}_i\overline{u}_j)=\frac{\partial}{\partial x_j}\left(\mu\frac{\partial\sigma_{ij}}{\partial x_j}\right)-\frac{\partial\overline{p}}{\partial x_i}-\frac{\partial\tau_{ij}}{\partial x_j} \tag{1-9}$$

式中：σ_{ij} 为分子黏性，取决于应力张量，定义为

$$\sigma_{ij}=\mu\left(\frac{\partial\overline{u}_i}{\partial x_j}+\frac{\partial\overline{u}_j}{\partial x_i}\right)-\frac{2}{3}\mu\frac{\partial\overline{u}_1}{\partial x_1}\delta_{ij} \tag{1-10}$$

式(1-9) 中 τ_{ij} 为亚格子尺度湍流应力，定义为

$$\tau_{ij}=\rho\overline{u_iu_j}-\rho\overline{u}_i\overline{u}_j \tag{1-11}$$

产生亚格子尺度湍流应力的原因是未知的，需要建模。亚格子尺度湍流应力的计算公式为

$$\tau_{ij}-\frac{1}{3}\tau_{kk}\delta_{ij}=-2\mu_t\overline{\boldsymbol{S}}_{ij} \tag{1-12}$$

式中：μ_t 为亚格子尺度湍流黏度；τ_{kk} 为各向同性应力部分，被添加到过滤后的静态压力项；$\overline{\boldsymbol{S}}_{ij}$ 为对应求解尺度的应变率张量，定义为

$$\overline{S}_{ij} = \frac{1}{2}\left(\frac{\partial \overline{u}_i}{\partial x_j} + \frac{\partial \overline{u}_j}{\partial x_i}\right) \tag{1-13}$$

亚格子尺度湍流黏度建模可使用大涡模拟中 Smagorinsky-Lilly 模型。

1.3.2 LES 与 SAS 对比

采用上述的大涡模拟与尺度自适应模拟(scale adaptive simulation,SAS)时,在相同条件下渣/钢界面行为模拟方面的对比情况如表 1-4 所示。

表 1-4 两种模拟每次迭代的时间消耗

湍流模型	总耗时/s	平均每个时步耗时/s
LES	626	2.54
SAS	275	1.1

使用 LES 时,收敛速度稳定,几乎不随时步的增加而变化;使用 SAS 时,开始时收敛较慢,随着时步数的增加收敛逐渐加快。由此可见,当时步数较大时,使用 SAS 模型并将各参数配置正确,将节省大量时间。

图 1-7 和图 1-8 分别为采用 LES 和 SAS 计算得到的渣相分布与渣滴大小的对比图。

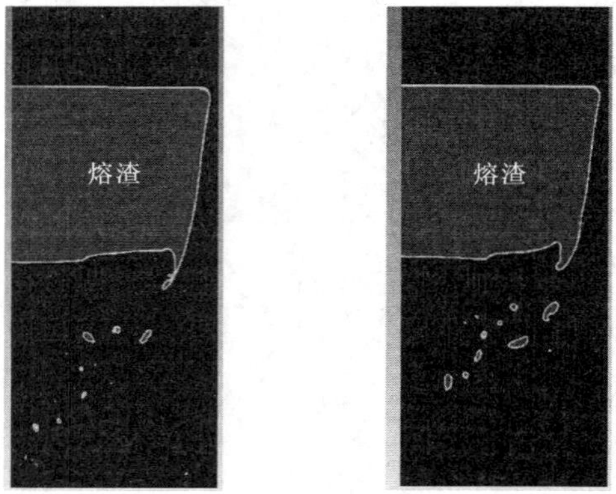

(a) LES (b) SAS

图 1-7 LES 与 SAS 中心截面的渣相分布

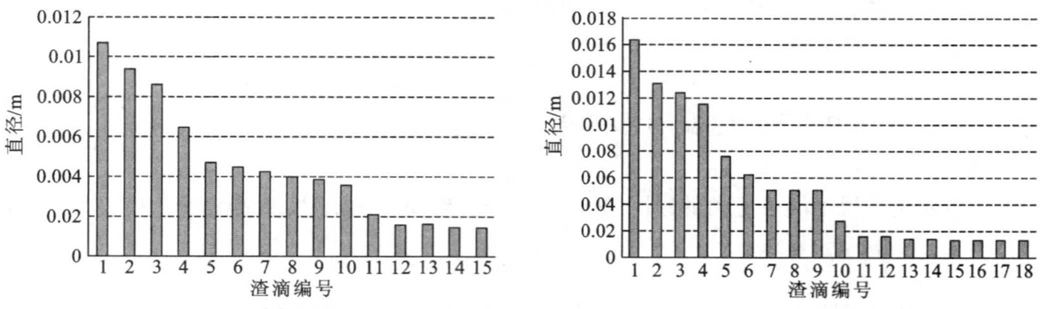

(a) LES (b) SAS

图 1-8 LES 与 SAS 渣滴直径大小

由图 1-7 和图 1-8 结合表 1-4 的对比结果显示，虽然 SAS 计算速度较快，流动趋势与 LES 差别不大，但模拟得到的渣滴直径过大，LES 与物理实验结果及文献更相符。

1.4　钢精炼用耐火材料

钢精炼用耐火材料，尤其是炉外精炼的重要设备——钢包的工作衬的选择非常重要，其寿命长短不仅影响耐火材料的吨钢消耗以及炼钢成本，而且影响钢材的产量与质量。

20 世纪 70 年代之前，我国主要采用黏土砖、高铝砖等作为钢包的内衬材料，欧美等国家和地区因为其丰富的黏土资源，主要采用高铝砖[23-24]。为了提高抗碱性渣的能力，随着含碳制品的发明，苏联和美国使用过低档铝镁碳砖[25-26]。到 70 年代，我国研发并开始使用磷酸结合的高铝质捣打料及浇注料，能大幅提高小型钢包寿命；欧美等国家和地区则主要使用中、低档的铝镁碳砖[27]。与此同时，日本通过在叶蜡石砖中加入锆英石来提高其抗侵蚀性，研制的锆质砖用于钢包渣线部位，效果良好。

20 世纪 80 年代以来，随着二次精炼技术的不断进步，连铸比提高，出钢温度提高，钢水停留时间变长，钢包内衬材质也得到快速发展。我国在 80 年代初研制了以矾土以及镁砂为主要原料，用水玻璃结合的铝镁不烧砖和铝镁浇注料，利用服役过程中矾土与镁砂细粉在工作面附近形成镁铝尖晶石来增强抗渣性，但使用过程中各层带之间易产生裂缝，以致层面剥落。其后又研制了镁碳砖和铝镁碳砖，利用尖晶石的良好抗渣性以及石墨对炉渣的不浸润性，大幅度提高了钢包的使用寿命，但钢包散热量大，且易使钢水增碳。在此阶段，欧美等国家和地区主要采用镁砖、白云石砖等碱性材料。80 年代后期，由于锆质原料价格上涨，氧化硅会使钢水中杂质增多，日本大力研究铝尖晶石质浇注料在钢包中的应用。总体而言，铝镁系浇注料在 80 年代得到较快的发展，高铝质、镁质、铝镁质、镁尖晶石质、铝硅质等内衬材质应运而生，但这些材料同时也存在其不足之处，如铝质浇注料的耐侵蚀性以及抗渣渗透性不好，镁质浇注料的抗渣渗透性较差以及热震稳定性不高。

由于低碳钢、不锈钢等特种钢的冶炼要求，含碳制品已难以满足钢的低碳需求。20 世纪 90 年代后，用于钢包内衬的无碳尖晶石质耐火材料因具有良好的耐蚀性和耐结构剥落性，得到了突飞猛进的发展。我国从 90 年代开始开发低档的无碳尖晶石砖，使钢水在纯净度及保温性能方面有较好改善，之后又研制出高性能镁铝浇注料，它具有不含碳、耐侵蚀、高温体积稳定性好、施工省力等特点，在中小型钢包中使用普遍[28-29]。欧美等地区则研发了铝酸盐水泥结合的铝镁质耐火浇注料，取得了良好的使用效果。日本也开发出以富铝尖晶石和氧化铝为基础的刚玉-尖晶石浇注料，抗炉渣渗透和抗结构剥落性好[30]。

近年来，为适应高品质钢的冶炼以及钢包长寿的需要，加速对超微粉等结合的铝镁系无碳钢包衬进行研发，主要包括铝镁质、铝尖晶石质、镁铝质等预制块和整体浇注料等，但渣线处大部分仍需要使用含碳材料，后续将向钢包衬材质的无碳化和碱性化前行。同时，鉴于高温工业能源和资源消耗尤为突出，钢精炼耐火材料轻量化也成为重要发展方向之一，主要采用轻量骨料配合致密基质制备而成。

杜博等[31]、顾华志等[32]、Fu 等[33-35]和付绿平等[36]采用湿法工艺，利用颗粒堆积法及原位成孔机制，制备了一系列显气孔率低、闭口气孔率高、孔径小的轻量刚玉骨料，其典型性能参数如表 1-5 所示。两种轻量微孔刚玉显气孔率均小于 10%，闭口气孔率高于 10%，中位孔径均在 0.5 μm 以下，800 ℃时的导热系数分别比普通刚玉降低 42%及 56%。

表 1-5　不同刚玉骨料的性能参数

性　能	普通刚玉	轻量刚玉 A	轻量刚玉 B
密度/(g/cm^3)	3.63	3.36	3.05
显气孔率/%	2.80	4.10	9.10
闭口气孔率/%	5.00	10.10	12.30
中位孔径/μm	0.95	0.49	0.43
导热系数（800 ℃）/W/(m·K)	11.13	6.47	4.88

所制备的轻量刚玉 SEM 照片如图 1-9 所示。可以发现，所制备的轻量刚玉气孔分布均较为均匀，其中，轻量刚玉 A 中以晶内气孔为主，轻量刚玉 B 中存在孔径为 1～2 μm 的晶间气孔及孔径为 0.1～0.3 μm 的晶内气孔。

（a）轻量刚玉　（b）微孔分布　（c）微孔　（d）晶粒

图 1-9　轻量刚玉 SEM 照片

利用目前已工业化生产的轻量刚玉骨料 A 制备轻量铝镁系耐火材料，并将其性能与普通刚玉骨料制备的铝镁系耐火材料性能进行对比，结果如表 1-6 所示。与普通铝镁系耐火材料相比，轻量铝镁系耐火材料体积密度明显较低；体积稳定性优异；机械强度相当，甚至有所提升；热震稳定性明显增强；隔热性能也有所改善[37-38]。

表 1-6　轻量铝镁系耐火材料与普通铝镁系耐火材料性能

热　处　理	性　能	轻量铝镁浇注料	普通铝镁浇注料
110 ℃×3 h	密度/(g/cm^3)	2.81	3.08
	显气孔率/%	14.20	14.00
	冷态抗折强度/MPa	11.59	10.97
	冷态耐压强度/MPa	80.04	54.80
	线变化率/%	+0.01	+0.06

续表

热处理	性能	轻量铝镁浇注料	普通铝镁浇注料
1 000 ℃×3h	密度/(g·cm^{-3})	2.82	3.09
	显气孔率/%	18.70	18.80
	冷态抗折强度/MPa	9.30	8.92
	冷态耐压强度/MPa	60.95	53.95
	线变化率/%	+0.47	+2.52
1 600 ℃×3h	密度/(g·cm^{-3})	2.78	3.05
	显气孔率/%	18.70	19.10
	冷态抗折强度/MPa	13.52	15.83
	冷态耐压强度/MPa	105.65	56.25
	1 100 ℃水冷循环次数	16.00	9.00
	导热系数（800 ℃）/W/(m·k)	0.829	0.905

如图 1-10 所示，在动态渣蚀情况下，轻量铝镁系耐火材料与普通铝镁系耐火材料抗渣性能相当[39]。

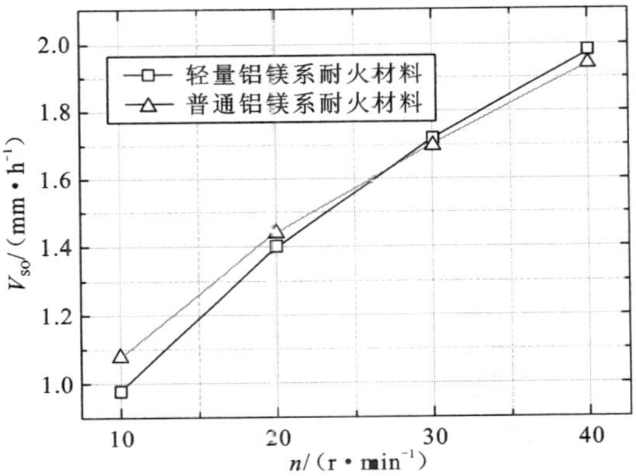

图 1-10　侵蚀速率 V_{so} 随着转速 n 的变化

1.5　耐火材料渣蚀行为

钢精炼用耐火材料的渣蚀损毁是其破坏的主要方式，主要包括耐火材料向熔渣中的溶解和熔渣向耐火材料内部的渗透侵蚀。

1.5.1　轻量耐火材料耐渣蚀机理

对轻量刚玉骨料的渣蚀行为研究发现，如图 1-11 所示[40]，普通刚玉与熔渣反应时，表面生成的 $CaAl_{12}O_{19}$(CA_6)及 $CaAl_4O_7$(CA_2)层是不连续的，因此未能有效阻止熔渣侵

(a) 普通烧结刚玉　(b) 轻量(微孔)刚玉A　(c) 轻量(微孔)刚玉B

图 1-11　不同刚玉与熔渣反应界面的 SEM 照片

蚀,熔渣通过晶体之间的空隙渗透进入骨料内部,骨料被严重侵蚀;而轻量(微孔)刚玉表面则分布着一层连续的厚度为 100～200 μm 的隔离层,该隔离层主要是由 CA_6 及 CA_2 晶体组成,能够有效阻止熔渣侵蚀。

根据上述实验结果,基于过饱和成核理论及第二相熟化理论,获得了轻量(微孔)刚玉骨料的抗渣机理,如图 1-12 所示[40]。在刚玉骨料与熔渣反应时,熔渣通过气孔渗透进入骨料,导致 $CaO\text{-}Al_2O_3$ 系物相的生成。普通刚玉骨料中大约有 70%的孔径均大于 1 μm,而微孔刚玉骨料孔径更为细小,在熔渣与骨料反应过程中,第二相更容易达到过饱和,大量的第二相晶核生成。此外,细小的孔径将会导致第二相体积分数增加,第二相熟化速率增大;高熔点的 CA_2 及 CA_6 分布在骨料周围,形成致密的隔离层,能够有效阻止熔渣的进一步侵蚀及渗透。

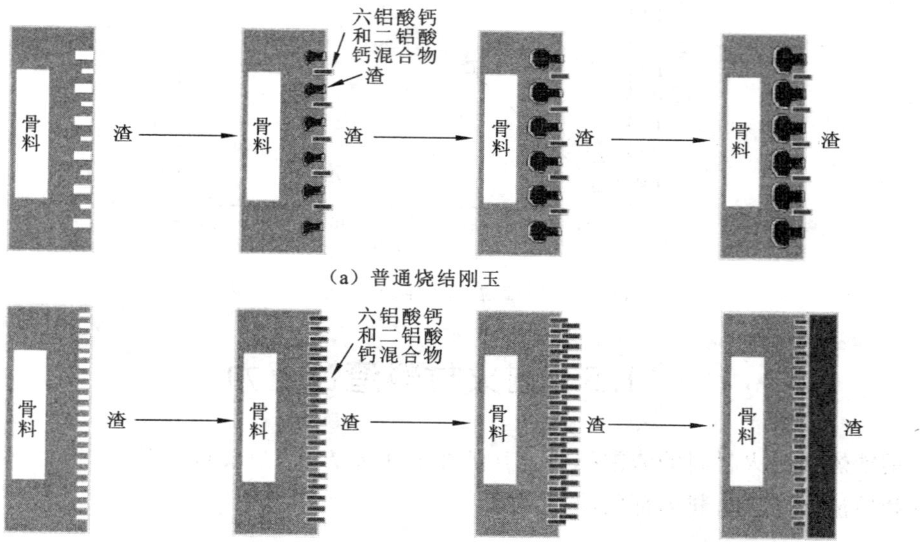

(a) 普通烧结刚玉

(b) 轻量(微孔)刚玉

图 1-12　熔渣与普通刚玉及轻量刚玉的反应示意图

1.5.2　耐火材料向熔渣中的溶解

如图 1-13 所示，熔渣向耐火材料内部的扩散可看成由菲克定律控制的，假定扩散系数不变，则扩散质量通量为

$$j=-D_{\mathrm{m}}\nabla \boldsymbol{c} \tag{1-14}$$

式中：j 为物质扩散通量，$\mathrm{mol/(m^2\cdot s)}$；$D_{\mathrm{m}}$ 为扩散系数，$\mathrm{m^2/s}$；c 为扩散溶质的物质的量浓度，$\mathrm{mol/m^3}$。

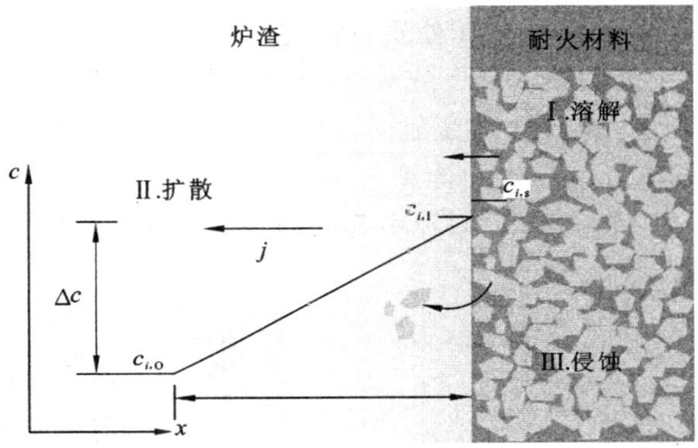

图 1-13　耐火材料在渣中溶解的示意图

耐火材料在渣中溶解导致的持续蚀损过程由两个主要步骤来控制蚀损速率：耐火材料向渣中溶解和渣中的相应组分通过界面（溶解边界层）的扩散。其中耐火材料向渣中溶解的质量通量正比于耐火材料某组分在渣中的溶解度和界面（溶解边界层）处的该组分浓度之差。渣中的相应组分通过界面的扩散质量通量可以用式(1-14)表示。

为便于分析，只考虑一维扩散，则垂直于熔渣扩散方向的扩散通量一维表达式为

$$j=D_{\mathrm{eff}}\frac{c_{\mathrm{s}}-c_0}{\delta} \tag{1-15}$$

式中：D_{eff}为有效扩散系数，$\mathrm{m^2/s}$；δ 为扩散能斯特（Nernst）边界层厚度，m；c_{s}为对应组分溶解度，$\mathrm{mol/m^3}$；c_0为远离 R/S 界面处渣中对应组分物质的量浓度，$\mathrm{mol/m^3}$。

通常情况下，式(1-15)可以表示为

$$j=-\beta(c_{\mathrm{s}}-c_0) \tag{1-16}$$

其中：$\beta=\dfrac{D_{\mathrm{eff}}}{\delta}$为传质系数。

1.5.3　Marangoni 现象

即使在非搅拌动态条件下，经过长期使用的耐火材料在其与渣/钢三相界面处发生界面反应时侵蚀最为严重，这也是影响耐火材料服役寿命的重要因素。很多研究显示，这种局部的固体氧化物快速溶解在熔渣中的现象与三相界面处由 Marangoni 现象引起的熔渣的运动有十分紧密的关系。

Marangoni 研究并首先发表了此现象[41]。Marangoni 现象是两相之间在表面张力梯度的作用下可自发流动的现象，这种表面张力梯度可由界面温度和成分浓度梯度引起。这种对流伴随较高的流速，会引起相邻两相间的质量传递。如果这两相中有一相是固相，这个现象将会更加明显[42]。在三相界面处，当耐火材料局部发生侵蚀之后，溶解物进入渣内，会造成与耐火材料接触的熔渣表面张力降低，引起的 Marangoni 对流在这个区域产生，它会加速界面处的耐火材料的侵蚀。

如图 1-14 所示的耐火材料-钢水-渣三相界面侵蚀情况示意图，分别有 I 和 II 上下两个位置。位置 II 是邻近耐火材料槽的尖端，位置 I 是熔渣/钢水界面。Marangoni 对流与氧的浓度有很大关系，由于在位置 II 处质量传递的距离十分短，故位置 II 处氧的含量可以看作与三相界面平衡处的氧含量十分接近，于是位置 I 和 II 处的氧浓度不同，存在能量差，为了缩小这个能量差，就从位置 II 处向位置 I 产生对流，可能由润湿或重力起主导作用。科研人员可以采用 Levich 公式计算 Marangoni 流速，用 Nernst 方程估算耐火材料的溶解消耗，图 1-15 为 Marangoni 对流引起的耐火材料快速溶解侵蚀图例[43-44]。

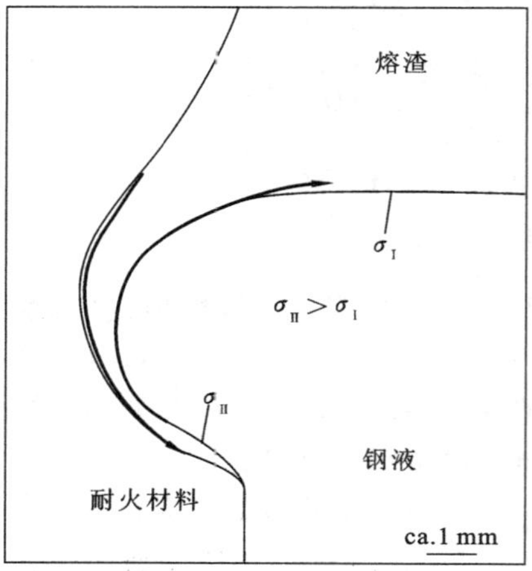

图 1-14 耐火材料-钢水-渣三相界面侵蚀示意图

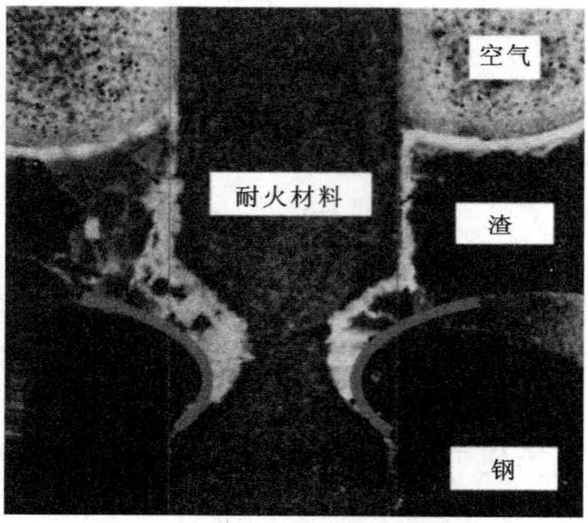

图 1-15 耐火材料在钢水-熔渣界面的侵蚀

因此，在动态搅拌条件下，如何对待同时存在的动态运动和 Marangoni 对流是一个问题[45]。这就需要使用一个无量纲数——马兰戈尼(Marangoni)数(Ma)来定义，即

$$Ma=\frac{\Delta\sigma\cdot\delta}{\eta\cdot D_{\mathrm{eff}}} \tag{1-17}$$

式中：$\Delta\sigma$ 为两个界面张力的差异；δ 为扩散能斯特边界层厚度。上式表明，在较低的全局运动情况下马兰戈尼对流是决定性的因素，但搅拌程度增加后其可以被忽略，量化标准为

$$Re^2=0.13Ma \tag{1-18}$$

在实际搅拌过程中，相比而言，马兰戈尼数引起的雷诺数 Re 较小，一定程度上可以忽略。

1.5.4 熔渣对耐火材料的渗透

熔渣对耐火材料的侵蚀不仅限于溶解作用，而且熔渣还能侵入耐火材料内部，扩大与耐火材料中相关组分的反应面积，使材料表面附近成分和结构发生质变，形成溶解度高的变质层，加速损毁。

熔渣向耐火材料的渗透主要有以下三条途径。

(1) 通过开口气孔和裂纹向耐火材料内部渗透。

(2) 通过晶界向耐火材料内部渗透。

(3) 渣中的离子进入构成耐火材料的氧化物中，通过晶格扩散进入耐火材料中。其中，渗透速度最大的是通过气孔和裂纹的渗透。具体说明如下。

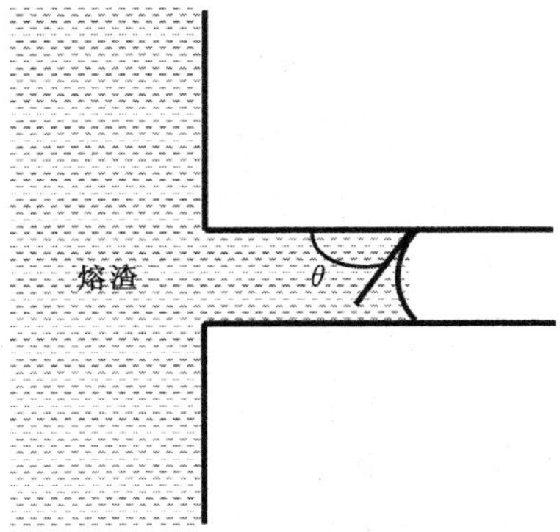

图 1-16 熔渣渗透的毛细管模型

熔渣通过空隙与裂纹渗透的行为，可用液体渗入毛细管的模型来描述，如图 1-16 所示。

液体渗入的速度与孔径的关系可用 Washburn 公式来表示[46]，即

$$v=\frac{\mathrm{d}L}{\mathrm{d}t}=\frac{r^2\Delta P}{8\eta L} \tag{1-19}$$

式中：$\Delta P=\Delta P_c+\Delta P_g$；$v$ 为渗入速度，cm/s；L 为渣渗透的深度，cm；t 为渗透持续时间，s；η 为渗入耐火材料中的熔渣的黏度，$\mathrm{Ns/cm^2}$；ΔP 为毛细管两边的压力差，$\mathrm{N/cm^2}$；ΔP_c 为毛细管张力，$\mathrm{N/cm^2}$；ΔP_g 为熔渣产生的静压力，$\Delta P_g=\rho gh$，$\mathrm{N/cm^2}$。

由于

$$\Delta P_c=\frac{2\sigma\cos\theta}{r} \tag{1-20}$$

代入式(1-19)可得

$$v=\frac{r^2}{8\eta L}\left(\frac{2\sigma\cos\theta}{r}+\rho gh\right)=\frac{2r\sigma\cos\theta}{8\eta L}+\frac{r^2\rho gh}{8\eta L} \tag{1-21}$$

忽略静压力的影响，渗透渣的物理化学性质(如 η,σ,θ 和 ρ)在初始阶段都假设为常数。那么通过对式(1-19)进行积分，得到渗透深度 L 与时间 t 的关系，即可推出在时间 t 时，渗透深度 L 与孔径 r 的关系为

$$L=\left(\frac{rt\sigma\cos\theta}{2\eta}\right)^2 \tag{1-22}$$

而由式(1-21)可以得到渗透速度与孔径的关系为

$$v=\frac{r\sigma\cos\theta}{4\eta L} \tag{1-23}$$

可以看出，在由毛细管模型得到的熔渣沿孔隙和裂纹渗透的模型中，影响渗透速度和渗透深度的因素主要包括熔渣表面张力、黏度、熔渣与耐火材料的接触角，以及微孔尺寸和渗透时间等。

实际上，渣蚀损毁是一个复杂的物理化学过程，其影响因素较多且相互作用。在精炼条件下，因为钢种、熔渣性质、冶炼工艺、耐火材料等发生变化，钢精炼耐火材料与熔渣作用的传质过程变得更加复杂且呈现多样化，其使用寿命显著降低。

1.5.5 多孔介质理论

多孔介质是由多相物质所占据的共同空间，是多相物质共存的一种组合体。对任一相来说，其他相均弥散分布在其中，因此多孔材料又称弥散材料（dispersed material）。多孔物质中一定有固体相，称为固体骨架。没有固体骨架的空间称为孔隙或空隙，孔隙由气（汽）相与/或液相所占有。

多孔介质传质理论中，有以下几个重要参量[47]。

孔隙度，多孔介质内的微小空隙的总体积与该多孔介质的外表体积的比值。

浸润性，在固体和两种流体（两种非互溶液体或液体与气体）的三相接触面上出现的流体浸润固体表面的一种物理性质。在一定条件下，浸润性与温度、压力等因素有关。流体的性质等因素也可能影响固体表面的浸润性。浸润性对多孔介质中的流体运动规律及有关的生产过程有重要影响。

毛细管压力，对多孔介质来说，其内部微小空隙中的任何两种非互溶流体分界面的两侧存在着压力差，即非浸润相的压力与浸润相的压力之差。毛细管压力取决于流体的表面张力、浸润角和界面的曲率。在流体互相驱替过程中，毛细管压力可以是驱动力，也可以是流动的阻力。

渗透率，表征多孔介质被流体渗透的能力大小的量。多孔介质允许流体通过相互连通的微小空隙流动的性质称为渗透性，是多孔介质的基本物理力学性能之一。

1. 多孔介质的传质

多孔介质的传质过程包括分子扩散和对流传质，其中前者是由流体分子的无规则随机运动或固体微观粒子的运动而引起的质量传递，它与热量传递中的导热机理对应。后者是由流体的宏观运动引起的质量传递，它包括流体与固体骨架壁面之间的传质，也包括两种不互溶的流体之间的对流传质。质量的传递体现在孔隙中流体的流动，且常伴有相变，并且它的孔隙结构极为复杂，很难对微孔中的流体流动和能量运输进行详细的描述。在无化学反应的过程中，多孔介质内部传质主导驱动势为压力梯度、浓度梯度、温度梯度。

由于多孔介质微结构的复杂性，定量描述多孔介质内部的传热传质是较为困难的。因此，通常采用“宏观研究方法”，该方法有以下特点[48]：首先，着眼于宏观观点，不考虑微细结构；其次，设其各参量是连续变化的，可以用一般的数学方法描述和求解；最后，所选取的表征体元和参数与宏观测量仪器传感器尺寸一致，参数在宏观上具有可测性。

宏观研究方法选取的控制体通常称为表征体元[49]，表征体元的示意图如图 1-17 所示。

图 1-17 表示多孔介质传质模型中的表征体元（representative elementary volume，REV），该单元具有过渡尺寸性质，它相较多孔介质中的孔隙尺寸足够大，同时又远小于整个流体的对流扩散区域。因此，不仅可以在该单元上定义整体多孔介质的宏观性质，如孔隙率、渗透率等，同时也可以在该单元上用流体动力学理论描述流体的流动情况。

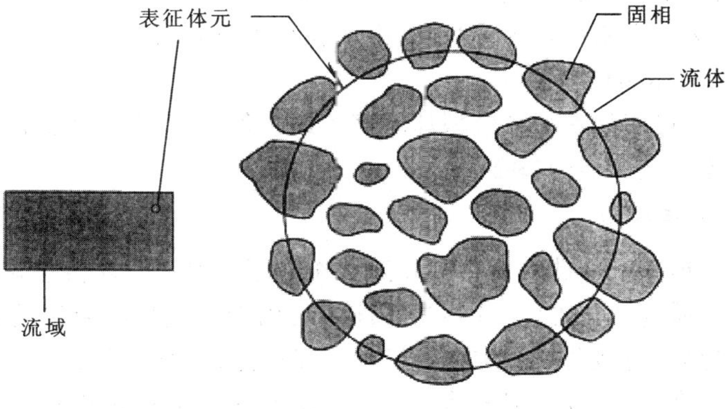

图 1-17 表征体元示意图

2. 多孔介质模型

描述多孔介质阻力或渗透率的模型目前主要有三种[50]，分别为毛细管模型、确定性模型和平均水力半径模型。其中，确定性的渗透率模型认为多孔介质中的孔隙是由变直径的管子周期性排列组成的。这种模型的优点是可以体现离散度，缺点是得到的结果很难和多孔介质实际的几何结构联系起来。

下面主要针对本书中用到的毛细管模型和平均水力半径模型进行介绍。

1）毛细管模型

在毛细管模型中，多孔介质中的孔隙被看作一束束平行放置的直管子，即等径平行的直圆管，见图 1-18(a)。根据 Darcy 定律和哈根-泊肃叶（Hagen-Poiseuille）方程，可以得到渗透率与毛细管直径的关系式为

$$k=\frac{\phi R^2}{8} \tag{1-24}$$

式中：ϕ 为孔隙率，$\phi = N_t \pi R^2/S$；S 为多孔介质的横截面积，m^2；N_t 为管的个数。

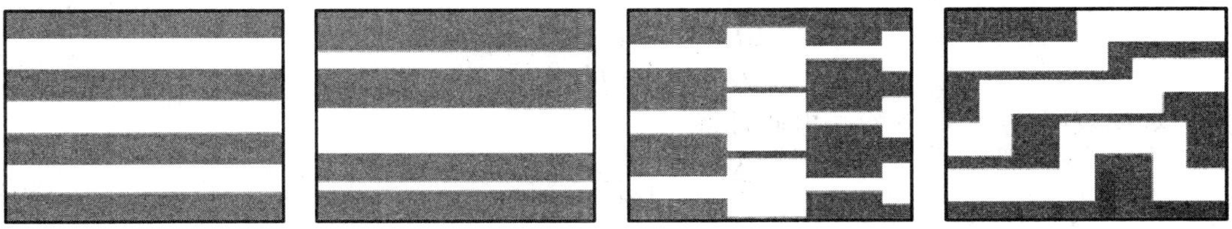

(a) 等径直管型 (b) 非等径直管 (c) 孔喉模型 (d) 弯曲管模型

图 1-18 四种毛细管模型示意图

式(1-24)常用于粗略地描述有平均孔隙的多孔介质的渗透率。但对于大多数复杂的孔隙结构，该模型很难较准确地估算渗透率。

为了和实际多孔介质的孔隙几何结构相符，人们采用了各种方法用于修正毛细管模

型，较常见的方法如下：采用不同直径的平行管，如图 1-18(b)来取代图 1-18(a)中的等直径平行管；或考虑多孔介质孔隙的形状，提出了孔喉模型，如图 1-18(c)；还有三维模型和弯曲管模型，如图 1-18(d)。

实际情况下，上述四种毛细管模型都应该考虑。但是普遍认为毛细管模型过于简单而不能很好地描述多孔介质的渗透率。

2）平均水力半径模型

平均水力半径模型把多孔介质内的孔隙看作截面参差不齐且相互缠结在一起的弯曲管道。组成多孔介质的填料可以是圆柱体、球体或用于工业接触装置的各种填料。假设设备的填充是均匀的，与装载填料的填料塔的直径相比，填料直径很小，并且塔径为常数，通过一系列的数学推导，可以得到流体在多孔介质中渗流的表观速度[51]

$$v_s=\frac{\Delta P D_p^2\phi^3}{72\mu LC\,(1-\phi)^2} \tag{1-25}$$

式中：ΔP 为压强的变化；μ 为流体的黏度；D_p 为球形颗粒直径；ϕ 为多孔介质孔隙率；L 为流动方向上的长度。

从大量实验数据得出 $C=25/12$[52]，代入式(1-25)得

$$v_s=\frac{\Delta P D_p^2\phi^3}{150\mu L\,(1-\phi)^2} \tag{1-26}$$

那么

$$\frac{\Delta P}{L}=\frac{150\mu\,(1-\phi)^2 v_s}{D_p^2\phi^3} \tag{1-27}$$

式(1-27)又称布莱克-柯兹尼(Blake-Kozeny)方程[53]，对于孔隙率小于 0.5 的系统，一般只适用于层流区，即$(D_pG_0/\mu)(1-\phi)^{-1}<10$(修正的雷诺数)的区域。

对于高度湍流的多孔介质，引入摩擦因子，即

$$f=\frac{1}{4}\left(\frac{d}{L}\right)\left(\frac{\Delta P_2}{\frac{1}{2}\rho\bar{v}^2}\right) \tag{1-28}$$

采用类似推导可以得到阻力损失表达式为

$$\frac{\Delta P_2}{L}=\frac{1-\phi}{\phi^3}\frac{1}{D_p}\frac{1}{2}\rho v_0^2 6f \tag{1-29}$$

实验数据表明 $6f=3.50$[52]。由此可得

$$\frac{\Delta P_2}{L}=1.75\,\frac{1-\phi}{\phi^3}\frac{\rho v_0^2}{D_p} \tag{1-30}$$

该方程适用于湍流，即$(D_pG_0/\mu)(1-\phi)^{-1}>100$ 的区域，称为伯克-普鲁默(Burke-Plummer)方程[53]。

把层流的布莱克-柯兹尼方程和湍流的伯克-普鲁默方程做简单的相加，结果为

$$\frac{\Delta P}{L}=\frac{150\mu\,(1-\phi)^2 v_0}{D_p^2\phi^3}+1.75\,\frac{1-\phi}{\phi^3}\frac{\rho v_0^2}{D_p} \tag{1-31}$$

这就是厄贡(Ergun)方程，当流速很高时，方程等号右边的第一项可略去不计，由于

此时流体阻力损失主要与多孔介质孔隙结构、孔喉形状等有关,因此式(1-31)等号右边第二项称为惯性阻力损失。而在低流速下,等号右边第二项可略去不计,此时流体阻力损失受流体黏度影响较大,故又称等号右边第一项为黏性阻力损失。

1.6 耐火材料的钢液冲刷蚀损

随着洁净钢、品种钢冶炼技术的发展和钢包精炼炉、真空吹氧脱碳法、真空脱气、真空循环脱气法等精炼手段的大比例采用,钢精炼耐火材料的蚀损还表现为钢液搅拌中对其产生的机械冲刷[54-55],材料表面颗粒被冲刷至钢水中溶解,这就导致材料不断变薄,从而加速了耐火材料的损毁。

冲蚀[56]是由具有一定速度的流体或固体颗粒以一定的角度冲击材料表面而造成的蚀损。早在20世纪40年代,人们就开始了关于冲蚀的研究,主要研究冲蚀的规律及其影响因素。近20多年来,由于工业应用的需要以及科学技术的发展,众多科研人员投入冲蚀理论的相关研究之中,专家学者提出了种种冲蚀理论和模型,以下将做简要介绍。

1.6.1 冲蚀磨损理论

Finnie等[57]最早研究了塑性变形引起的冲蚀并提出了微切削模型,该模型较好地解释了塑性材料受到多角形刚性颗粒在低冲击角的条件下冲蚀的规律。Levy[58]和Bitter[59]对塑性材料受高冲击角冲蚀的情况进行了研究,通过使用分步冲蚀试验法和单颗粒寻迹法,提出了挤压锻造成片模型,该模型较好地解释了显微切削模型难以解释的现象。Bitter[59]1963年提出把冲蚀磨损分为变形磨损和切削磨损两部分,并从能量平衡的观点出发,通过对冲蚀磨损中颗粒冲入和被挤出两个阶段的能量进行分析,认为冲击角下的冲蚀磨损和颗粒冲击时的靶材变形有关,提出了变形磨损理论,并分别推导了变形磨损方程和切削磨损方程。Tilly[60]用高速摄影、筛分法和电子显微镜等研究了冲击颗粒的碎裂对塑性材料冲蚀的影响,提出了颗粒碎裂后可产生二次冲蚀的模型。哈青斯(Hutchings)1979年通过实验并用高速摄影仪记录了粒子的冲击过程,证实了绝热剪切带的存在,并提出相应的冲蚀模型[61-62]。而对于流体的冲蚀行为,目前主要有Thiruvengadam模型和Springer模型[62-63],前者是在许多假设的前提下通过图解法得到的,因此与实际情况相差较大,而后者用以解释气蚀及液滴冲蚀中存在孕育期、加速期、最大冲蚀及稳定冲蚀区。Levy[58]及其同事采用单颗粒寻迹法,通过研究冲蚀磨损的动态过程,提出了薄片剪切理论。其他许多研究者提出各种不同的磨损理论模型,在此就不再赘述。

1.6.2 常见材料的冲蚀模型

脆性材料在颗粒冲击下受到应力后,几乎不发生塑性变形。当尖锐质点打击到靶材表面有缺陷的地方时,开始形成径向裂纹;质点离开表面时,又产生了横向裂纹,并在塑性区内扩展,基本上和靶材表面平行,很快脆断。脆性材料的冲蚀磨损规律与塑性材料不同，当磨粒尺寸较大时，磨损量随冲角的增大而增加，当冲角等于 90°时，磨损量最大，发展脆性材料冲蚀模型的关键在于建立裂纹萌生及扩展与颗粒入射速度、靶材性能之间的关系。本章文献[64]用动态冲击理论分析得出冲蚀率与每次冲击中材料的流失量成正比的模型[64]。每次冲蚀的体积与入射颗粒的冲蚀速度、颗粒的粒度和密度、材料的临界应力、材料的硬度等参数有关[63]。

对于材料的冲蚀磨损研究，已公开发表的国内外文献中有许多学者提出几种材料模型，但是适用于数值模拟冲击问题的并不多，应用较多的有以下几种模型方法。

(1) JH-1 模型：Holmquist 等[65]提出用于混凝土靶板冲击侵彻问题数值计算的混凝土本构模型，国内也称为 H-J-C 模型。这是目前在国内被引用最多的一个模型。JH-1 模型是一种专门针对混凝土受冲击载荷作用而开发的动态材料模型，模型考虑了大应变、高应变率和高压情况，同时结合损伤理论考虑了材料的拉伸脆断行为。混凝土作为一种有孔隙的材料，该模型还考虑了材料压溃后的体积压缩量与压力的函数关系。

(2) JH-2[66]模型：该模型多用于陶瓷等脆性材料的磨损模拟中。JH-1 模型有两个缺点，一是压力为负值(即平均正应力为拉伸应力)时无损伤强度面的数据拟合很困难；二是损伤度在常数项 A 处调节，因而不同压力时无损伤强度和已损伤强度差值的变化较小。通常为了避免和改善这种状况，常用 JH-2 模型对 JH-1 模型进行修正，用 JH-2 强度模型代替 JH-1 强度模型，可以将无损和完全损伤时强度同压力相关性描述的参数区分开来，更加灵活，改进了 JH-1 模型损伤对强度影响较小的缺点，同时，能较好地拟合无损伤强度同拉伸压力相关的实验数据。

(3) Johnson-Cook 材料模型[67]：它是描述材料在大变形、高应变率和高温条件下的本构模型，适用于许多材料，Johnson-Cook 材料模型在较低的应变率条件下仍然有效。这个准则认为应力不仅是应变的函数，还是应变率和温度的函数，又称为三变量本构模型。

(4) Forrestal 模型[68]：该强度模型是对 Johnson-Cook 金属强度模型略加修改后得到的，其中考虑了压力的非线性效应及温度的影响。孙宇新等[69]用此模型进行了半无限厚混凝土靶的冲击侵彻计算。

(5) 离散颗粒硬球模型[70]：这种模型可以真实地模拟节流器内固体颗粒运动的动态变化过程以及颗粒的非均匀分布特性，在单颗粒层次上提供颗粒的速度、碰撞角度、碰撞位置等运动信息，为进一步计算固体颗粒的冲蚀速率提供可能。采用离散颗粒硬球模型描述颗粒间的碰撞。硬球模型基于准二元的瞬时碰撞，不考虑颗粒碰撞的变形过程，具有较高的计算效率。根据液-固两相流的动力学特性和节流器的材料特征，采用 Mengutruk 等提出的计算模型[71]，得到冲蚀速率的表达式为

$$E_v=\begin{cases}1.63\times10^{-6}(W_1\cos\beta_1)^{2.5}\sin\left(\dfrac{\pi\beta}{45.4}\right)+4.68\times10^{-7}(W_1\sin\beta_1)^{2.5} & (\beta_1\leqslant22.7^\circ)\\ 1.63\times10^{-6}(W_1\cos\beta_1)^{2.5}+4.68\times10^{-7}(W_1\sin\beta_1)^{2.5} & (\beta_1>22.7^\circ)\end{cases}\tag{1-32}$$

式中：E_v 为磨损率，g/mm^3；W_1 为固体颗粒撞击壁面的速度，m/s；β_1 为固体颗粒冲击壁面

的入射角,(°)。

(6) MCA 方法[72]:该方法也称为移动元胞自动机(movable cellular automata, MCA)。它是把被模拟的物体离散成一系列的微小单元,称为移动元胞。在二维问题中,元胞是直径微米级的圆盘,不仅元胞的大小和形状可以改变,而且它所处的位置和角度也会随着受载情况的变化而发生相应的改变。MCA 方法主要用来研究混凝土材料在冲击、侵彻等动荷载作用下产生损伤和破坏的过程。它是一种适用于处理非连续介质力学问题的计算方法,分析计算不连续介质变形体问题的方法,因为在实际中,许多的工程材料内部都存在不同情况的空隙缺陷,都是不连续的,这类具有不连续界面位移的问题相对于连续介质问题复杂得多,而传统的有限元模型[73]不能很好地处理这些不连续位移,因此常用 MCA 方法结合实际需要来研究材料的受载行为。

1.7　电磁场对冶金熔体的影响

1.7.1　电磁场对流动特性的影响

电磁场在冶金领域除用于感应加热外,常用于搅拌钢液、提高钢的品质,国内外众多学者都对电磁搅拌及其中钢水流场分布进行了大量的研究。

1. 工业化测试

由于钢水的高温(约 1 800 K),现场的直接测量方法很难实现,Kubo 等[74]通过一种电磁感应器来测量弯月面附近钢水的速度;也有部分学者用钉板试验法研究结晶器表面液态渣层的形貌[75]。这种直接从现场测量的流场数据非常有价值。但是,这种测量方式难实现、代价大,能反馈的信息也相对比较少,仅能提供有限的分析,而且鉴于现场技术原因有时这些测量结果并不是很准确。

2. 物理模拟实验

由于现场试验难度大,学者们目前更倾向于用实验室小型模拟实验来模拟现场的流场情况,用低熔点金属溶液来模拟钢液。由于水银的熔点非常低,水银成为大多数研究者在进行模拟实验室时首选的金属溶液。

1996 年,Idogawa[76]基于双尺度电磁制动器(electromagnetic brake)构造了水银模拟实验模型。通过三个探针测量金属液体速度,发现并证实了电磁制动器可以改变金属熔体的速度,使得结晶器中金属熔体的速度变小。Harada 等[77]通过水银模拟实验模拟研究了不锈钢结晶器中局部磁场和水平磁场对金属溶液流动行为的影响,发现在弯月面附近金属熔体的表面速度可以用水平磁场稳定控制,而在局部磁场的情况下,这种表面速度很大程度上受喷嘴条件的影响,并用数值分析的方法分析了感应电流密度和洛伦兹力的分布特性,解释了分别在局部和水平磁场的流动行为。

Etay 等[78-79]通过构造与连铸系统相似的水银模拟实验模型来进行交变磁场下的钢

液自由界面模拟实验，通过两个电阻探头记录电磁场下自由表面的波动行为，并分析解释这些局部波动及其势能，然后在已有物理和数学模型的帮助下，对磁场下钢连铸系统的流动行为进行了研究。

在国内，Yu 等[80]基于喷嘴电磁制动技术，建立低熔点金属(水银)模型探究磁场和附加电流对弯月面附近的速度和自由表面波动的影响。实验结果表明，利用喷嘴电磁制动技术(nozzle electromagnetic brake，N-EMBR)，弯月面附近的速度，自由表面波动的振幅和主频率均降低。Zhang 等[81]用水银模拟连铸过程中的钢水，研究了电磁制动时液态金属的流动状态和速度分布以及磁通密度的影响规律。利用超声波多普勒测速仪(Ultrasound Doppler Velocimetry，UDV)在各种磁场分布下完成速度测量，并分析了磁通密度对模具中液态金属流动的影响规律。实验结果表明，当上下磁通密度分别为 0.18 T和 0.5 T时，可以获得优选的控制效果，不仅可以压制自由表面波动，而且可以快速形成活塞流。赫冀成等[82]采用 Bi-Pb-Sn 低熔点合金和奎油分别模拟钢液和保护渣，在实验连铸机上，对全幅双条恒稳磁场作用下的连铸结晶器水口区域的流场进行了热模拟实验研究，结果表明：电磁场对水口区域金属液体的流动具有较强的控制能力，对水口同流股的速度具有较明显的抑制作用，从而抑制了夹杂物的穿入深度并改善了连铸坯的凝固条件。

张雅静等[83]在连续实验装置上，以低熔点 Pb-Sn-Bi 合金和硅油分别模拟钢液和保护渣，对施加双条形电磁场作用前后结晶器内钢液流动规律进行了试验研究，双条形电磁场作用能够控制弯月面的波动和水口区域的流动状态，改善连铸坯表面及内部质量具有良好的作用。任忠鸣等[84]提出了板坯连铸过程中采用水银模拟结晶器内钢液的流动，研究了磁感应强度和磁铁的位置对结晶器内金属液流动的影响，研究表明，当磁场强度大于 0.29 T时，液面波动减弱，液面水平流动稳定，改善了弯月面处的流动条件；金属液向下的冲击强度减弱，冲击深度减小。于湛等[85]用 Hg 模拟了高速板坯电磁制动结晶器内钢液的流动，认为静磁场使浸入式水口出流受到抑制，上部环流区的流动增强，下部环流区流动减弱；改善了自由液面的波动和流动。

3. 数值模拟计算

工业化测试与实验室水银模拟实验在对现场指导及对流程控制优化上起到了很重要的作用，但毕竟电磁场对流场的比较复杂，对电磁条件下的流场分布进行计算机模拟很有必要，目前已成为研究的主要手段之一。

Natarajan 等[86]根据电流矢量法和磁标量法建立了三维有限元模型，计算方坯结晶器下电磁搅拌电磁力和速度场分布，为模拟三维电磁和流动现象提供了理论框架。Alexis 等[87]建立数学模型，描述了钢包精炼炉内电磁搅拌产生的搅拌和加热行为，模型考虑了 ASEA-SKF 钢包炉内电弧加热和电磁搅拌的影响，在加热和感应搅拌的条件下，模拟钢包内温度分布。DENG 等[88]利用 ANSYS 软件的 VOF 模型模拟研究了稳定磁场下连铸结晶器中钢/渣界面的波动情况，表明磁场可以抑制钢/渣界面波动的波动情况，当连铸速度为 4 m/min 时，合理磁场强度为 0.5 T，钢/渣界面波动最小。Kubo[74]研究了电磁水平加速器(electromagnetic level accelerator，EMLA)对钢水流动的影响，进行钢水流动的数值模拟。研究表明，应用了EMLA后的钢水流速度与所施加的磁场成比例增加，可以控制来自喷嘴的钢水流到达结晶器的窄侧，减小在弯月面的结晶器拐角处的极度高温的风险，并且能避免夹杂物进入凝固壳体而引起表面缺陷。

在国内，张宏丽等[89]利用ANSYS软件对单侧线性电磁搅拌器作用下钢液内磁场和流场分布进行了数值模拟，分析搅拌器的结构参数和电参数对钢液流动状态的影响，探讨了磁轭、搅拌器长度、搅拌器极距对钢液搅拌情况的影响。邓安元等[90]采用非交错网格和适体坐标方法数值模拟了电磁场对软接触结晶器内钢液流动的影响规律，研究表明电磁场可以加强结晶器上部熔池的搅拌作用，增加电流强度，能加强钢液回流和钢液搅拌。王宏丹等[91]建立了描述板坯连铸结晶器多模式电磁搅拌(multi Mode Electromagnetic stirring，MM-EMS)过程电磁场和流场三维数学模型，研究了MM-EMS过程的磁场和流场特征，电磁水平减速(electromagnetic level stabilizer，EMLS)下电磁力方向与从浸入式水口(submerged nozzle，SEN)吐出的钢液流股流动方向相反，电磁水平加速下的电磁力方向与钢液流股流动方向一致。EMLS能有效减小从SEN吐出的钢液流股流速，降低弯月面流速。王赟等[92]采用数值模拟对离心中间包内的钢液流动特性进行了研究，考察了分配室中挡坝的位置及旋转磁场强度对整体流场结构的影响，研究结果表明，旋转磁场的搅拌作用促进环流的形成，有利于夹杂物的上浮去除；当磁场增大到一定程度时，对钢液的整体流动形态无明显影响。

另外，在电渣重熔冶金领域，也有一些学者分析了电渣重熔工艺对渣池磁流体力学行为的影响规律，王晓花等[93]研究表明，电极的插入深度和电流强度会影响渣池内涡流的方向和速度，增加电极插入深度和增大电流强度都会增强渣池内逆时针涡流。反之，则增强渣池内顺时针涡流。Rückert等[94]利用数值模型来解决复杂的电渣重熔过程。计算流场主要显示渣和钢部分和液滴受洛伦兹力影响的涡流运动分布。此外，模型能够预测过程中的凝固和糊状区，并且通过比较的池深度实验和计算显示了很好的一致性。

1.7.2 电磁场对物理性质的影响

电磁场对冶金熔体物理性质的影响，专家学者们发表的研究主要集中在电场对熔渣黏度的影响研究方面。

在国外，日本的冈泽健介等[95]研究了通电条件下保护渣黏度变化的情况，研究结果表明，当通直流电时，在周围环境温度保持不变的情况下，保护渣黏度会降低，但是到一定程度后，保持不变；通交流电时，温度保持不变的情况下，熔渣的黏度会随着时间的增加而增加，撤去外电场后到一定程度黏度保持不变，继续通交流电，黏度继续升高。

在国内，张燕平的研究表明[96]：没有磁场和电场作用时，熔渣的黏度随着温度的升高而逐渐减小；当环境和熔渣的温度保持不变时，在同一电磁场的作用下，熔渣的黏度随着电磁场的作用时间的增加而增加，当达到一定时间后，熔渣的黏度趋于稳定；当周围环境和和熔渣的温度不变，且电磁场对熔渣的作用时间一定，随着电磁场强度的增加，熔渣的黏度会成倍地增加，当电磁场强度达到一定数值后，熔渣的黏度不再增加。王海泉等[97]研究指出直流电场作用下，电场强度高，电流增大，保护渣的电导率增加，导电能力增强，介质温度升高。王雨等研究了直流电场和交流电场为1～3 V时的保护渣性能，发现直流电场可以促进保护渣晶粒长大，而交流电场则可细化晶粒，同时，直流和交流电场均能有效促进保护渣结晶，并提高保护渣的结晶率[98]。

1.8 电磁场对流体物理性质的影响

1.8.1 电磁流变效应

电流变液(electrorheoloical fluids，ERF)是由介电颗粒悬浮在非导电的连续相中的一类胶体，当对ERF施加一定强度的电场时，其流变性能会立刻发生改变，由液体变为类固体态，当撤去电场时，又立即恢复成原来的液体。

1949年，Winslow最初发现电流变效应，水被添加到载体中来提高ER效应，效应发现后引起各国科学研究者的广泛关注。van Kao和Stangroom提出了水桥模型，他们认为ERF中的自由水有利于颗粒的移动，所以首先电流变颗粒必须亲水，其次基液必须疏水。1985年，Block成功制备出无水的电流变液，又一次引起全世界对无水ERF的研究热潮。Davis[99]和Atten[100]提出了电导模型，该模型认为颗粒与基液的电导率之比是产生ER效应的主要原因。

磁流变液(magnetorheological fluids，MRF)是在外加磁场作用下流变特性发生急剧变化的材料，其基本特征是在强磁场作用下能在瞬间(毫秒级)从自由流动的液体转变为半固体，呈现可控的屈服强度，而且这种变化是可逆的[101]。

微米磁性颗粒-非磁性载液型磁流变液是一种经典型磁流变液，采用微米尺寸的顺磁或软磁材料的颗粒和低磁导率的载液，它具有较强的磁流变效应，屈服应力可达50～100 kPa。

纳米磁性颗粒-非磁性载液型磁流变液是Kormann等人研制的，用30 nm的铁氧体粉分散溶于非磁性载液中制成的非胶体悬浮液，它具有与铁磁流体几乎完全相同的组成，但为了提高磁流变效应，Kormann等人对颗粒直径、颗粒表面层等都作了适当改进。

非磁性颗粒-磁性载液型磁流变液是用微米级的非磁性颗粒分散溶于磁性载液中制成的悬浮液，虽然铁磁流体作为载液仅具有微小的磁流变效应，但是微小的磁性颗粒形成的链状聚集可与较大的非磁性颗粒结合为类凝胶网状体系，从而磁流变效应得以加强。

磁性颗粒-磁性载液型磁流变液是用微米级的磁性颗粒分散溶于磁性载液中制成的悬浮液，磁性载液加强了磁性颗粒间的作用力，从而增强了磁流变效应[102]。

1.8.2 电磁场对流体表面张力的影响

张军等[103]计算了$B=0.1$ T和$B=0.25$ T时不同温度下的表面张力相对改变量：当$B=0.25$ T时磁场对水的表面张力影响最为明显，最大改变量为0.74%；当$B=0.1$ T时最大改变量只有0.36%。温度在288～308 K范围内，磁场对表面张力影响显著，而在低温和高温情况下，表面张力改变量减少。

Liggieri[104]研究发现外部电场和磁场可能会改变表面张力的大小，并且由于几何形状的不同，表面张力与磁场强度呈不同的变化趋势。对于磁场对球形滴法向和切向表面张力，可沿半径为 r 的球面滴的法向和切向分别为

法向上
$$\sigma-\sigma_0=-lH_e^2(\mu^e+\mu^{e\ 2}/\mu^i) \tag{1-33}$$

切向上
$$\sigma-\sigma_0=\frac{1}{2}l(\mu^e+\mu^i)H_e^2 \tag{1-34}$$

对于抗磁性和顺磁性流体（$\mu^e\approx\mu^i\approx1$）方程简化为

法向上
$$\sigma-\sigma_0=-2lH_e^2 \tag{1-35}$$

切向上
$$\sigma-\sigma_0=lH_e^2 \tag{1-36}$$

式中：σ 为磁场下表面张力；σ_0 为无磁场下表面张力；H_e 为磁场强度；l 为界面层厚度，当磁场方向与液面方向垂直时，熔体的表面张力会减小，当磁场方向与液面方向平行时，熔体的表面张力会增大，并且，垂直时的变化量是平行时变化量的两倍。

1.9　本章小结

本章是耐火材料冶金过程数值模拟必需的基础知识，包括钢的精炼概念、渣/钢界面行为、大涡模拟方法、钢精炼用耐火材料及其钢/渣侵蚀行为、电磁场对冶金熔体及相关流体的影响，有助于熟悉冶炼和数值模拟方面的知识。

参考文献

[1] 幸伟. 钢包底吹氩工艺开发[D]. 武汉：武汉科技大学，2005.

[2] SENGUTTUVAN A，IRONS G A. Model studies on slag metal entrainment in gas-stirred ladles[J]. Iron and Steel Technology，2014，11(1)：230-241.

[3] ASAI S. The 100th and 101st Nishiyama memorial lecture[J]. ISIJ，1984，65-100.

[4] MIETZ J，SCHNEIDER S，OETERS F. Emulsification and mass transfer in ladle metallurgy[J]. Steel Research，1991，62(1)：10-15.

[5] OETERS F. Metallurgie der Stahlherstellung[M]. Dusseldorf：Verlag Stahleisen，1989.

[6] WEI T，OETERS F. A model test for emulsion in gas-stirred ladles[J]. Steel Research，1992，63(2)：60-68.

[7] IGUCHI M，SUMIDA Y，OKADA R. Evaluation of critical gas flow rate for the entrapment of slag using a water model[J]. ISIJ International，1994，34(2)：164-170.

[8] KRISHNAPISHARODY K，IRONS G A. The fluid mechanics of slag-metal interactions in ladle metallurgy[J]. Journal for Manufacturing Science and Production，2012，12(3/4)：139-146.

[9] KIM S H，FRUEHAN R J. Physical modeling of liquid/liquid mass transfer in gas stirred ladles[J]. Metall Trans B，1987，18(2)：381-390.

[10] GAN L，HE P. Study on the characteristics of critical gas flow rate for the entrapment of slag in gas-stirred ladles[J]. Steel Making，2009，25(1)：41-46.

[11] HSIAO T，PENG Y C，LIU C L. Theoretical investigation on entrapment phenomena at the slag/metal interface in ladle stirred by gas injection[J]. Chin. J. Ma-ter. Sci. Technol，1987，(3)(4)：187-193.

[12] HAGEMANN R，HELLER H P，LACHMANN S S. Slag entrainment in continuous casting andeffect of

interfacial tension[J]. Ironmaking and Steelmaking. 2012,39(7):508-513.
[13] BESKOW K, DAYAL P, BJORKVALL J, et al. A new approach for the study of slag-metal interface in steelmaking[J]. Ironmaking and Steelmaking,2006,33(1),74-80.
[14] DANNERT C,KÖCHNER H,STRACK-THOR U. Improvement of ladle stirring to minimise slag emulsification and reoxidation during alloying and rinsing (Stimprove)[J]. Publications Office of the European Union,2012.
[15] HUANG A,GU H Z,WANG N,et al. Mathematical and physical modelling of purging plugs and its application for refining ladles[J]. Interceram-Refractories Manual,2012,(2):96-102.
[16] SAVOLAINEN J,FABRITIUS T,MATTILA O. Effect of fluid physical properties on the emulsification[J]. ISIJ International,2009,49 (1):29-36.
[17] HIRT C W, NICHOLS B D. Volume of fluid method for the dynamics of free boundaries[J]. Journal of Computational Physics,1981,39(1):201-225.
[18] MENTER F R,MENTER F. Two-equation eddy-viscosity transport turbulence model for engineering applications [J]. AIAA Journal,1994,32(8):1598-1605.
[19] DAVID C. Vilcox. Tubulence Modeling for CFD. DCW Indusles Inc 5354 Palm Drive, La Canada, Califorhia 91011,2006.
[20] KASTNER G,BRANDSTÄTTER W,KAUFMANN B,et al. Numerical study on mould powder entrapment caused by vortexing in a continuous casting process[J]. Steel Research International,2006,77(6):404-408.
[21] SULASALMI P,KARNA A,FABRITIUS T,et al. CFD model for emulsification of slag into the steel[J]. Isij International,2009.49(11):1661-1667.
[22] PIRKER S. Towards efficient modelling of slag entrainment during metallurgical processes[J]. Steel Research International,2010.81(8):623-629.
[23] CHO M K,HONG G G,LEE S K. Corrosion of spinel clinker by $CaO-Al_2O_3-SiO_2$ ladle slag[J]. Journal of the European Ceramic Society,2002,22(11):1783-1790.
[24] KO Y C,CHAN C F. Effect of spinel content on hot strength of alumina-spinel castables in the temperature range 1000—1500 ℃[J]. Journal of the European Ceramic Society,1999,19(15):2633-2639.
[25] PHILLIPS B,SŌMIYA S,MUAN A. Melting relations of magnesium oxide-iron oxide mixtures in air[J]. Journal of the American Ceramic Society,2010,44(44):167-169.
[26] SANDHAGE K H, YUREK G J. Direct and indirect dissolution of sapphire in calcia-magnesia-alumina-silica melts:Dissolution kinetics[J]. Journal of the American Ceramic Society,1990,73(73):3633-3642.
[27] KIENOW S. Refractory materials[J]. International Ceramic Society,1980,29(1).
[28] 张文杰,汪厚植. 结合剂对铝镁浇注料烧后膨胀行为的影响[J]. 耐火材料,1999,33(4):196-198.
[29] 顾华志,汪厚植. 连铸钢包用高纯铝镁系浇注料的性能与损毁[J]. 钢铁研究,2002,30(2):6-8.
[30] 陶新霞,陈路兵,梁智林. 钢包用铝-尖晶石浇注料的研制[J]. 耐火材料,1994,28(6):315-318.
[31] 杜博,顾华志,李正坤,等. 不同氧化铝对轻量微孔刚玉骨料结构与性能的影响[J]. 武汉科技大学学报,2012,35(5):377-380.
[32] 顾华志,黄奥,张美杰,等. 微孔刚玉的制备及其对铝镁浇注料性能的影响[J]. 耐火材料,2014,48(1):9-12.
[33] FU L P,GU H Z,HUANG A,et al. Effect of MgO micropowder on sintering properties and microstructures of microporous corundum aggregates[J]. Ceramics International,2015,41(4):5857-5862.
[34] FU L P,GU H Z,HUANG A,et al. Effect of Nano-alumina sol on the sintering properties and microstructure of microporous corundum[J]. Materials and Design,2016. 89:21-26.
[35] FU L P,GU H Z,HUANG A,et al. Fabrication and characterization of lightweight microporous alumina with guaranteed slag resistance[J]. Ceramics International,2016,42(7):8724-8728.
[36] 付绿平,顾华志,黄奥,等. 低导热微孔刚玉骨料的湿法制备及其抗渣机制研究[J]. 耐火材料,2015(6):406-411.
[37] FU L P, GU H Z, HUANG A, et al. Possible improvements of alumina-magnesia castable by lightweight

microporous aggregates[J]. Ceramics International,2015,41(1):1263-1270.

[38] GU H Z,FU L P,MA L Y,et al. Preparation of microporous corundum aggregates and their applications in lightweight alumina-magnesia castables[J]. Interceram-Refractories Manual,2014,(3):121-124.

[39] LIANG Y H,HUANG A,ZHU X W,et al. Dynamic slag/refractory interaction of lightweight Al_2O_3-MgO castable for refining ladle[J]. Ceramics International,2015,41(6):8149-8154.

[40] FU L P,GU H Z,HUANG A,et al. Slag resistance mechanism of lightweight microporous corundum aggregate [J]. Journal of the American Ceramic Society,2015,98(5):1658-1663.

[41] L. E. SCRIVEN and C. V. Sternling. The Marangoni Effects. Nature,1960,187:186-188.

[42] V. G. LEVICH,Physicochemical Hydrodynamics. Prentice Hall Inc,Englewood Cliffs,NJ 1962,373-390.

[43] ZHU J,MUKAL K. The influence of oxyge on the rate of nitrogen absorption into molten Iron and marangoni convection[J]. ISIJ International,1998,38(3):220-228.

[44] PÖTSCHKE J,BRÜGGMANN C. Premature wear of refractories due to marangoni-convection[J]. Steel Research International,2012,83(7):637-644.

[45] HARMUTH H,VOLLMANN S. Refractory corrosion by dissolution in slags-challenges and trends of present fundamental research[C]//Proceedings of the 10th India International Refractories Congress,2014:14-21.

[46] 李楠,顾华志,赵惠忠. 耐火材料学[M]. 北京:冶金工业出版社,2010:59-60.

[47] 薛定谔. 多孔介质中的渗流物理[M]. 王鸿勋,张朝琛,孙书琛,译. 北京:石油工业出版社,1982:105-106.

[48] 林瑞泰. 多孔介质传热传质引论[M]. 北京:科学出版社,1995:3-5.

[49] LAPWOOD E R. Mechanics of fluid flow through a porous medium[J]. Mathematical Proceedings of the Cambridge Philosophical Society. 1948,49(4):508-521.

[50] DENYS K F J. Flow of polymer solutions through porous media[J]. Delft University Press,2003,49(93):63-85.

[51] 吴金随. 多孔介质流动阻力分析[D]. 武汉:华中科技大学,2006.

[52] BIRD R B,STEWART W E,LIGHTFOOT E N,et al. Transport phenomena[M]. Wiley and Sons,inc,1960.

[53] BIRD R B. 传递现象[M]. 袁一,等译. 北京:化学工业出版社,1990.

[54] 浅野贞. 钢包用刚玉-尖晶石浇注料抗渣侵蚀机理[J]. 国外耐火材料,1992,17(2):11-15.

[55] RAJEEV S,DIPAK M,RAY A K. Mathematical modeling and validation of wall shear stress in gas stirred vessels [J]. ISIJ International,2008,48(7):1033-1035.

[56] 陈冠国,诸秀萍. 关于冲蚀磨损问题[J]. 河北理工学院学报,1997,19(5):27.

[57] FINNIE I,LEVY A,MCFADDEN D H. Fundamental mechanisms of the erosive wear of ductile metals by solid particles[J]. ASTM Special Technical Publication,1979,664:36-58.

[58] LEVY A V. Corrosion/erosion of materials in coal liquefaction environments[J]. Wear of Materials, 1981 (7):564.

[59] BITTER J G A . A study of erosion phenomena[J]. Wear,1963,6(3):190.

[60] TILLY G P. A two stage mechanism of ductile erosion[J]. Wear,1973,23(1):87-96.

[61] 邵荷生. 摩擦与磨损[M]. 北京:煤炭工业出版社,1992.

[62] THIRUVENGADAM A. Proceedings of the Cavitation Damage in Liquid Metals[C]//Pro. Intern. Conf. Rain Erosion Assoc. phenomena 2nd,1967.

[63] SPRINGER G S,BAXI C B,CONN A F,et al. A model for rain erosion of homogeneous materials. Discussion[J]. ASTM special technology publication,1974,567:106-127.

[64] RUFF A W,Wiederhom S M. Erosion by solid particle impact. Treatise on Materials Science and Technology,C. M. Preece,ed. ,Academic Press,NY,1979.

[65] HOLMQUIST T J,JOHNSON G R. A computational constitutive model for concrete subjected to large strains,high strain rates,and high pressures[C]//14th International Symposium on Ballistics Quebec,Canada,1993:591-600.

[66] HOLMQUIST T J,TEMPLETON D W,BISHNOI K D. Constitutive modeling of aluminum nitride for large

strain, high-strain rate, and high-pressure applications[J]. International Journal of Impact Engineering, 2001, 25(3):211-231.

[67] FONSEKA G U, KRAJCINOVIC D. The continuous damage theory of brittle materials, part 2: Uniaxial and plane response modes[J]. Journal of Applied Mechanics, 1981, 48(4):816-824.

[68] FORRESTAL M J, LUK V K, WATTS H A. Penetration of reinforced concrete with ogive-nose penetrators [J]. International Journal of Solids and Structures, 1988, 24(1):77-87.

[69] 孙宇新,周听清,沈兆武,等.热塑性弹对半无限大混凝土靶侵彻模拟[C].第二届全国爆炸力学会议,2002.

[70] CROWE C T, SO MMERFELD M, TSUJI Y. Multiphase Flows with Drop-lets and Particles[M]. Boca Raton: CRC Press, 1998:112-165.

[71] LIN J Z. Fluid-solid Two-phase Coherent Vortex Flow and Hydrodynamic Stability [M]. Beijing: Tsinghua University Press, 2003:125-172.

[72] 陈克. MCA方法与弹丸侵彻混凝土过程的研究[D].南京:南京理工大学,2005.

[73] 卓家寿,章青.不连续介质力学问题的界面元法[M].北京:科学出版社,2000.

[74] KUBO N, KUBOTA J, SUZUKI M, et al. Molten steel flow control under electromagnetic level accelerator in continuous casting mold[J]. ISIJ International, 2007, 47(7):988-995.

[75] HWASOO P, YOON J K. Numerical analysis of fluid flow and heat transfer in the parallel type mold of a thin slab caster[J]. Transactions of the Iron & Steel Institute of Japan, 2001, 41(9):974-980.

[76] IDOGAWA A, SUGIZAWA M, TAKEUCHI S, et al. Control of molten steel flow in continuous casting mold by two static magnetic fields imposed on whole width[J]. Materials Science & Engineering A, 1996, 173(1-2): 293-297.

[77] HARADA H, TOH T, ISHII T, et al. Effect of magnetic field conditions on the electromagnetic braking efficiency [J]. ISIJ International, 2001, 41(10):1236-1244.

[78] ETAY J, DUMONT B, HAMBURGER J, et al. Resistive probe for continuous measurement of electroconductive liquid levels facing electromagnetic fields[J]. Experiments in Fluids, 2002, 32(4):518-526.

[79] ETAY J, DELANNOY Y. Low frequency wave at the meniscus of a continuous caster generated by a DC magnetic field[J]. Magnetohydrodynamics, 2003, 39:445-452.

[80] YU Z, LEI Z, LI Q, et al. Physical Simulation of nozzle electromagnetic brake in twin-roll strip casting[J]. Steel Research International, 2008, 79(11):839-842.

[81] ZHANG Z Q, JIA H, ZHANG X W, et al. Physical simulation on the liquid metal flow in FC-Mold of slab continuous casting[J]. Advanced Materials Research, 2011, 402:46-50.

[82] 赫冀成,张雅静,于光伟等.电磁场控制连铸结晶器水口区域钢液流场热模拟实验研究[C].中国金属学会能源与热工专业委员会学术年会,2000:721-724.

[83] 张雅静,于光伟.双条形电磁场作用下连铸结晶器内钢液流动规律的试验研究[J].连铸,2000(1):34-37.

[84] 任忠鸣,张振强,邓康,等.电磁场下连铸结晶器中钢液流动实验研究[C].洁净钢生产技术国际研讨会,2011:68-75.

[85] 于湛,张振强,任忠鸣,等.板坯电磁制动结晶器内流体流动的研究[J].金属学报,2010,46(10):1275-1280.

[86] T N T, EI-KADDAH N. Finite element analysis of electromagnetically driven flow in sub-mold stirring of steel billets and slabs[J]. ISIJ International, 2007, 38(7):680-689.

[87] ALEXIS J, PARG J, LAGE J. Heating and electromagnetic stirring in a ladle furnace-a simulation mode[J]. ISIJ international, 2000, 40(11):1098-1104.

[88] DENG A Y, XU L, WANG E G, et al. Numerical analysis of fluctuation behavior of steel/slag interface in continuous casting mold with static magnetic field[J]. 钢铁研究学报(英文版), 2014, 21(9):809-816.

[89] 张宏丽,王恩刚,贾光霖等.搅拌器的结构参数对钢液内电磁场和流场分布的影响[J].钢铁研究学报,2002,14(4):10-15.

[90] 邓安元,贾光霖.电磁场对软接触结晶器内钢液流动的影响[J].钢铁研究学报,2002,14(1):6-10.

[91] 王宏丹,于海岐,朱苗勇,等.多模式电磁搅拌板坯连铸结晶器内的三维电磁场和钢液流动[C].第十三届冶金反应工程学会议论文集,2009:10-15.

[92] 王赟,钟云波,任忠鸣,等.离心式连铸中间包内钢液流动特性的模拟[J].特种铸造及有色合金,2008(11):863-871.

[93] 王晓花,厉英.电渣重熔过程渣池磁流体力学行为数值模拟[J].东北大学学报(自然科学版),2014,35(11):1551-1564.

[94] RÜCKERT A,PFEIFER H. Mathematical modelling of the flow field,temperature distribution,melting and solidification in the ElectroSlag Remelting process[J]. Magnetohydrodynamics,2009,45(4):527-533.

[95] 岡澤健介,山根政博,福田由佳.通電による溶融酸化物の粘性変化[J].鐵と鋼:日本鐵鋼協會々誌,2003,89(6):629-636.

[96] 张燕平.电磁场作用下的保护渣流变行为研究[D].唐山:华北理工大学,2015.

[97] 王海泉,陈国华.电场诱导粒子取向排列的研究进展[J].华侨大学学报,2008,29(4):490.

[98] 王雨,王焱辉,曾晓兰,等.电场作用下保护渣的结晶性能[J].钢铁研究学报,2012,24(5):10-17.

[99] DAVIS L C. Ground state of an electrorheological fluid[J]. Physical reviewa,1992,46(2):719-721.

[100] ATTEN P,FOULC J N,FELICI N. A conduction model of the electrorhelological effect[J]. International Journal of Modern Physics B,1994,8(20):2731-2745.

[101] KORDONSKY V I,SHULMAN Z P,GORODKIN S R,et al. Physical properties of magnetizable structure-reversible media[J]. Journal of Magnetism & Magnetic Materials,1990,85(1):114-120.

[102] KORMANN C,LAUN HM,RICHTE HJ. MR suspensions and associated technology[C]. Procof the 5th Int Conference on ER Fluids,1996,114-121.

[103] 张军,刘冰.用MD方法计算磁场条件下水的表面张力系数[J].青岛大学学报(自然科学版),2002,15(1):45-51.

[104] LIGGIERI L,SANFELD A,STEINCHEN A. Effects of magnetic and electric fields on surface tension of liquids [J]. Physica A Statistical Mechanics & Its Applications,1994,206(3/4):299-331.

第 2 章　卷渣关键区域模型与边界条件

在精炼钢包卷渣这一常见现象中，以米为基本尺度的大钢包和以毫米为基本尺度的渣滴突出了一个多尺度的模拟难题。尤其是采用精度更高的大涡模拟时，整个模拟需要划分非常精细的网格，也需要大量的计算时间，甚至必须配置非常高端的高成本计算机才能进展。基于此，本章通过数学分析框架，描述钢包底吹氩过程中气液两相流股、喷柱以及裸露渣眼的形成过程，提取关键局部区域并建立该核心模拟区域边界条件参数与吹气参数的关系，为大涡模拟奠定理论基础。

2.1　卷渣过程分析

通常，惰性的氩气被用于精炼钢包的底吹搅拌过程中，这样就会通过透气砖形成很多气泡。上升的气泡拖拽熔融钢液形成气-液流动，由于两相流股的能量，喷柱就会出现。如果两相流股的速度足够大，而且渣层又不足够厚，一个裸露的熔融钢液表面（渣眼）将会出现，然后钢液推开熔渣并且向下运动，卷渣发生且可能导致耐火工作衬的蚀损。

2.1.1　初始喷柱及渣眼形成

首先，当气-液两相流股冲出钢液表面时，初始喷柱将形成。速度大的部分流股能够冲破渣层，初始的渣眼将显现出来，如图 2-1 所示。

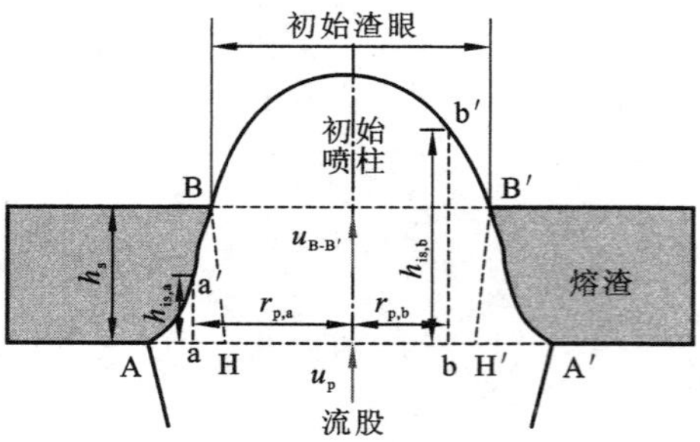

图 2-1　初始喷柱形成示意图

根据伯努利方程可以估计初始喷柱的高度。如图 2-1 所示，a 点是在表面上渣层无法被冲破的代表点，b 点是渣层被冲破而裸露的代表点，这个平衡可以表示为

$$\frac{1}{2}\rho_p u_{p,a}^2+\rho_s g h_s=2\frac{\sigma_{l-s}}{R_c}+\rho_{is} g h_{is}+\rho_s g(h_s-h_{is,a}) \tag{2-1}$$

$$\frac{1}{2}\rho_p u_{p,b}^2+\rho_s g h_s=2\frac{\sigma_l}{R_c}+\rho_{is} g h_{is} \tag{2-2}$$

流股的密度 ρ_p 和初始喷柱密度 ρ_{is} 能够根据式(1-4)中气体和液体的平均密度计算,即

$$\rho_{is}=\rho_p=\overline{a}_{p,v}\rho_g+(1-\overline{a}_{p,v})\rho_l \tag{2-3}$$

式中:假定 ρ_{is} 等于 ρ_p。

因此,两相流股顶部的气体体积平均分数能够与喷柱的最大高度直接关联起来[1],即

$$\overline{a}_{p,v}=1.5\frac{h_{sp,max}}{H} \tag{2-4}$$

在 1 837 K 时,气体的密度变得很小,可以忽略不计,因此两相流股的密度可以表示为

$$\rho_p=\left(1-1.5\frac{h_{sp,max}}{H}\right)\rho_l \tag{2-5}$$

由于界面十分复杂,表面和表面张力的影响可以忽略。假定初始喷柱的密度与流股顶部的密度相等,将式(2-1)和式(2-2)可以结合起来表示为

$$\begin{cases}\dfrac{1}{2}\rho_p u_p^2+\rho_s g h_{is}=\rho_{is} g h_{is} & (h_{is}<h_s)\\ \dfrac{1}{2}\rho_p u_p^2+\rho_s g h_s=\rho_{is} g h_{is} & (h_{is}\geqslant h_s)\end{cases} \tag{2-6}$$

通常情况下,速度分布服从钟形曲线(bell curve),其广为人知的是高斯分布[2-4],因此顶部流股的速度可以表示为

$$u_p=u_{p,max}\exp\left[-\left(\frac{r}{n}\right)^2\right] \tag{2-7}$$

式中:常数 n 代表分布宽度,受载液深度和吹气流量影响。将式(2-7)代入式(2-6),可得到

$$h_{is}=\begin{cases}\dfrac{u_{p,max}^2\exp\left[-2\left(\dfrac{r}{n}\right)^2\right]}{2g(1-\rho^*)} & (h_{is}<h_s)\\ \dfrac{u_{p,max}^2\exp\left[-2\left(\dfrac{r}{n}\right)^2\right]}{2g}+\rho^* h_s & (h_{is}\geqslant h_s)\end{cases} \tag{2-8}$$

联立式(2-5)和式(2-8),ρ^* 可满足

$$\frac{1.5h_s\rho_l}{H}\rho^{*2}+\left(\frac{1.5u_{p,max}^2}{2gH}-1\right)\rho_l\rho^*+\rho_s=0 \tag{2-9}$$

$$\rho^*=\frac{H-1.5u_{p,max}^2/2g}{3h_s}-\frac{\sqrt{(1.5u_{p,max}^2/2g-H)^2-6h_s H\rho_s/\rho_l}}{3h_s} \tag{2-10}$$

因此,流股顶部气体的体积平均分数可表示为

$$\overline{a}_{p,v}=\frac{\rho_s/\rho^*}{\rho_l} \tag{2-11}$$

如式(2-8)所示,h_{is} 也符合高斯分布,特别是当 h_{is} 小于 h_s 时,流股顶部区域的 h_{is} 无限接近 0。因此,图 2-1 中初始喷柱的模型是正确的。

根据上面讨论的，只有当气-液两相流股的速度大于临界速度时，才能冲破渣层，当h_{is}等于h_s时，临界速度能够表示为

$$u_{cr}=\sqrt{2gh_s(1-\rho^*)} \tag{2-12}$$

2.1.2 渣眼形成及卷渣

如图2-2所示，真实的喷柱和渣眼形成时，渣层之上的喷柱将沿着初始喷柱的边缘向下流动。卷渣的可能性及临界条件是我们的首要目标，因此我们关注渣眼区域，并且分析吹气量的影响。临界吹气流量实际上随着渣层厚度而变化，不同吹气量下的卷渣过程也不一样，可分为以下两种情况。

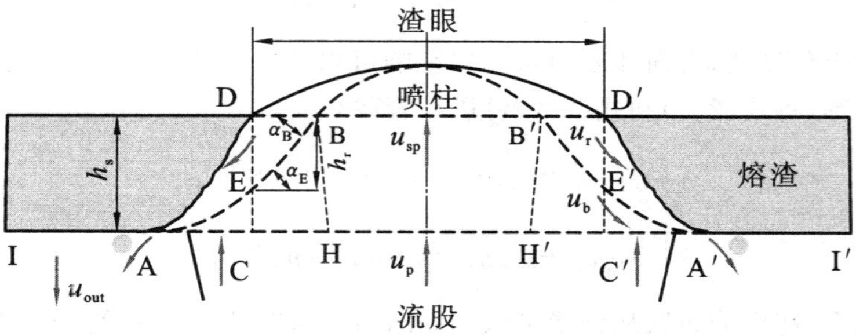

图2-2 通常气流量下喷柱和渣眼形成图

1. 通常气流量情形

当渣层很厚或者吹气流量不是非常大时，部分流股能够穿过渣层，如图2-2所示。在两相流股顶部，A-A′区域，气-液体积流量可表示为

$$Q_{A\text{-}A'}=\int_0^{\infty}u_p 2\pi r\mathrm{d}r \tag{2-13}$$

将式(2-7)代入式(2-13)，求解积分可得

$$Q_{A\text{-}A'}=u_{p,max}\pi n^2 \tag{2-14}$$

流体体积流量为

$$Q_{l,A\text{-}A'}=(1-\overline{a}_{p,v})u_{p,max}\pi n^2 \tag{2-15}$$

同理，通过H-H′截面的气-液两相体积流量为

$$Q_{H\text{-}H'}=\int_0^{r_{H\text{-}H'}}u_p 2\pi r\mathrm{d}r \tag{2-16}$$

将式(2-7)代入式(2-16)，通过积分求解可得气-液两相体积流量为

$$Q_{H\text{-}H'}=\pi n^2 u_{p,max}\left(1-\frac{u_{cr}}{u_{p,max}}\right) \tag{2-17}$$

因此，钢液流量为

$$Q_{l,H\text{-}H'}=(1-\overline{a}_{p,v})\pi n^2 u_{p,max}\left(1-\frac{u_{cr}}{u_{p,max}}\right) \tag{2-18}$$

将式(2-12)代入式(2-7)，根据能量守恒，能够得到 H-H′ 截面区域的半径和 B-B′ 截面区域的平均速度，分别为

$$r_{\text{H-H}'} = n\left(\ln\frac{u_{\text{p,max}}}{u_{\text{cr}}}\right)^{0.5} \tag{2-19}$$

$$\overline{u}_{\text{sp,B-B}'} = (\overline{u}_{\text{p},H-H'}^2 - u_{\text{cr}}^2)^{0.5} \tag{2-20}$$

实际上，根据下述的连续性方程，由于实际的喷柱和渣眼的形成，渣眼处的 ρ_{sp} 大于 ρ_{p}。

$$\rho_{\text{p}} A_{\text{H-H}'}\overline{u}_{\text{p,H-H}'} = \rho_{\text{sp}} A_{\text{B-B}'}\overline{u}_{\text{sp,B-B}'} \tag{2-21}$$

由于气体逸出，根据流股研究结果[1]，钢包的高度足够的高，喷柱顶部的气体分数无限接近于 0。因此，B-B′ 截面区域的半径可以表示为

$$r_{\text{B-B}'} = r_{\text{H-H}'}\left(\frac{\rho_{\text{sp}}}{\rho_{\text{p}}}\sqrt{1-\frac{u_{\text{cr}}^2}{\overline{u}_{\text{p,H-H}'}^2}}\right)^{-0.5} = r_{\text{H-H}'}\left(\frac{\rho_1}{\rho_{\text{p}}}\sqrt{1-\frac{u_{\text{cr}}^2}{\overline{u}_{\text{p,H-H}'}^2}}\right)^{-0.5} \tag{2-22}$$

式中：平均速度为

$$\overline{u}_{\text{p,H-H}'} = \frac{Q_{\text{H-H}'}}{A_{\text{H-H}'}} = \frac{Q_{\text{H-H}'}}{\pi r_{\text{H-H}'}^2} = u_{\text{p,max}}\left(1-\frac{u_{\text{cr}}}{u_{\text{p,max}}}\right)\Big/\ln\frac{u_{\text{p,max}}}{u_{\text{cr}}} \tag{2-23}$$

根据流体的连续性和能量守恒，可以得到

$$Q_{\text{B-B}'} = Q_{\text{D-B,B}'\text{-D}'} \tag{2-24}$$

$$\frac{1}{2}\rho_{\text{sp}}\,\overline{u}_{\text{sp,B-B}'}^2 = \frac{1}{2}\rho_{\text{sp}}\,\overline{u}_{\text{sp,D-B,B}'\text{-D}'}^2 \tag{2-25}$$

显然，穿过 B-B′ 截面区域和 B-D 环形区域的平均流体速度相等。结合式(2-24)和式(2-25)，联立后可表示为

$$\pi r_{\text{B-B}'}^2 = (\pi r_{\text{D-D}'}^2 - \pi r_{\text{B-B}'}^2)\sin\alpha_{\text{B}} \tag{2-26}$$

然后，C-D 截面区域的半径可以表示为

$$r_{\text{D-D}'} = r_{\text{B-B}'}\sqrt{\frac{1}{\sin\alpha_{\text{B}}}+1} \tag{2-27}$$

同理，也可以得到

$$\rho_{\text{p}} A_{\text{A-A}'}\,\overline{u}_{\text{p,A-A}'} = \rho_1 A_{\text{I-A,A}'\text{-I}'}\,\overline{u}_{\text{out}} \tag{2-28}$$

$$\overline{u}_{\text{p,A-A}'} = \overline{u}_{\text{out}} \tag{2-29}$$

根据式(2-7)，A-A′ 截面区域的半径可以变为

$$r = n\left(-\ln\frac{u_{\text{p}}}{u_{\text{p,max}}}\right)^{0.5} \tag{2-30}$$

A-A′ 截面区域的边缘可以假定速度为最大速度的 10%，那么半径为

$$r_{\text{A-A}'} = 1.51n \tag{2-31}$$

因此，改进后的通过 A-A′ 截面区域气-液流股体积流量为

$$Q'_{\text{A-A}'} = \int_0^{r_{\text{A-A}'}} u_{\text{p}} 2\pi r \text{d}r = \pi n^2 u_{\text{p,max}}[1-\exp(-1.51)] \tag{2-32}$$

则钢液体积流量为

$$Q'_{\text{l,A-A}'} = (1-\overline{a}_{\text{p,v}})\pi n^2 u_{\text{p,max}}[1-\exp(-1.51)] \tag{2-33}$$

因此,通过 A-A′ 截面区域的流体的平均速度为

$$\bar{u}_{\text{out}} = \bar{u}_{\text{p,A-A'}} = \frac{Q'_{\text{l,A-A'}}}{\pi r_{\text{A-A'}}^2} \tag{2-34}$$

同时,I-I′ 截面区域的半径表示为

$$r_{\text{I-I'}} = \sqrt{(2-\bar{a}_{\text{p,v}})}\, r_{\text{A-A'}} \tag{2-35}$$

根据式(2-7) 和式(2-8),流体流出喷柱的角度和流体的冲击角度分别为

$$\alpha_{\text{B}} = (180°/\pi)\arctan\left(\left|\frac{\mathrm{d}h_{\text{is}}}{\mathrm{d}r}\right|_{r_{\text{H-H'}}}\right) = (180°/\pi)\arctan\left|\frac{2u_{\text{p,max}}^2 r_{\text{H-H'}}\exp[-2r_{\text{H-H'}}^2/n^2]}{gn^2}\right| \tag{2-36}$$

$$\alpha_{\text{E}} = (180°/\pi)\arctan\left(\left|\frac{\mathrm{d}h_{\text{is}}}{\mathrm{d}r}\right|_{r_{\text{D-D'}}}\right) = (180°/\pi)\arctan\left|\frac{2u_{\text{p,max}}^2 r_{\text{D-D'}}\exp[-2r_{\text{D-D'}}^2/n^2]}{gn^2(1-\rho^*)}\right| \tag{2-37}$$

如图 2-2 所示,当吹气流量较低时,喷柱的冲击被限制在一个高度为 h_r 的区域,可以表示为

$$h_{\text{r}} = h_{\text{s}} - h_{\text{is,C}} = h_{\text{s}} - \frac{u_{\text{p,max}}^2\exp\left[-2\left(\frac{r_{\text{D-D'}}}{n}\right)^2\right]}{2g(1-\rho^*)} \tag{2-38}$$

当吹气流量相对低时,意味着 h_e 小于 h_s,穿过 B-B′ 截面区域的流体将穿过 D-E 截面区域。

D-E 截面区域面积可以表示为

$$A_{\text{D-E}} = 2\pi h_{\text{e}} r_{\text{D-D'}} \tag{2-39}$$

因此,根据流体的连续性,穿过 D-E 截面区域的流体在水平方向的平均速度为

$$\bar{u}_{\text{r,h}} = \frac{Q_{\text{l,H-H'}}}{A_{\text{D-E}}} \tag{2-40}$$

因此,穿过 D-E 截面区域的流体平均速度为

$$\bar{u}_{\text{r}} = \bar{u}_{\text{r,h}}/\cos\alpha_{\text{E}} \tag{2-41}$$

在流股顶部,C-C′ 截面区域,气-液体积流量可表示为

$$Q_{\text{C-C'}} = \int_0^{r_{\text{D-D'}}} u_{\text{p}} 2\pi r \mathrm{d}r \tag{2-42}$$

将式(2-7) 代入式(2-42),然后积分求解可得

$$Q_{\text{C-C'}} = u_{\text{p,max}}\pi n^2\left\{1-\exp\left[-\left(\frac{r_{\text{D-D'}}}{n}\right)^2\right]\right\} \tag{2-43}$$

因此,通过环形截面 C-H 区域的气-液体积流量及其面积为

$$Q_{\text{C-H,H'-C'}} = Q_{\text{C-C'}} - Q_{\text{H-H'}} \tag{2-44}$$

$$A_{\text{C-H,H'-C'}} = \pi r_{\text{D-D'}}^2 - \pi r_{\text{H-H'}}^2 \tag{2-45}$$

根据流体的连续性及能量守恒,返降流体在水平方向的平均流速可表示为

$$\bar{u}_{\text{b,h}} = \frac{(1-\bar{a}_{\text{p,v}})(Q_{\text{C-C'}} - Q_{\text{H-H'}})}{\pi r_{\text{D-D'}}^2 - \pi r_{\text{H-H'}}^2} \tag{2-46}$$

该返降流被限制在高度为 h_b 的环形区域中，其可表示为

$$h_b = \frac{r_{D\text{-}D'}^2 - r_{H\text{-}H'}^2}{2r_{D\text{-}D'}} \tag{2-47}$$

上述数学框架分析基于中心底吹钢包，但在实际精炼过程中，偏心底吹是钢包精炼的常用方式。当采用偏心底吹时，如图 2-3 所示，I-I′ 区域的半径比透气砖至耐火壁面的距离要长，渣眼靠近耐火工作衬，冲起回落的流动不再形成一个标准的圆形区域。因此，一个方向计算将被采用来修正描述偏心底吹过程。

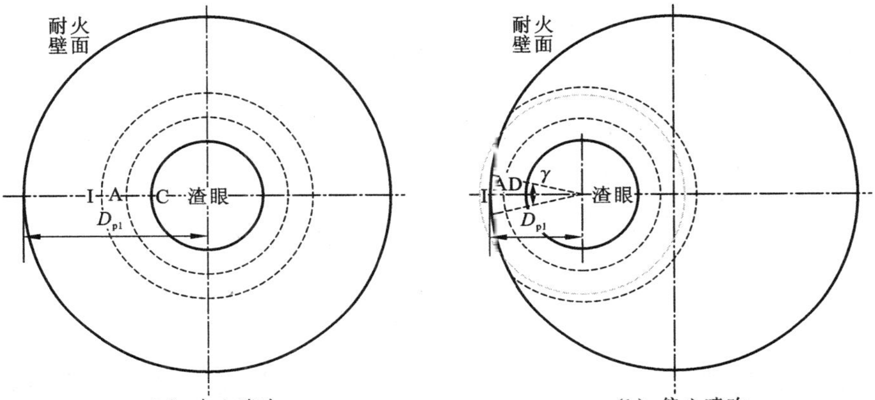

图 2-3　中心和偏心底吹卷渣对比

对于一个角度为 γ 的微元区域，整个回落流的面积为

$$A_{out} = \frac{\gamma}{360}\pi(D_{pl}^2 - r_{A\text{-}A'}^2) \tag{2-48}$$

其流体体积流量为

$$Q_{out} = A_{out}\bar{u}_{out} \tag{2-49}$$

因此，返降的总流的体积流量为

$$Q_b + Q_{up} = Q_{out} - \frac{\gamma}{360}Q_{1,H\text{-}H'} \tag{2-50}$$

因此，流体分流比率为

$$\lambda = \frac{Q_b + Q_{up}}{Q'_{1,A\text{-}A'} - Q_{1,H\text{-}H'}} \tag{2-51}$$

假设流动面积不变，根据式(2-7)，流股顶部左边(靠耐火壁面端)的流速变为

$$u'_p = \begin{cases} u_{p,max}\exp\left[-\left(\dfrac{r}{n}\right)^2\right] & (r \leqslant r_{H\text{-}H'}) \\ \lambda u_{p,max}\exp\left[-\left(\dfrac{r}{n}\right)^2\right] & (r > r_{H\text{-}H'}) \end{cases} \tag{2-52}$$

同时，返降流体在水平方向的平均速度变为

$$\bar{u}'_{b,h} = \lambda\,\bar{u}_{t,h} \tag{2-53}$$

在这种情况下，返降流高度不会发生变化，其穿过上述高度区域的平均流速为

$$\overline{u}'_{b} = \overline{u}'_{b,h} / \cos\alpha_E \tag{2-54}$$

综上所述，两相流股最大速度、分布宽度、渣层厚度、钢渣密度比是影响底吹钢包卷渣的主要因素，并且与渣眼的形成大小，共同决定卷渣对耐火壁面的影响。

2. 较大气流量情形

当渣层很薄或吹气流量非常大时，渣层很容易被冲破，渣眼形成和卷渣将转变为图 2-4 所示情况。

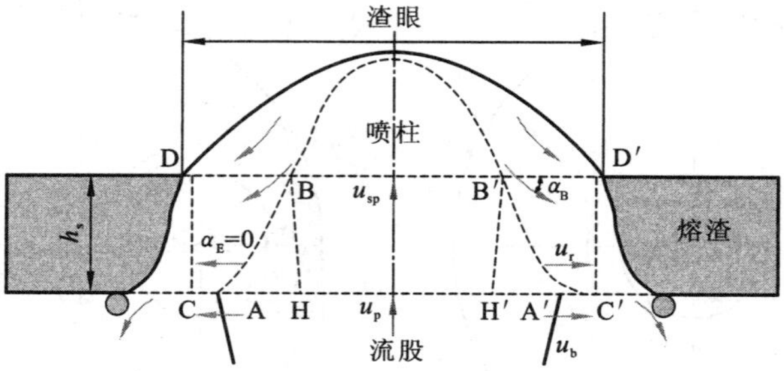

图 2-4　大气流量下喷柱和渣眼形成图

由图 2-4 可知，当吹气量过大时，喷柱回落将冲击渣层厚度 h_s 的所有区域，这意味着 h_r 等于 h_s，穿过 H-H′ 截面区域的流体将穿过环形区域 C-D。

环形区域 C-D 的面积可表示为

$$A_{C\text{-}D} = 2\pi h_s r_{D\text{-}D'} \tag{2-55}$$

因此，根据流体连续性，假设通过 C-D 区域的平均流速只沿水平方向，可表示为

$$\overline{u}_{r,h} = \frac{Q_{1,H\text{-}H'}}{A_{C\text{-}D}} \tag{2-56}$$

通过环形区域 A-H 的气-液体积流量以及其面积为

$$Q_{A\text{-}H,H'\text{-}A'} = Q'_{A\text{-}A'} - Q_{H\text{-}H'} \tag{2-57}$$

$$A_{A\text{-}H,H'\text{-}A'} = \pi r^2_{A\text{-}A'} - \pi r^2_{H\text{-}H'} \tag{2-58}$$

根据流体的连续性以及能量守恒，返降流在水平方向的平均流速可表示为

$$\overline{u}_{b,h} = \frac{(1-\overline{a}_{p,v})(Q'_{A\text{-}A'} - Q_{H\text{-}H'})}{\pi r^2_{A\text{-}A'} - \pi r^2_{H\text{-}H'}} \tag{2-59}$$

该返降流也被限制在高度为 h_b 的环形区域中，其可表示为

$$h_b = \frac{r^2_{A\text{-}A'} - r^2_{H\text{-}H'}}{2r_{D\text{-}D'}} \tag{2-60}$$

3. 临界条件

联立式(2-27) 和式(2-31)，区域半径比 P_{ra} 为

$$P_{ra} = r_{D\text{-}D'} / r_{A\text{-}A'} \tag{2-61}$$

根据式(2-61)，当比率大于 1 后，图 2-2 所示的通常卷渣情形将转变为图 2-4 所示的情形。

2.2　边界条件的确定

根据 2.1 节中的分析可知，熔池表面的渣眼周边将形成钢液对熔渣的冲击而形成渣滴，随之有可能接触耐火壁面加速耐火工作衬的蚀损。如图 2-5 所示，钢包卷渣的关键核心区域及其相关条件已经建立，关键参数为冲击流速度 u_r、返降流速度 u_b、冲击角 α_E、冲击高度 h_r、返降流高度 h_b 以及渣眼半径 $r_{D\text{-}D'}$。同时，参数中的主要未知变量为流股顶部最大速度 $u_{p,max}$ 和分布宽度 n，这些实际上都是吹气流量的函数，在后续章节中将开展其计算确定。

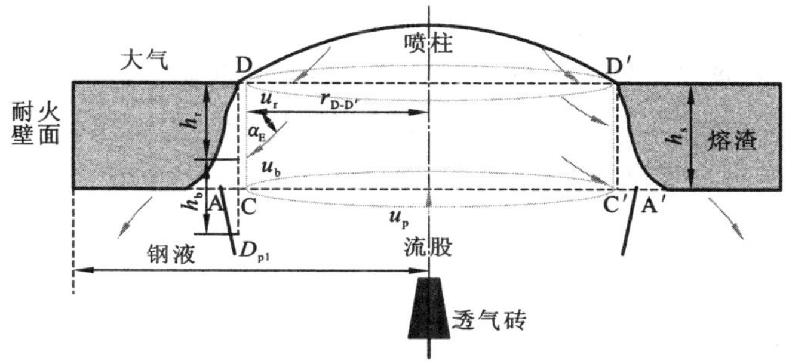

图 2-5　局部模拟区域及边界条件

2.2.1　两相流股宽度分布系数

n 可以表示为[5-7]

$$n=\sqrt{2}c(H+h_0) \tag{2-62}$$

式中：c 为宽度分布系数，可基于前人研究取 0.113[7] 或 0.05[2]；h_0 为真实气源到假设气源的距离。

Kobus[6] 研究表明 $h_0=0.8$ m 是一个合理值。c 值和吹气流量的关系如图 2-6 所示。

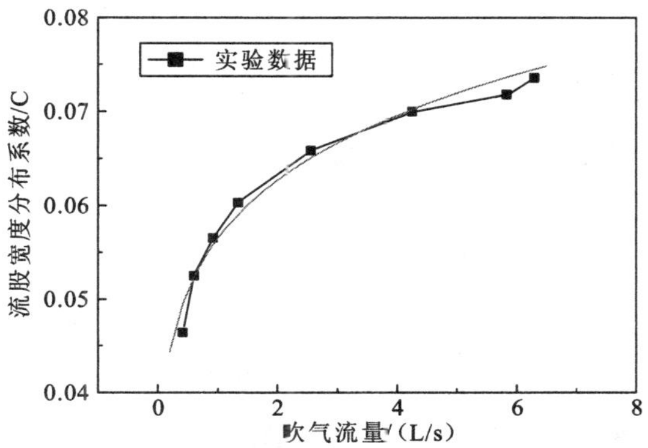

图 2-6　两相流股宽度分布系数与吹气流量的关系

由图 2-6 可知,两相流股宽度分布系数与吹气流量之间的关系可拟合为

$$c = 0.0565Q_g^{0.15} \tag{2-63}$$

式中:Q_g 为吹气流量,L/s。

n 可表示为

$$n = 0.0433Q_g^{0.15}(H + 0.8) \tag{2-64}$$

式中:Q_g 为吹气流量,L/min。

2.2.2 流股中心最大速度

流股中心的最大速度可以采用三类方法获得,分别为实际实验测量、物理模拟测量和数值模拟计算。

例如,Shu[8] 根据实验测试出 30 t 钢包熔池表面的钢液平均质量流量为

$$M_l = 26.21Q_g^{0.933} \tag{2-65}$$

将该平均质量流量转换为平均体积流量为

$$Q_{l,A\text{-}A'} = 3.755 \times 10^{-3}Q_g^{0.933} \tag{2-66}$$

因为喷柱和渣眼形成,钢液暴露,表面流股中的气体分数和喷柱中的数值接近,小于 0.1[9]。联立式(2-15)和式(2-66),可得

$$3.755 \times 10^{-3}Q_g^{0.933} = (1 - 0.1)u_{p,max}\pi n^2 \tag{2-67}$$

因此,$u_{p,max}$ 为

$$u_{p,max} = 0.0523Q_g^{0.633} \tag{2-68}$$

式中:Q_g 为吹气流量,L/min。

根据式(2-68),$u_{p,max}$ 与吹气流量的关系如图 2-7 所示。当吹气流量变化范围为 120～300 L/min 时,$u_{p,max}$ 由 1.1 m/s 增加到 1.9 m/s,变化幅度非常大,意味着可能发生卷渣现象。

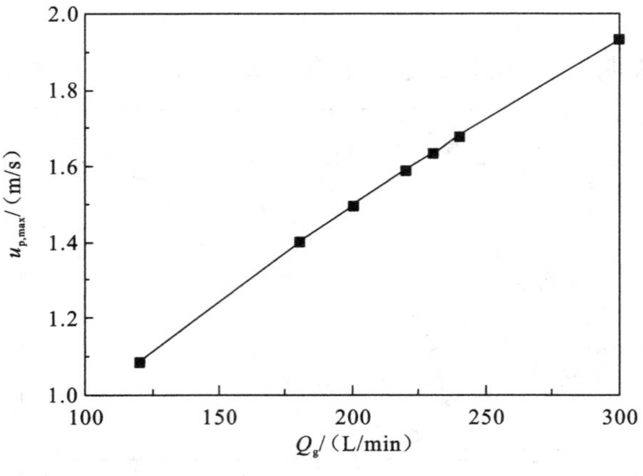

图 2-7 两相流股中心最大速度与吹气流量的关系

2.3　模型验证与分析

为考察上述通过数学分析框架建立的核心模拟区域模型的有效性，本节采用油-水模型进行验证与分析。

2.3.1　实验

根据几何相似理论，采用有机玻璃以 1∶3 的比例制作 300 t 底吹气体搅拌钢包模型，如图 2-8 所示。钢包的高度、直径及油层（轻相层）厚度分别为 1 252 mm、1 225 mm 和 50 mm。偏心通气孔置于中心半径的 2/5 处。根据相似理论，采用氮气代替氩气，分别选择混合油、水以及氧化铝空心球特定的粒径分布模拟渣、钢水和钢中非金属夹杂物，通过动态观察卷渣现象。相关物理参数可见参考文献[10]，油-水系统的主要参数以及材料性能如表 2-1 所示。

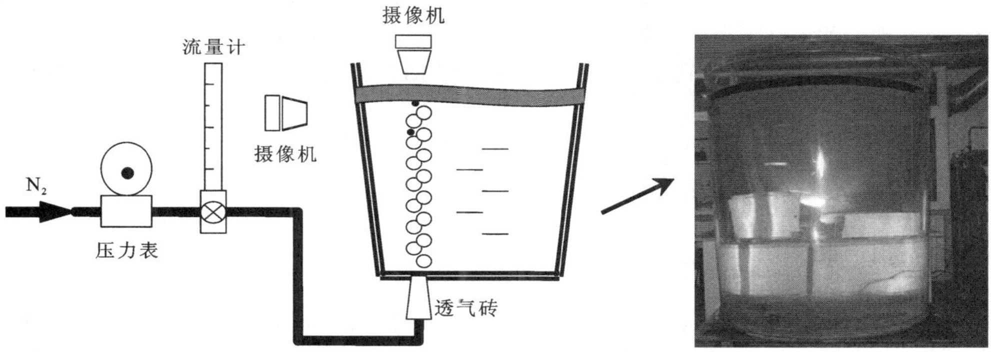

图 2-8　油-水模拟过程及装置示意图

表 2-1　油-水系统的主要参数(293 K，1 atm)

参　　数	值
水的密度	996.36 kg/m^3
水的黏度	8.94×10^{-4} Pa·s
油的密度	808.50 kg/m^3
油的黏度	2.21×10^{-3} Pa·s
油-水界面张力	28×10^{-3} N/m
油的表面张力	24×10^{-3} N/m
空气密度	1.205 kg/m^3
空气黏度	1.81×10^{-5} Pa·s

注：1 atm ≈ 1.01×10^5 Pa。

测量的模型中流体的物理性质（密度、黏度、表面张力和界面张力）见表 2-1。气体的密度和黏度参见文献[11]。根据 Du Noüy 环法使用黏度计测量模型中油的黏度，使用张力计测量油水的表面张力和界面张力。形成的油滴的数量和直径根据所摄录的集中在渣眼边缘区域的视频帧确定，选择直径为 0.5 mm、1 mm 和 2 mm 的氧化铝空心球校准长度测量程并补偿圆柱模型中水的光学折射。

详细介绍参见文献[11]，油-水模拟过程及装置示意图如图 2-8 所示，用物理模型探索油（渣）卷混分析和乳化液滴直径的临界条件，并用这些结果来验证计算流体力学 Computational Fluid Dynamics（CFD 模型）。

2.3.2 临界条件的确定

从上述数学框架的分析结果来看，影响油（渣）卷入和边界条件的主要变量是 $u_{p,max}$ 和 n，如式(2-62) 所示。

由于喷气柱小区域可以简化为点源，h_0 约为 0。除此之外，c 由气流率决定，Q_g 可根据方程式(2-63) 估算。

气柱顶部最大速度可根据氧化铝空心球的运动确定。氧化铝空心球随着气-水的作用一起运动，取其平均速率[12]。当吹气量由 12.3 L/min 增加到 16.2 L/min，气柱顶端平均最大速率由 0.40 m/s 增加到 0.46 m/s。通过线性回归方程（$R^2=0.99$），$u_{p,max}$，得到如下结果，即

$$u_{p,max}=0.015Q_g+0.21 \tag{2-69}$$

式中：Q_g 为吹气流量，L/min。

2.3.3 渣眼半径

在钢包精炼过程中，渣眼是钢水直接暴露在大气中的区域，可导致空气中的 O 和 N 进入钢中，影响钢的洁净度。因此，需要了解不同条件下渣眼的形成及其尺寸。采用上述建立的框架模型可以计算不同吹气流量下的渣眼尺寸。同时，在油-水物理模拟中，一旦达到油滴的形成条件，油滴卷入到水中是连续的，大约 0.5 s 过后，初始渣眼开始形成，1～2 s（由吹气流量决定）后长大，约 5 s 后，渣眼尺寸达到一个恒定值。因此，渣眼的几何当量直径可通过分析稳态图像以及视频帧进行计算。

图 2-9 对比了在不同吹气流量条件下，油-水模拟的渣眼尺寸与数学分析框架模型计算的渣眼尺寸。由图 2-9 可知，渣眼的尺寸改变与底吹气流量相关，随着吹气流量的增加，渣眼半径变大，计算结果在前几秒与油-水模拟结果相一致，后面有略微的差异。由于油-水模拟中水柱的径向分量趋向于扩大渣眼顶层周边区域，计算的渣眼半径要比渣眼相对稳定状态略小，但总体而言，数学分析框架模型有助于分析渣钢卷混过程。

2.3.4 模拟计算

根据上述的数学分析框架模型，如图 2-10 所示，在聚焦关键区域（3D，夹角 $\gamma=2°$），应用 LES 结合 VOF 模型开展数值模拟计算，其中 D_{pl} 为通气孔与钢包壁之间的距离，h_s 值是渣层的厚度。

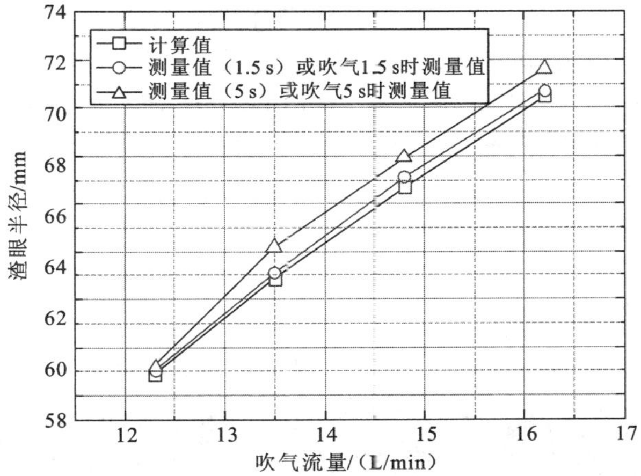

图 2-9　不同吹气流量下的渣眼半径

网格包括二百多万个计算单元总数，其中普通间隔尺寸为 0.5 mm，并细化所有边界以及油水界面。如果相分布没有明显变化，时间步长保持在 0.001 s。

对于油（渣）滴的追踪和统计，本书根据 Li[13] 编写的 UDF 编码进行了改进。采用该算法可以追踪到每个分离的液滴，并记录其体积和位置，将液滴假定为球形，输出液滴数量以及平均液滴直径。

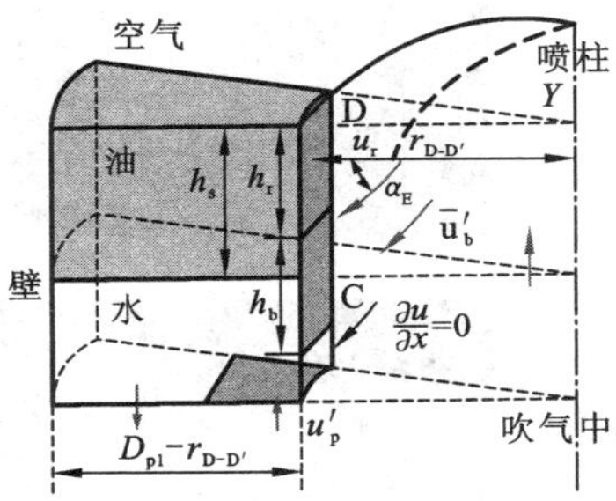

图 2-10　油-水卷混关键区域

2.3.5　结果和讨论

1. 液滴数量

图 2-11 为数值模拟计算获得的不同吹气流量下液滴尺寸随时间的变化规律。

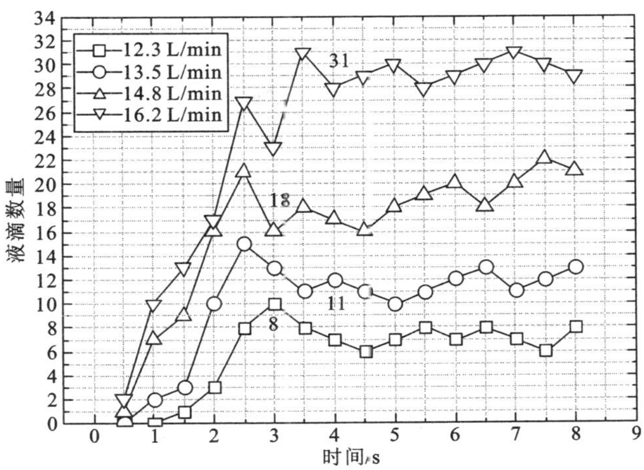

图 2-11　数值模拟计算的液滴尺寸及变化

由图 2-11 可以看出，液滴的数量在最初几秒中能够快速增加到一定数量，然后由于一些液滴重新回到油层，液滴的数量开始在约 3.5 s 后围绕一个确定的小范围上下浮动，随着吹气流量从 12.3 L/min 提高到 16.2 L/min，稳定后液滴的数量由 8 增加到 31。由于在油-水模拟中，液滴的数量统计基于视频摄像统计结果，无法固定角度为 2 度，通过统计 3.5 s 内的某一处产生的液滴数量，发现随气流量的增加，液滴数由 6 增加到 24，与计算的趋势相吻合。

2. 油(渣)相分布

图 2-12 为不同吹气流量条件下的油(渣)相分布二维截面图。

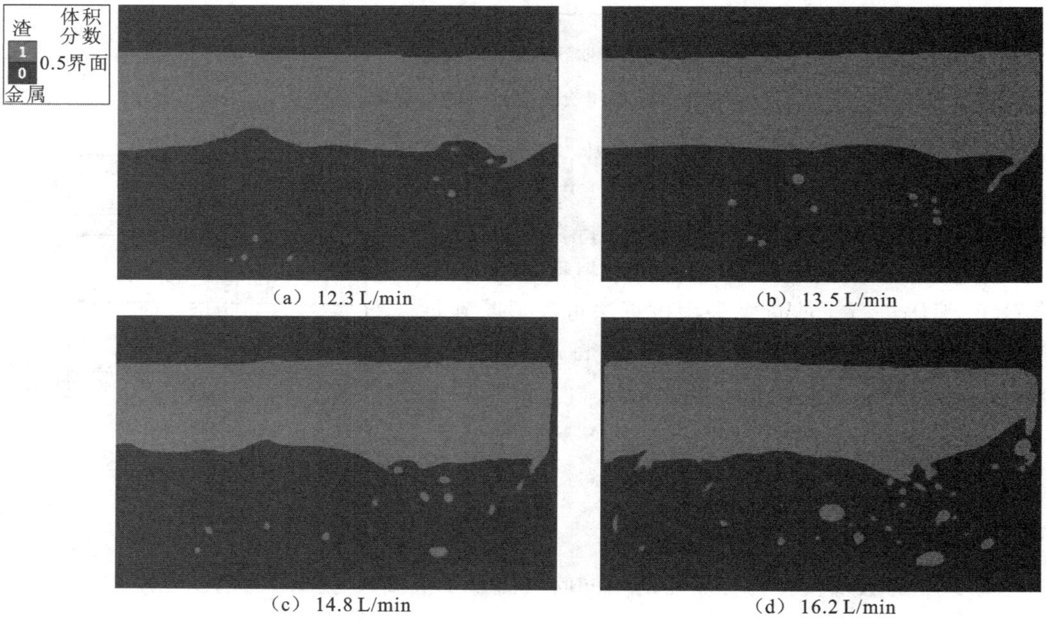

(a) 12.3 L/min　(b) 13.5 L/min

(c) 14.8 L/min　(d) 16.2 L/min

图 2-12　不同吹气流量条件下的油(渣)相分布截面图

由图 2-12 可以看出，随着吹气流量的增加，渣眼附近的油(渣)倾向于乳化到水(熔钢)中。在吹气流量为 12.3 L/min 时，油层被下拉并和末端的小液滴分离，这达到油(渣)乳化的临界条件。

如果吹气流量增加到 16.2 L/min，部分液滴开始接触耐火材料壁，该临界值要高于卷渣。相比油相在吹气流量为 12.3 L/min 时的分布，这时的液滴数量和尺寸明显增加。图 2-13 显示，数值模拟计算的结果与油-水实验结果相一致。

2. 液滴尺寸

图 2-14 为不同吹气流量情况下的油-水系统液滴尺寸分布情况数值模拟结果，图 2-15 为不同吹气流量情况下的液滴平均尺寸的对比情况。

(a) 数值模拟　　(b) 油-水实验

图 2-13　在吹气流量 16.2 L/时间条件下的数值模拟与油-水实验对比

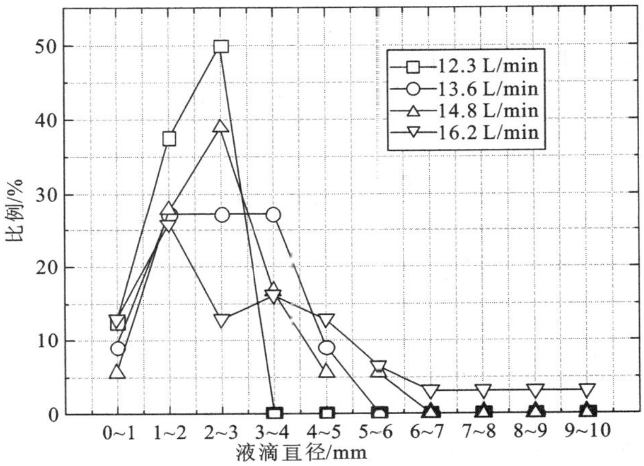

图 2-14　吹气 3.5 s 后的液滴尺寸分布数值模拟结果

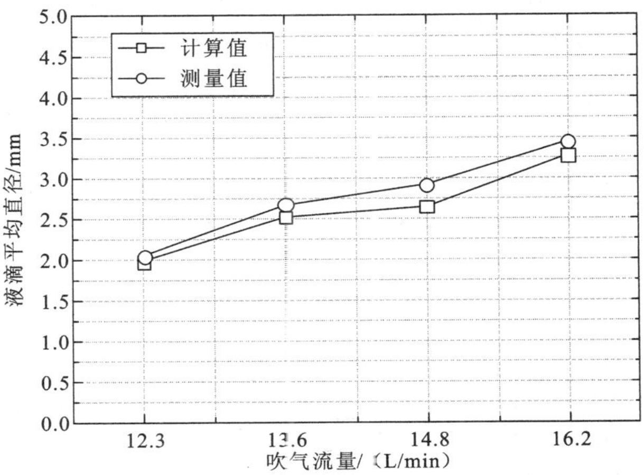

图 2-15　吹气 3.5 s 后的液滴平均尺寸对比

如图 2-14 所示，当吹气流量相对较低时，当吹气流量为 12.3 L/min 时，乳化的液滴直径范围主要在 2～3 mm。在这种情况下，所有的液滴小于 3 mm，其中有 38%的尺寸低于 2 mm。当吹气流量增加到 13.6 L/min 时，液滴的尺寸分布范围是 1～4 mm。在这种情况下，只有少量 9%的液滴尺寸超过 4 mm。当吹气流量增加到 14.8 L/min 时，液滴尺寸有 70%分布在 2～4 mm，而液滴尺寸大于 4 mm(4～6 mm)的增加到 10%。随着吹气流量的增加，当在 16.2 L/min 时，液滴尺寸分布扩大，最大尺寸的液滴增长到 9 mm，这将会导致耐火材料被蚀损更严重。

图 2-15 显示，实验测得液滴的平均直径与模拟值相近。液滴的平均直径随着气流量的增加由 2 mm 增加到 3.5 mm，油-水实验所得到的液滴平均直径比模拟计算的略大。

2.4 本章小结

本章通过数学框架分析法确定和建立边界条件参数与吹气参数的关系，经油-水实验结果验证，与模拟结果相符合，从而可实现耐火材料与渣/钢关键三相区域的卷渣大涡模拟。

参考文献

[1] KRISHNAPISHARODY K, IRONS G A. A study of spouts on bath surfaces from gas bubbling: Part II. Elucidation of plume dynamics[J]. Metallurgical and Materials Transactions B,2007,38:377-388.

[2] XIAO Z Q. Plume model for the phenomena of gas bubble pumping as injecting gas into ladle[J]. Journal of Northeast Institute of Technology,1981,27(2):67-80.

[3] TACKE K H, SCHUBERT H G, WEBER D J, et al. Characteristics of round vertical gas bubble jets[J]. Metallurgical Transactions B,1985,16:263-275.

[4] YONEZAWA K,SCHWERDTFEGER K. Height of the spout of a gas plume discharging from a metal melt[J]. Metallurgical and Materials Transactions B,1999,30(4):655-660.

[5] CEDERWALL K,DITMARS J D. Analysis of air-bubble plumes. Report No. KHR-24,Pasadena,California,1970.

[6] KOBUS H. Analysis of the flow induced by air-bubble systems[C]. Proceedings of eleventh conference on coastal Engineering. London,England,1968(2):1016-1031.

[7] HSIAO T C, LEHNER T, KJELLBERG B. Fluid-flow in ladles-experimental results[J]. Scand. Journal of Metallurgical,1980,9(3):105-110.

[8] SHU Q F,VOLKOVA O,LACHMANN S,et al. Modification of inclusion composition in steel during secondary metallurgical ladle Treatment-A comprehensive process simulation model[C]. AISTech 2011,Indianapolis,US. II: 537-549.

[9] IGUCHI M,TAKEUCHI H,MORITA Z I. The flow field in air-water vertical bubbling jets in a cylindrical vessel [J]. ISIJ International,1991,31(3):246-253.

[10] ZHANG M J. Metallurgical Industry Press 2008[M],ISBN 9787502444518,290.

[11] HUANG A,GU H Z,WANG N,et al. Mathematical and physical modelling of purging plugs and its application for refining ladles[J]. Interceram International Ceramic Review,2012,2:96-102.

[12] SULASALMI P,KARNA A,FABRITIUS T,et al. CFD model for emulsification of slag into the steel[J]. ISIJ International,2009,49(11):1661-1667.

[13] LI G N. UDF to count the number of droplets in a VOF simulation. http://www.eureka.im/1249.html,[2007-2-9].

第 3 章　耐火材料与渣/钢三相区的卷渣行为

基于第 2 章数学分析框架法，提取关键局部区域并建立了该核心模拟区域边界条件参数与吹气参数的关系。本章针对核心简化区域，采用多相流模型与大涡模拟方法，分别开展二维和三维的底吹钢包卷渣行为研究，探讨吹气参数及其对卷渣临界条件、卷渣渣滴的大小与分布的影响。

3.1　底吹钢包参数

底吹钢包示意图及其相关参数如图 3-1 和表 3-1 所示。

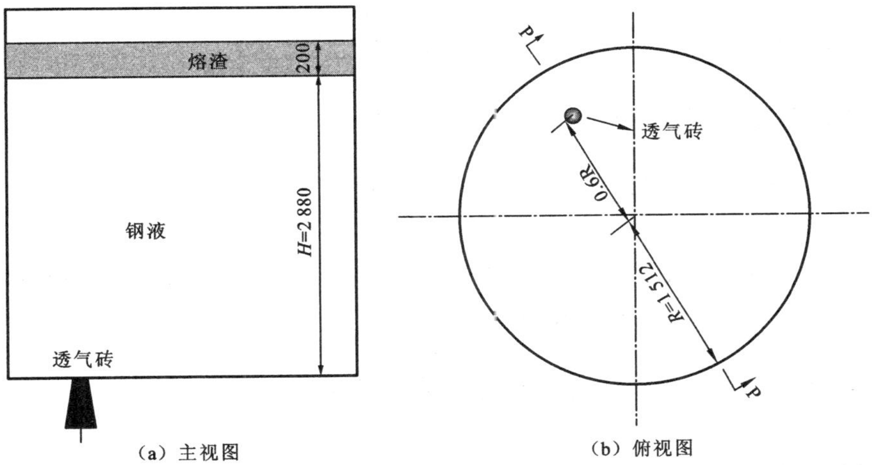

图 3-1　底吹钢包示意图(单位:mm)

表 3-1　底吹钢包主要参数(1 873 K,1 atm)

主要参数	值
钢液密度，ρ_l	6 980 kg/m^3
钢液运动黏度，μ_l	0.006 Pa·s
熔渣密度，ρ_s	2 700 kg/m^3
熔渣运动黏度，μ_s	0.36～0.5 Pa·s
渣/钢界面张力，$\sigma_{l\text{-}s}$	0.9 N/m
熔渣表面张力，σ_s	0.6 N/m
空气密度，ρ_a	1.29 kg/m^3
空气运动黏度，μ_a	0.000 01 Pa·s
壁面润湿角，θ_w	150°[1]
吹气量，Q_g	120～297 L/min

3.2 关键参数确定

3.2.1 渣眼临界吹气量

联立第 2 章中式(2-10)和式(2-68),可得

$$\rho^* = \frac{2.88-0.000\,21Q_g^{1.266}-\sqrt{(0.000\,21Q_g^{1.266}-2.88)^2-1.336\,9}}{0.6} \tag{3-1}$$

然后,根据第 2 章中式(2-12),气液两相流股冲破渣层形成初始渣眼的临界流速为

$$u_{cr}=\sqrt{3.924[-3.8+0.000\,35Q_g^{1.266}+\sqrt{2.777\,8(0.000\,21Q_g^{1.266}-2.88)^2-3.713\,6}]} \tag{3-2}$$

当 $u_{p,max}$ 等于 u_{cr} 时,联立第 2 章中式(2-68),能获取初始渣眼形成的临界吹气流量为

$$Q_{cr}=200\ \text{L/min} \tag{3-3}$$

因此,对于该底吹钢包而言,模拟仿真吹气量必须大于 200 L/min。

3.2.2 大喷柱临界吹气量

根据式第 2 章(2-61),当 $r_{D\text{-}D'}$ 等于 $r_{A\text{-}A'}$ 时,临界吹气流量能计算得出为

$$Q_{cr}=840\ \text{L/min} \tag{3-4}$$

因此,载有上述性能钢渣的底吹钢包的吹气参数范围并未超出式(3-4)所示的计算值,其属于第 2 章图 2-2 所示的普通情形。

3.3 二维模拟

3.3.1 模拟计算

图 3-2 为关键核心区域卷渣大涡模拟的简化二维模型图,其相关边界条件如图 3-3 所示。

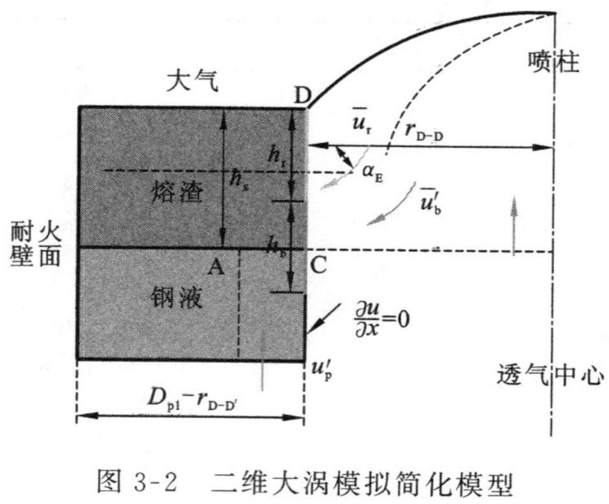

图 3-2 二维大涡模拟简化模型

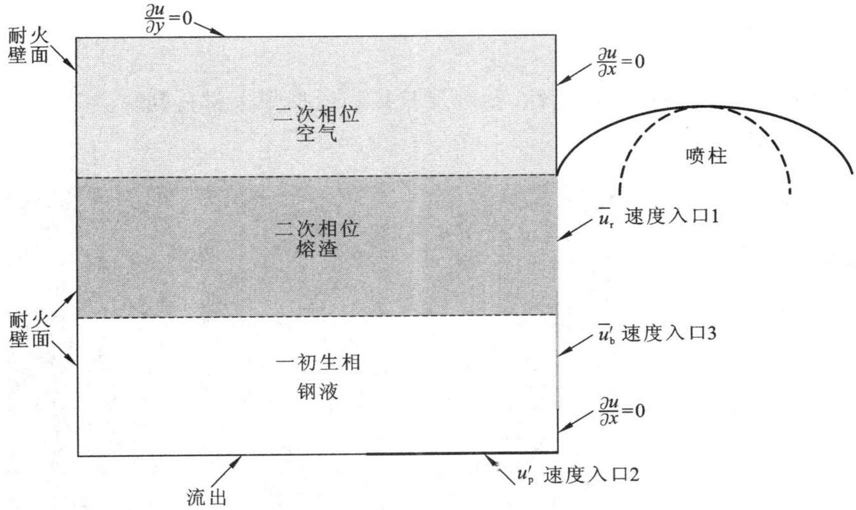

图 3-3　二维简化模型边界条件

如图 3-4 所示，模型的总网格数为 233 120，网格的一般间距为 0.5 mm，其中渣/钢界面、耐火材料壁面等边界处网格被加密优化。材料属性及过程参数如表 3-1 所示。计算的时间步长为 0.001 s，当相分布不再有大变化时计算停止。

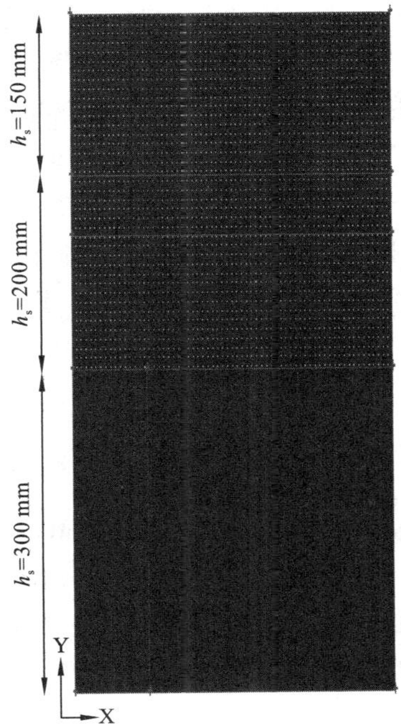

图 3-4　网格划分图

3.3.2 结果与分析

为了探明底吹钢包的卷渣可能性、卷渣及其接触蚀损耐火材料的临界条件，不同吹气流量下的渣相分布显示如图 3-5 所示。

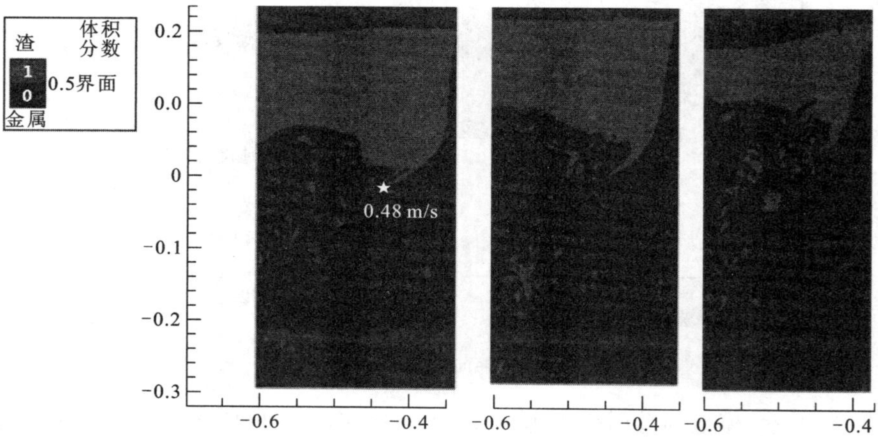

(a) 210 L/min　(b) 220 L/min　(c) 230 L/min

图 3-5　不同吹气流量下熔渣相分布

由图 3-5 可以看出，吹气量增大后，随着气液股和渣眼的形成，渣眼逐步扩大，其边围的熔渣逐渐被拖向钢液内部。当吹气量为 210 L/min 时，被拉向钢液的熔渣的末端开始形成小渣滴，这时的近钢液末端渣/钢界面处的临界钢液流速约为 0.48 m/s，小渣滴脱离熔渣末端流入钢液中。这种情况下，大量的渣滴形成后会在接触耐火壁面之后上浮回到原渣层中。因此，可认为 0.48 m/s 是渣滴形成的临界钢液速度，210 L/min 的吹气流量是钢液中乳化卷渣及其接触蚀损耐火壁面的临界吹气流量。随着吹气量的增加，渣滴的数量明显增多，尺寸增大，部分渣滴还会在接触蚀损耐火壁面后再次卷入钢液中。

$$We_{\mathrm{mo}}=\frac{u_{\mathrm{cr}}^{2}\rho_{1}}{\sqrt{\sigma g(\rho_{1}-\rho_{\mathrm{s}})}}=12.3 \tag{3-5}$$

$$Ca=\frac{u_{\mathrm{cr}}\mu_{1}}{\sigma}=3\times10^{-6}\left(\frac{v_{\mathrm{s}}}{v_{1}}\right)+2.8\times10^{-3} \tag{3-6}$$

如式(3-5)和式(3-6)所示，根据修正的临界韦伯数 $We_{\mathrm{mo}}>12.3$ 以及修正的 Ca 函数分别计算出渣滴形成的临界钢液流速为 0.585 m/s 和 0.489 m/s。显然，大涡模拟得到的临界值与修正的 Ca 函数计算值接近，这也说明在该底吹钢包中，钢渣密度差的影响较小，熔渣黏度的影响较大。因此，对于此类大型底吹钢包，采用修正的 Ca 函数判定卷渣临界情况较优。

3.4　三维模拟

3.4.1　模拟计算

如图 3-6 所示为 3D 大涡模拟简化模型关键核心区域卷渣大涡模拟的简化三维模型及其相关边界条件。

模型的总网格数为 6 528 192，网格的一般间距为 0.5 mm，其中渣/钢界面、耐火材料壁面等边界处网格被加密优化。计算的时间步长为 0.001 s，当相分布不再有大变化时计算停止。采用图像分析法在模型中心界面计算形成的渣滴大小及分布。

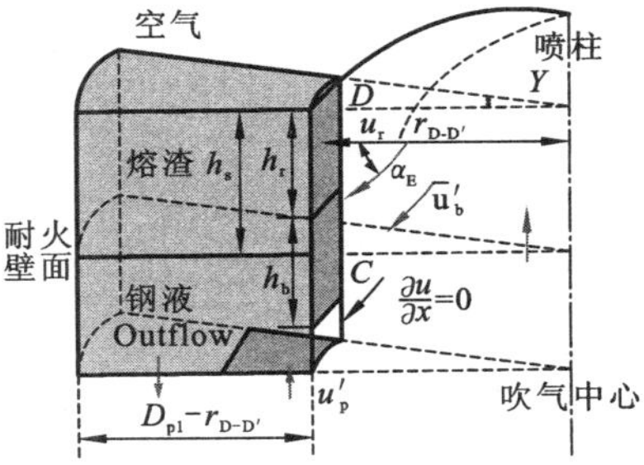

图 3-6　3D 大涡模拟简化模型

3.4.2　结果与分析

鉴于三维模拟较二维更接近实际，也为了进一步探明底吹钢包的卷渣可能性、卷渣及其接触蚀损耐火材料的临界条件以及吹气量和熔渣黏度对渣相分布和渣滴尺寸与分布的影响。不同吹气流量下中心界面的渣相分布以及渣滴尺寸与分布如图 3-7 和图 3-8 所示，不同熔渣黏度条件下中心界面的渣相分布以及渣滴尺寸与分布如图 3-9 和图 3-10 所示。

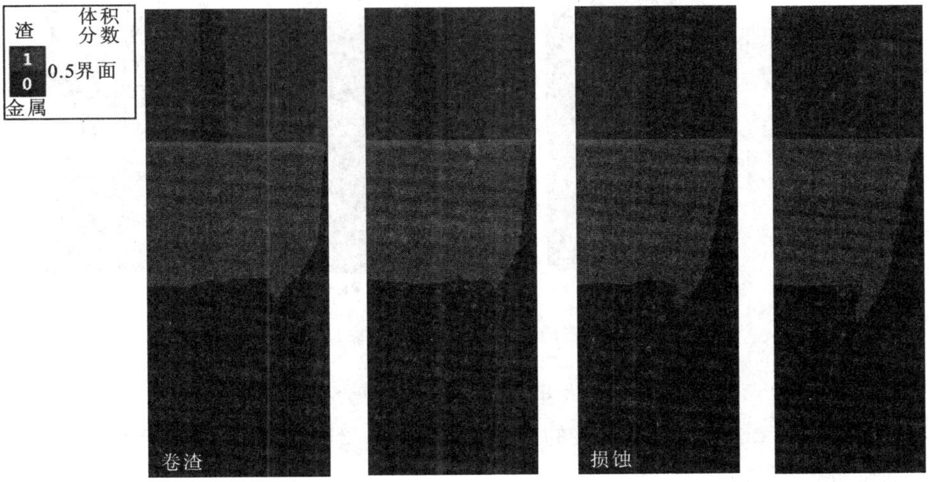

(a) 210 L/min　(b) 220 L/min　(c) 230 L/min　(d) 240 L/min

图 3-7　不同吹气流量下中心界面渣相分布

如图 3-7 所示，吹气流量增大后，随着气液股和渣眼的形成，渣眼逐步扩大，其边围的熔渣逐渐被拖向钢液内部。当吹气量为 210 L/min 时，被拉向钢液的熔渣的末端开始形成小渣滴，这时的近钢液末端渣/钢界面处的临界钢液流速约为 0.48 m/s，小渣滴脱离熔

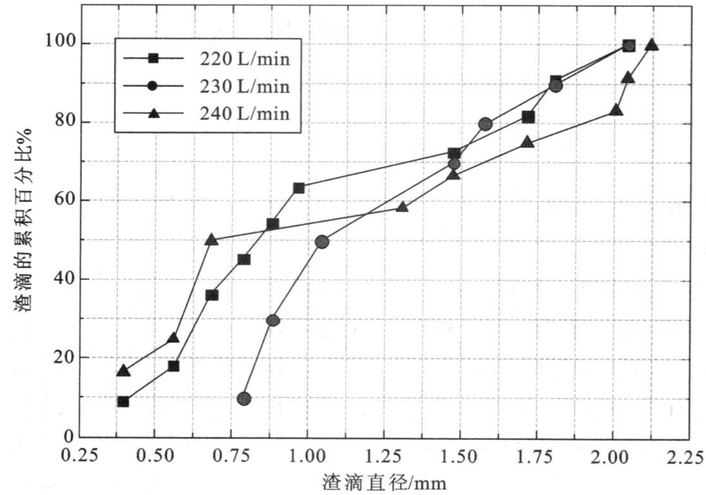

图 3-8 不同吹气流量下中心界面渣滴尺寸与分布

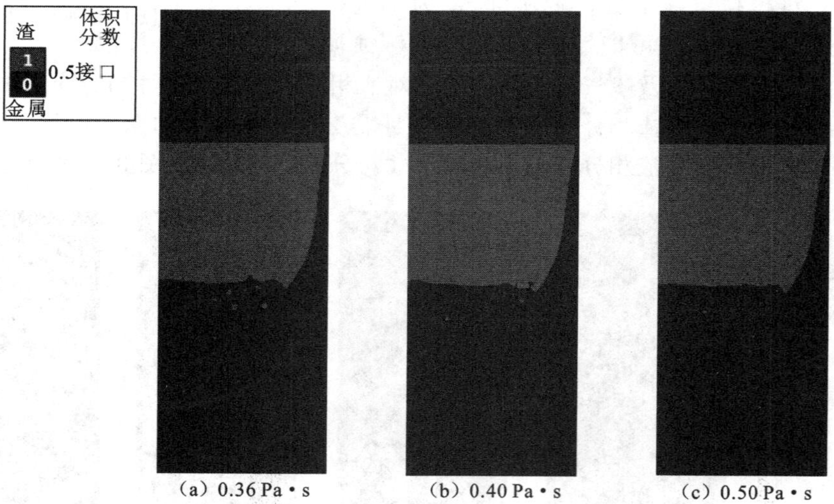

图 3-9 不同熔渣黏度条件下中心界面熔渣相分布

渣末端流入钢液中。这种情况下，大量的渣滴形成后会上浮到原渣层或再次卷入钢液中。因此，可认为 0.48 m/s 是渣滴形成的临界钢液速度，210 L/min 的吹气流量是钢液中乳化卷渣的临界吹气流量。

如果吹气流量增加到 230 L/min，一些渣滴将开始接触耐火壁面，有可能加速耐火材料的蚀损。在此情况下，大部分的渣滴在接触耐火壁面后上浮回到原渣层，小部分会再被拖到钢液中。相比 210 L/min 临界卷渣吹气流量时的渣相分布，渣滴的数量明显增加。

图 3-8 和图 3-10 均显示的是形成渣滴大小与分布。应该强调的是这些结果是采用图像分析法对 3D 模型沿对称平面的平面截面进行计算形成。因此，该分析计算得出的

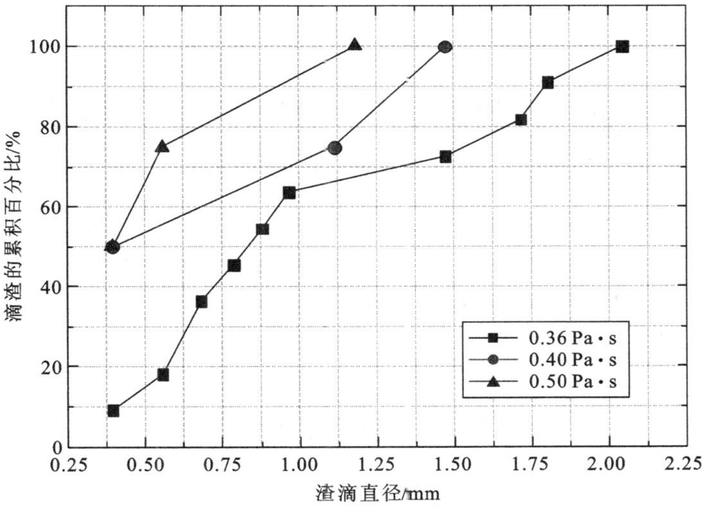

图 3-10　不同熔渣黏度条件下中心界面渣滴尺寸与分布

渣滴尺寸有可能小于实际值。如图 3-8 所示，当吹气流量相对较低时，如 220 L/min，所有渣滴均小于 2 mm，其中 62%的渣滴大小在 1 mm 以下。当吹气流量增加到 230 L/min，渣滴尺寸主要集中在 1～2 mm 的范围，仅有几滴大于 2 mm 的渣滴开始出现，其百分比大约只占 3%。随着吹气流量进一步增加，渣滴大小与分布均明显扩大，大于 2 mm 的渣滴百分比增加至近 20%，可能会提高耐火材料蚀损的风险。

结合图 3-9 和图 3-10 可知，熔渣黏度的增加会导致熔渣形成难度增大，渣滴的尺寸会略增大。同时，卷渣的临界吹气流量也会因此而增大。

3.5　本章小结

采用大涡模拟方法研究了底吹氩钢包的卷渣行为，探明了卷渣机制，明确了卷渣临界条件。

卷渣机制：随着气液股和渣眼的形成，渣钢边界一大块熔渣将被拉向下部钢液中，达到一定临界条件后，渣滴将在渣块的近钢液末端形成，最终卷入到钢液中。

卷渣临界条件：以某一精炼钢包为例，渣滴脱离渣块末端形成的临界渣/钢界面的钢液速度为 0.48 m/s；卷渣的临界的吹氩流量为 210 L/min；渣滴触蚀耐火材料的临界吹氩流量为 230 L/min；随着吹氩流量的增加，渣滴尺寸的分布范围渐变宽广，且大于 2 mm 的渣滴数量占比增大，这很可能会加大耐火材料蚀损风险；熔渣的粘度是渣滴形成和卷渣行为的重要影响因素。

参考文献

[1] PÖTSCHKE J，BRÜGGMANN C. Premature wear of refractories due to marangoni-convection[J]. Steel Research International，2012，83(7)：637-644.

第 4 章　底吹钢包耐火材料蚀损的数学模型

钢精炼条件苛刻，耐火材料使用寿命严重降低，不仅影响钢水的洁净度，并且增加耐火材料对环境的排放压力，因此，钢包底吹氩过程耐火材料的宏观蚀损行为是首要研究重点，通过建立并完善耐火材料蚀损过程的数学模型，进而为开展钢包底吹氩过程耐火材料蚀损行为的数值模拟奠定基础。

4.1　多相流模型

大量研究[1-2]表明，欧拉多相流模型适于中间包与钢包底吹气两相流的模拟。因此，本书采用欧拉多相流模型模拟钢包内的气液渣三相流动。对每一相认为是三维稳定的湍流流动，分别建立各相的连续性方程、动量方程，采用标准的 k-ε 双方程模型求解有效黏度。相之间通过曳力、升力、虚拟质量力进行传递，具体控制方程参见文献[3]。

4.2　多孔介质模型

引入多孔介质模型，通过在动量方程式源项中加入S_i 来描述流体在透气砖内的流动，即

$$S_i=-\left(\frac{\mu}{a}+C_2\cdot\frac{1}{2}\rho|\bar{v}|\right)\bar{v} \tag{4-1}$$

式中：v 为流体的速度，m/s；流体在透气砖内流动的黏性阻力系数 $1/\alpha$ 和惯性阻力系数 C_2 与流体的雷诺数、透气砖的孔径 d_0、气孔率 q、透气砖的特征尺寸（透气砖的厚度 L）有关，分别为[3]

$$\frac{1}{\alpha}d_0^2=4.78\,Re^{-0.943}\left(\frac{d_0}{L}\right)^{2.64}q^{-2.679}\times10^{13} \tag{4-2}$$

$$C_2d_0=17.12\,Re^{-1.433\,64}\left(\frac{d_0}{L}\right)^{-2.278\,5}q^{-7.088\,75} \tag{4-3}$$

4.3　耐火材料溶解蚀损的数学模型

钢包内衬耐火材料的侵蚀是其主要损毁因素。Jokanović等[4]研究了渣-耐火材料交界面发生的过程的动力学参数和电子显微探针分析，并采用钢包渣和钢水-耐火材料系统进行了有关的化学反应模拟试验，确认在渣或钢水-耐火材料体系中产生以扩散控制的化学反应。Lee 等[5]采用旋转抗渣实验进行了耐火材料向渣中溶解动力学研究，认为溶解速率主要由耐火材料中氧化物在渣中的传质系数决定。

因此，耐火材料的侵蚀用质量流的体积密度表示为

$$j=\beta(n_s-n_o)\ \text{mol}/(\text{cm}^2/\text{s}) \tag{4-4}$$

式中：n 为扩散成分的浓度，mol/cm^3；β 为传质系数，cm/s。

耐火材料向渣或钢液的传质系数可表述为

$$\beta=\left(\frac{4Du}{\pi h}\right)^{\frac{1}{2}} \tag{4-5}$$

式中：β 为传质系数，cm/s；D 为扩散成分的扩散系数，cm^2/s；u 为液相的运动速度，cm/s；h 为特性长度，cm。

考虑浓度为质量百分含量及单位换算，耐火材料侵蚀的传质系数简化为[6]

$$\beta_l=360\frac{\rho_{li}}{\rho_R}\beta \tag{4-6}$$

式中：β_l 为简化后耐火材料侵蚀的传质系数，mm/h；ρ_R 为耐火材料密度，g/cm^3；ρ_{li} 为渣或钢液的密度，g/cm^3。

4.4　耐火材料冲刷蚀损的数学模型

精炼钢包是承接、运输和钢水二次精炼的重要设备，其耐火材料不仅会在高温下与钢水、熔渣等长时间接触而侵蚀，而且会在精炼条件下钢水、渣和夹杂物等长时间周期性地冲刷而冲蚀，从而加速钢包耐火材料的损毁。本节采用有限元方法对影响精炼条件下钢包耐火材料的冲蚀的诸多因素进行研究和分析，拟合出冲蚀关联式，建立冲蚀数学模型。

4.4.1　几何模型及单元划分

在几何模型中，冲蚀物被模拟为球形粒子，其直径为 d。靶材的有限元模型采用带有一个积分点和沙漏控制的三维 8 节点实体显式动力学单元进行离散，单元为 SOLID164，为达到精确结果而避免大量计算并便于计算冲蚀率，将冲击区域细化成标准的立方体网格，按比例生成孔隙，如图 4-1 所示。计算中限制了耐火材料底面的自由度，以及冲蚀物颗粒的旋转自由度。

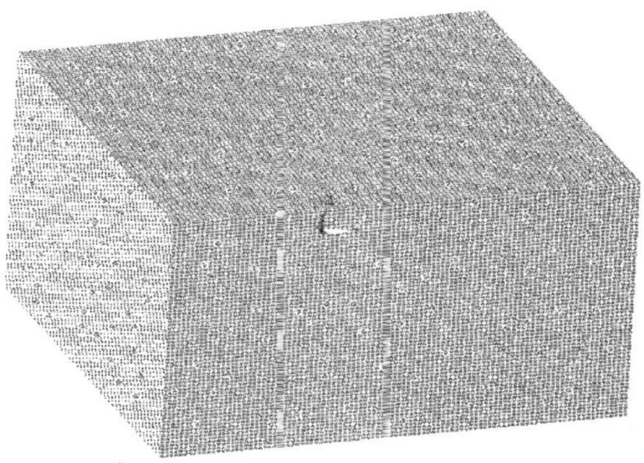

图 4-1　钢包耐火材料的有限元模型

4.4.2 计算方法

冲蚀过程采用显式动力学软件 ANSYS/LS-DYNA 进行计算，使用集中质量矩阵的中心差分法的显式时间积分求解拉格朗日动量方程。冲蚀物和靶材之间采用 ANSYS/LS-DYNA 软件中的面面接触算法，当单元可能失效时，采用侵蚀接触，其目的是保证模型外部的单元失效被删除后，剩下的单元依然能够计算接触。冲蚀物的外表面设置为主面，靶材被冲击点及其邻近区域设置为从面(区域)，冲蚀物和靶材间的库仑摩擦系数设为 0.2[7]。

鉴于只模拟单个冲蚀物颗粒对靶材的冲击不足以完整准确地给出计算冲蚀率所需要的数据，且靶材的弹坑会受到周边颗粒冲击的影响产生协同效应。本书采用了 100 个直径为 d 的球形颗粒冲击靶材中心区域的模型来提高计算冲蚀率的精确度。计算中，该 100 个颗粒被分为 10 个冲击组，每组包含的 10 个颗粒同时冲击靶材表面，且每组 10 个颗粒的冲击位置随机生成，且在接触设置时忽略颗粒之间的接触。为考虑颗粒之间的相互作用对冲蚀率的影响，必须保证颗粒的中心矩在冲蚀磨损面投影的距离小于颗粒半径的 0.6 倍[8]，即对同一冲击组中任意两个颗粒 i 和颗粒 j 的中心随机位置坐标(x_i, y_i, z_i)与(x_j, y_j, z_j)必须满足下列关系式$(Z_i = Z_j)$，即

$$(x_i - x_j)^2 + (y_i + y_j)^2 < (0.6r)^2 \tag{4-7}$$

图 4-2 为 10 组 100 个颗粒的冲击位置。

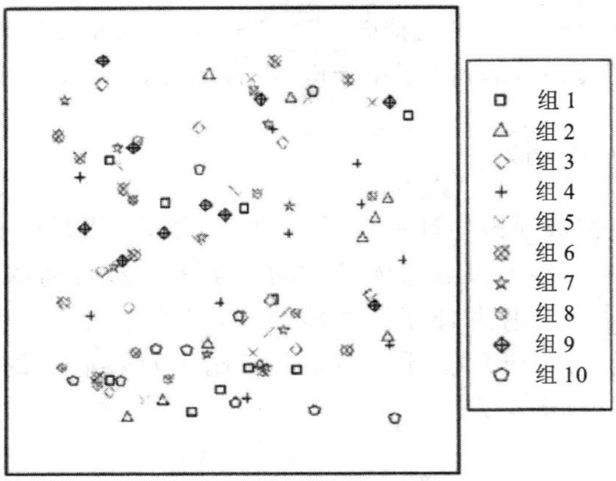

图 4-2 靶材中心区域 10 组(100 个)颗粒的冲击位置

4.4.3 材料模型及计算方案

材料的冲蚀存在两种典型的模型[9]：塑性冲蚀和脆性冲蚀。例如，陶瓷材料在常温或低温下是典型的脆性材料，但达到一定高温条件时转变为韧性材料[10]，耐火材料在高温条件下的冲蚀表现出明显的塑性特点，切削是冲蚀的主要形式[11]。本书精炼钢包刚玉基耐火材料本构模型选用经实验验证的 Johnson-Cook 模型，材料模型参数见表 4-1[12]。夹杂物假设为刚体，钢液作为流体材料，其中钢液弹性模量等参数参见文献[13]。

表 4-1　Johnson-Cook 材料模型参数

名　称	数　值	名　称	数　值
密度/(g/cm³)	3.00	应变硬化指数	0.26
剪切模量/GPa	154	参考应变率	10^{-6}
屈服应变场数/GPa	4.0	波速/(cm/μs)	1.0
应变硬化常数/GPa	0.074	Gruneisen 系数	0.2

采用有限元方法进行不同条件下冲蚀率的计算分析，并拟合出冲蚀关联式。下面以夹杂物的冲蚀来探讨冲蚀角、冲蚀物速度和尺寸、耐火材料气孔率等相关因素的影响，冲蚀率 E_r(mg/g)定义如下，计算方案见表 4-2。

$$E_r=\frac{\Delta W}{W_b} \tag{4-8}$$

式中：ΔW 为精炼钢包刚玉基耐火材料试样冲蚀前后的质量损失，mg；W_b 为冲蚀物的累计质量，g。

表 4-2　计算方案及条件

方　案	冲蚀速度/(m/s)	冲　蚀　角/(°)	气　孔　率	冲蚀物粒径/mm
1	14.68	5～90	0.19	0.15
2	5.00～15.00	30	0.19	0.15
3	14.68	30	0.19	0.05～1.00
4	14.68	30	0.19～0.24	0.15

4.4.4　冲蚀影响因素分析

1. 冲蚀角及冲蚀物速度对冲蚀率的影响

图 4-3 和图 4-4 分别为冲蚀率随冲蚀角、冲蚀物速度的变化图。

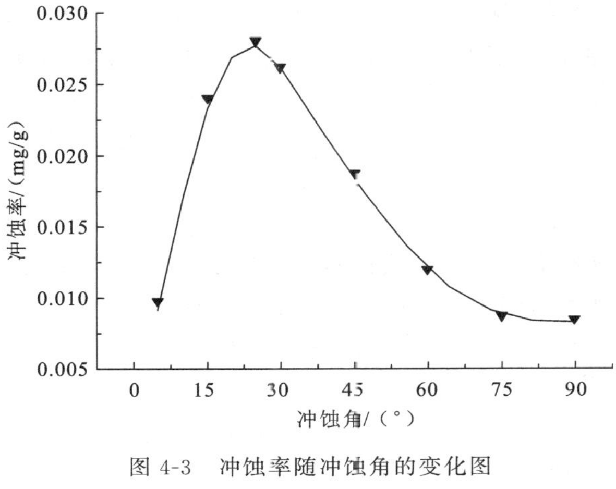

图 4-3　冲蚀率随冲蚀角的变化图

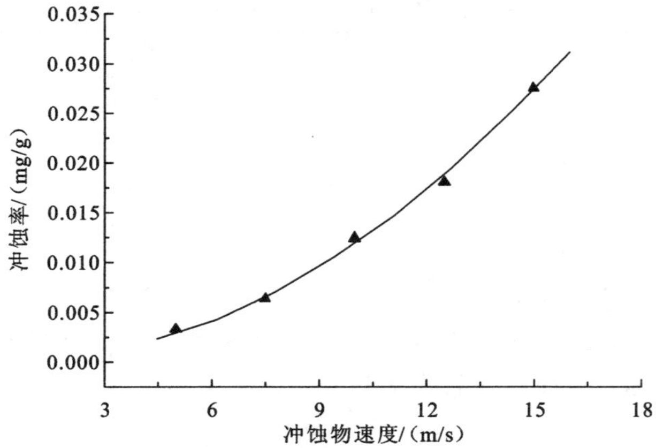

图 4-4　冲蚀率随冲蚀物速度的变化图

由图 4-3 可以看出，冲蚀角在 5°～25°时冲蚀率急剧增大，25°左右时达到最大值；随后，随着冲蚀角的增大，冲蚀率减小，在 25°～75°时，冲蚀率下降非常明显，之后相对平缓。从能量平衡角度，耐火材料的冲蚀是由垂直方向的冲击和水平方向的切削共同造成的。由于高温下刚玉基耐火材料趋韧性化，而且和钢液、渣等反应易生成低熔点物，耐火材料基质因塑性变形能力能够吸收冲击物的能量，增强了抗法向冲蚀能力，但同时削弱了抗切削冲蚀能力，导致相对小角度冲蚀严重。由图 4-4 可以看出，冲蚀率随着冲蚀物速度的增大而增大，由拟合曲线可得，冲蚀率与冲蚀物速度呈指数正比关系，指数为 2.06。

结合图 4-3、图 4-4，根据简化复合式冲蚀[14]拟合得出

$$E_r=\begin{cases}3.3\times10^{-5}V_s^{2.06}\sin^{2.5}\alpha+1.4\times10^{-4}V_s^{2.06}\cos^{2.5}\alpha\sin(3\alpha) & (\alpha\leqslant30°)\\3.3\times10^{-5}V_s^{2.06}\sin^{2.5}\alpha+1.4\times10^{-4}V_s^{2.06}\cos^{2.5}\alpha & (\alpha>30°)\end{cases}\tag{4-9}$$

式中：α 为冲蚀角，(°)；V_s为冲蚀物速度，m/s。

2. 冲蚀物粒径及耐火材料气孔率对冲蚀率的影响

图 4-5 和图 4-6 分别为刚玉基耐火材料冲蚀率随冲蚀物粒径、气孔率的变化规律。

由图 4-5 可知，冲蚀率随冲蚀物粒径的增大而增大，这是因为冲蚀物粒径大，其冲击动能大，冲击应力也相应较大，即增强了冲蚀物的切削能力，使得耐火材料外表层脱落速率加快，冲蚀率增加。冲蚀率与冲蚀物粒径 d 呈指数变化关系，经拟合其关系式得

$$E_r=0.048\times d^{0.32}\tag{4-10}$$

式中：d 为冲蚀物粒径，mm。

由图 4-6 可知，材料的冲蚀率与气孔率 q 同样呈指数正比变化趋势。这一方面是气孔引起应力集中、气孔等缺陷的存在使得裂纹容易在这些部位沿断口扩展，一旦受到外加应力，就会使裂纹扩展加剧而断裂；另一方面是表面孔洞的存在，增大了冲蚀面积，也导致材料切削失效脱落概率增大。经分析拟合得出

$$E_r=0.00875+5.48\times q^{3.46}\tag{4-11}$$

式中：q 为耐火材料气孔率。

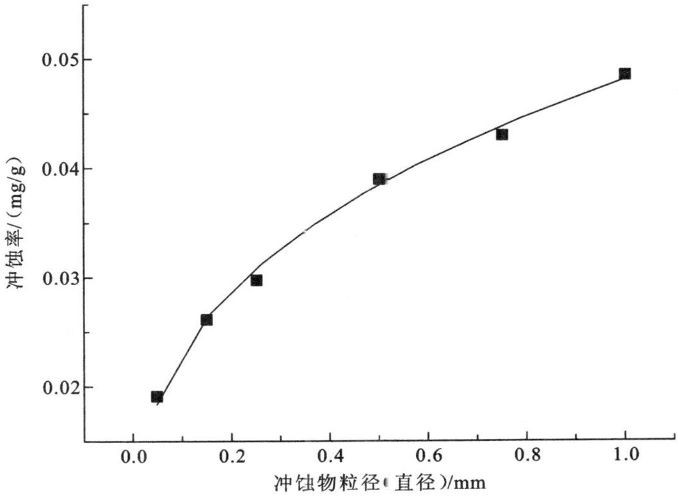

图 4-5　冲蚀率随冲蚀物粒径的变化图

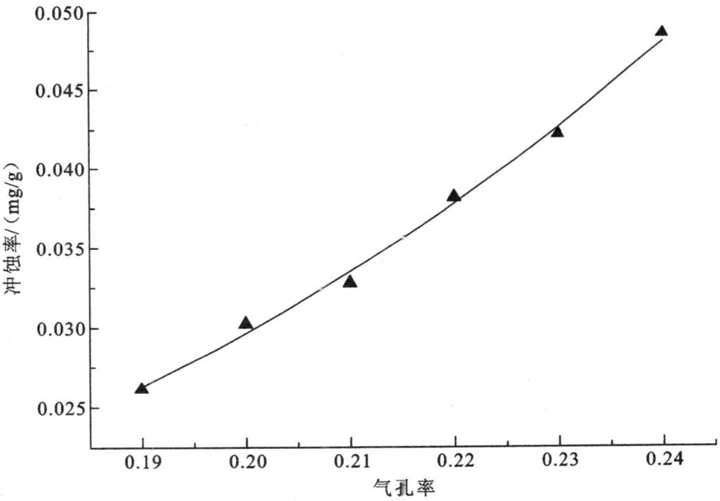

图 4-6　冲蚀率随材料气孔率的变化图

4.4.5　冲蚀回归拟合及模型建立

根据以上研究，影响刚玉基耐火材料的冲蚀率的主要因素为冲蚀角、夹杂物粒径、冲蚀速度以及耐火材料的气孔率，其中冲蚀角的影响为单峰型，其它均呈指数关系，合并式(4-9)～式(4-11)总结得出

$$E_{inc}=\begin{cases}2.31\times10^{-3}(8.75\times10^{-3}+5.48q^{3.46})d^{0.32}V_s^{2.06}\sin^{2.5}\alpha \\ +9.81\times10^{-3}(8.75\times10^{-3}+5.48q^{3.46})d^{0.32}V_s^{2.06}\cos^{2.5}\alpha\sin(3\alpha) & (a\leqslant30°) \\ 2.31\times10^{-3}(8.75\times10^{-3}+5.48q^{3.46})d^{0.32}V_s^{2.06}\sin^{2.5}\alpha \\ +9.81\times10^{-3}(8.75\times10^{-3}+5.48q^{3.46})d^{0.32}V_s^{2.06}\cos^{2.5}\alpha & (a>30°)\end{cases} \tag{4-12}$$

同理，取耐火材料气孔率为19%，计算拟合得到钢液的冲蚀率为

$$E_{st}=\begin{cases}7.11\times10^{-5}V_s^{2.11}\sin^{2.3}\alpha+1.47\times10^{-4}V_s^{2.11}\cos^{2.3}\alpha\sin(3\alpha) & (\alpha\leqslant30°)\\ 7.11\times10^{-5}V_s^{2.11}\sin^{2.3}\alpha+1.47\times10^{-4}V_s^{2.11}\cos^{2.3}\alpha & (\alpha>30°)\end{cases} \tag{4-13}$$

为便于后续研究，将质量冲蚀率 E_r 转换为耐火材料内衬的厚度冲蚀率 H_r(mm/kg)，如式4-14所示。

$$H_r=\frac{E_r}{\rho_r A_r} \tag{4-14}$$

式中：E_r 为质量冲蚀率，mg/g；ρ_r 为钢包内衬耐火材料密度，kg/m^3；A_r 为冲蚀面面积，m^2。

4.5 边界条件

(1) 将渣面看作自由液面近似处理，除垂直于表面的速度分量外，其余各变量梯度为0。

(2) 假设气体入口处其速度均匀分布，根据入口截面的面积和流量由连续性方程计算，气体的体积分数为1，钢液的体积分数为0，k、ε 根据经验公式进行计算[15]。

(3) 气体入口处，氩气通过透气砖吹入钢包，在流动过程中会产生能量损失和动量损失，影响气体吹入钢包时的逃逸速度和气泡的大小，把氩气在透气砖中的流动看作多孔介质进行处理。假设气泡为球形，在钢包内气泡大小不随位置的改变而发生变化，取气泡的初始直径为2 mm[16]。

(4) 研究表明，气体通过透气砖时被加热，进入钢包时的温度达到钢液温度的99%[1]，因此计算时气体的流量指热态下气体的流量。

(5) 气体的出口处，认为气体自由流出，设置为标准的outflow边界。

(6) MgO在渣中初始为2 wt%，饱和值取7.5 wt%[17]；Al_2O_3 在钢液中初始为0.001 wt%，饱和值取0.01 wt%，侵蚀槽长度 h 取1.16 cm[8]；MgO和 Al_2O_3 的扩散系数参见文献[8]和文献[18]；忽略熔渣的冲刷影响。

4.6 相关参数

精炼钢包底吹的渣/钢相关参数如表4-3所示。

表4-3 渣/钢相关参数

参数	数值
钢液密度/(kg/m^3)	6 940
钢液黏度/Pa·s	6.293×10^{-3}
渣密度/(kg/m^3)	2 800
渣黏度/Pa·s	0.96

氩气密度见表4-4，黏度见表4-5，热导率见表4-6所示。

表 4-4　氩气密度

温度/℃	0	100	200	300	400	500	600
密度/(kg/m³)	1.784	1.305	1.03	0.85	0.724	0.627	0.558

表 4-5　氩气黏度

温度/℃	−200	−150	−100	−80	−60	−40	−20	0	20	40	60
黏度/μPa·s	6.26	9.78	13.76	15.38	16.96	18.48	19.9	21.2	22.2	23.38	24.63
温度/℃	80	100	150	200	300	400	500	600	700	800	—
黏度/μPa·s	25.89	27.1	29.77	32.1	36.7	41	45.11	48.7	52.1	55.4	—

表 4-6　氩气热导率

温度/℃	0	100	200	300	400	500	600
热导率/[W/(m·K)]	0.016 5	0.021 2	0.025 6	0.029 9	0.033 9	0.037 9	0.039 4

4.7　网格划分与求解

如图 4-7 所示为温度流场耦合计算钢包网格划分示意图，采用正交直角坐标系统，在整个区域内划分六面体网格。为了保证计算精度并节约计算时间，在入口区域、出口区域、透气砖区域、各材料区域及靠近壁面区域采用较密的网格划分格式，其他区域采用相对稀疏的网格划分格式，划分单元 620 000 个。

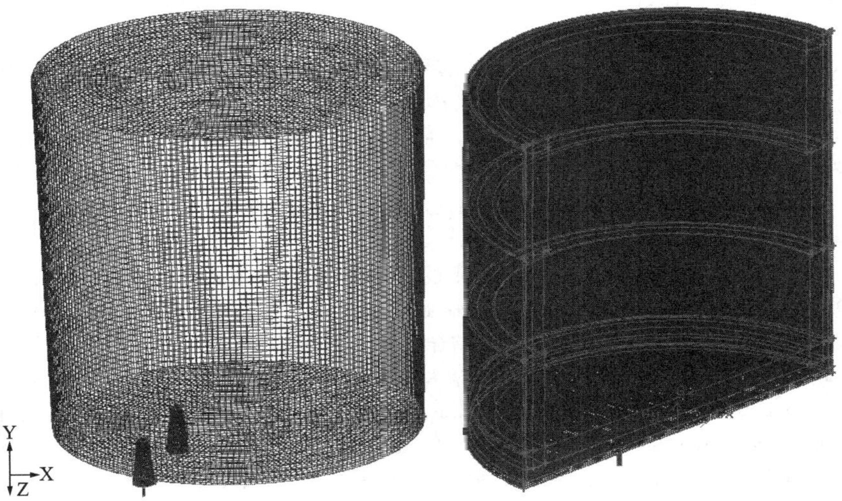

(a) 钢包内腔　　(b) 包壁及包底

图 4-7　温度流场耦合计算钢包网格划分示意图

利用 CFD 商业软件求解各方程，当各残差值小于 10^{-6}，且监视点的速度和温度不再发生变化时，即认为收敛。

4.8 本章小结

采用有限元分析方法，研究探讨了精炼钢包内衬耐火材料冲蚀行为，结果表明：其主要影响因素为冲蚀角、夹杂物粒径、冲蚀速度以及耐火材料的气孔率，其中冲蚀角的影响为单峰型，其他均呈指数关系。并通过回归分析，拟合出夹杂物和钢液的冲蚀关联式，建立了精炼钢包内衬耐火材料冲蚀的数学模型。结合数值模拟计算的边界条件与相关参数的确定，以及仿真计算方法的阐明，为研究底吹钢包耐火材料在溶解和冲刷协同作用下的蚀损奠定了基础。

参考文献

[1] BAI H. Argon bubble behavior in slide-gate tundish nozzles during continuous casting of steel slabs [D]. University of Illinois at Urbana-Champaign, 2000.

[2] DOMGIN J F, GARDIN P, BRUNED M. Experimental and numerical investigation of gas stirred ladles [C]. // Second Internal Conference on CFD in the Minerals and Process Industries, Australia, 1999: 181-186.

[3] 张美杰. 中间包气幕挡墙的结构优化及其夹杂物去除的数学物理模拟研究[D]. 武汉：武汉科技大学，2006.

[4] JOKANOVIĆ V, SPASIĆ A M, ĆURČIĆ R. Slag and steel melt infiltration into refractory materials, kinetics and microstructure[J]. Interceram, 1995, 44(4): 240-243.

[5] LEE M, SUN S Y, WRIGHT S. Effects of transition metals on the kinetics of slag-refractory reactions[J]. Metallurgical and Materials Transactions B, 2001, 32(1): 25-29.

[6] PÖTSCHKE J, DEINET T. The corrosion of refractory castables[J]. Interceram Refractories Manual, 2005, NS (1): 6-10.

[7] MEO M, VIGNEVIC R. Finite element analysis of residual stress induced by shot peening process[J]. Advances in Engineering Software, 2003, 34(9): 569-575.

[8] WOYTOWITZ P J, RICHMAN R H. Modeling of damage from multiple impacts by spherical particles [J]. Wear, 1999, 233/234/235: 120-133.

[9] 孙继龙，许森虎. Sialon 陶瓷的冲蚀磨损及磨粒磨损行为[J]. 无机材料学报，2000，15(5)：889-896.

[10] 师昌绪. 材料大辞典[M]. 北京：化学工业出版社，1994.

[11] 胡水. 耐火材料高温耐冲蚀磨损性能试验方法的研究[D]. 西安：西安建筑科技大学，2005.

[12] 黄奥，顾华志，雷明，等. 精炼钢包刚玉基耐火材料冲蚀的有限元分析[J]. 硅酸盐通报，2010，29(01)：153-157.

[13] 余万华. 异形坯连铸过程热力学模拟[N]. 世界金属导报，2009，4(14)：12.

[14] 林建忠. 流-固两相拟序涡流及稳定性[M]. 北京：清华大学出版社，2003：125-172.

[15] DEMEDICES L G, MORALES R D. Mathematical modeling of the geometry influence of a multiple-strand tundish on the momentum, heat and mass transfer of steel flow [J]. Steel Reasearch, 2001, 72 (9): 346-352.

[16] 黄奥. 气幕挡墙中间包气泡形成与运动以及夹杂物去除的数模研究[D]. 武汉：武汉科技大学，2007.

[17] LI G Q. The effect of Na_2O and Al_2O_3 on dephosphorization of molten steel by high basicity MgO saturated CaO-FeOx-SiO_2 slag[J]. ISIJ International, 2005, 45(1): 12-18.

[18] OKHOTSKII V B. Models for local wear of the lining of a converter[J]. Refractories and Industrial Ceramics, 2001, 42(11): 411-416.

第5章 底吹钢包耐火材料的蚀损规律

钢包内衬耐火材料的蚀损是一个复杂的物理化学过程，其影响因素较多且相互作用。在底吹氩条件下，由于气体搅拌运动的影响，钢包内衬耐火材料与钢液、熔渣作用的传质过程变得更加复杂而多样化，钢包某些部位耐火材料与熔渣作用的传质过程明显得到增强，蚀损现象更加严重，使用寿命明显降低[1]。迄今，众多学者致力于渣-耐火材料交界面的传质行为研究[2]，研究方法多限于抗渣实验，与钢包实际服役条件尚有区别。因此，对于底吹氩钢包，在高温钢液的剧烈搅拌作用下，采用数值模拟计算的方法，研究其耐火材料内衬蚀损行为，对延长钢包耐火材料服役寿命及钢包精炼工艺的合理优化，具有重要的理论价值和现实指导意义。

5.1 计算方案

采用数值模拟的方法，进行不同底吹条件下钢包内衬耐火材料蚀损状况的仿真计算，计算方案如表5-1所示。

表5-1 计算方案

底吹方式	透气砖距圆心距离	吹气流量
单吹	0.4R	36 m^3/h
	0.4R	45 m^3/h
	0.5R	
	0.6R	
	0.4R	54 m^3/h
双吹	—	32 m^3/h
		38 m^3/h
		45 m^3/h

5.2 结果与分析

5.2.1 底吹对耐火材料熔损的影响

1. 单吹气流量对耐火材料熔损的影响

图5-1为采用单吹且不同吹气流量时的钢包内衬侵蚀速率分布图。

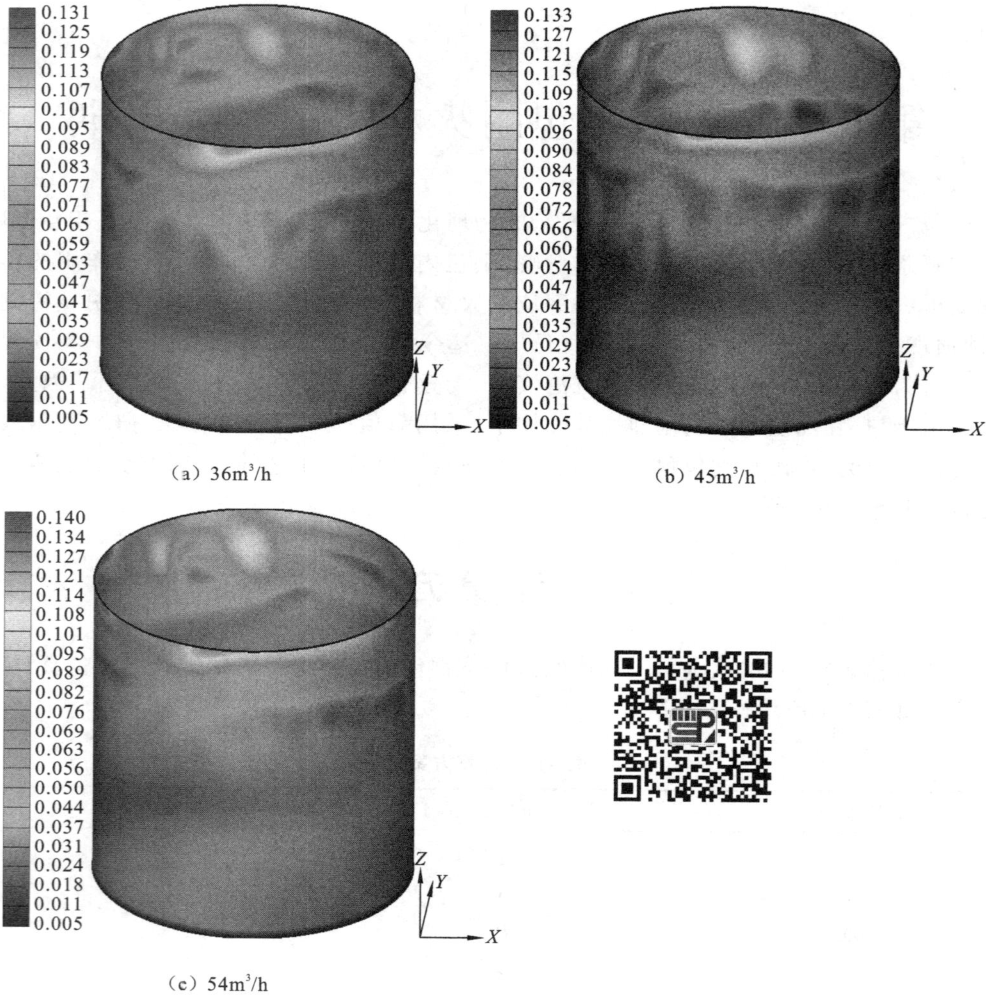

图 5-1　单吹钢包内衬熔损速率分布图(mm/h)

由图 5-1 可以看出，钢包渣线区及近透气砖区内衬区域的侵蚀速率总体较大。随着吹气流量增大，钢包内衬侵蚀速率均增大，尤其是近透气砖渣线区内衬，最大侵蚀速率由吹气流量 36 m^3/h 时 0.131 mm/h 上升到 54 m^3/h 时的 0.140 mm/h，Y 轴正方向渣线区内衬中侵蚀速率大于渣线平均侵蚀速率 0.100 mm/h 的区域明显扩大，X 轴负方向渣线区内衬中侵蚀速率大于 0.120 mm/h 的高速侵蚀区域呈环向延展。单吹时，随着吹气流量的增大，钢包内衬侵蚀速率分布并未有较大变化，仅仅因大气流量下增大了钢液的搅拌程度，加剧了渣或钢液与耐火材料的反应，导致钢包内衬蚀损加重。其与实际相符[3]，说明模型合理有效。

2. 双吹气流量对耐火材料熔损的影响

图 5-2 为采用双吹且不同吹气流量时的钢包内衬侵蚀速率分布图。

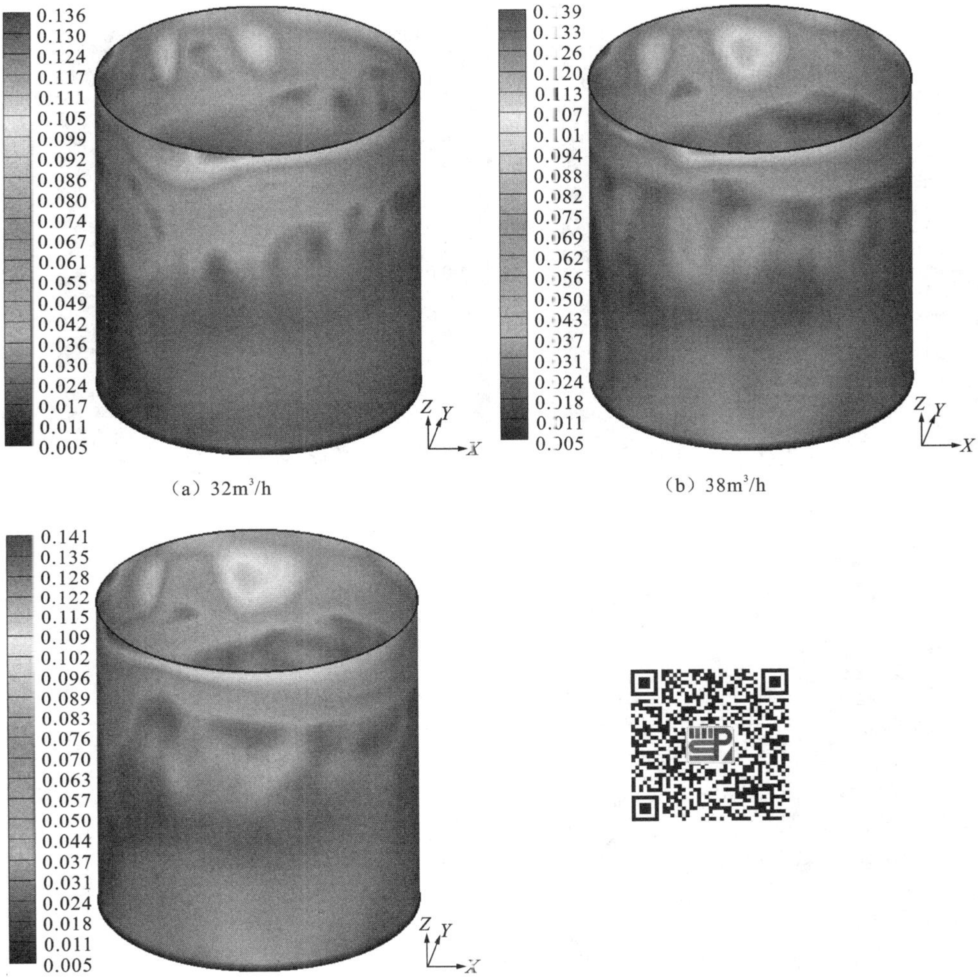

(a) 32m^3/h　　(b) 38m^3/h

(c) 45m^3/h

图 5-2　双吹钢包内衬熔损速率分布图(mm/h)

由图 5-2 可以看出,和单吹时一样,较大的侵蚀速率主要分布在钢包渣线区及近透气砖区内衬,但随着吹气流量的改变,钢包内衬侵蚀速率的分布状况差异明显。在较小气流量时,邻近两块透气砖的钢包内衬侵蚀速率相对其他区域较大,尤其集中在近透气砖渣线区内衬。随着吹气流量的增大,两块透气砖的各自邻近内衬区域侵蚀速率增大,而且由于双吹的干涉作用,X 轴负方向即两块透气砖之间的钢包内衬侵蚀速率均增大,其中较大的侵蚀集中在渣线区域且呈环向延展。当吹气流量增大到 45 m^3/h 时,最大侵蚀速率呈现在两块透气砖相交的干涉区域渣线上部,钢包内衬侵蚀明显快于单吹。

3. 单吹位置对耐火材料熔损的影响

图 5-3 为采用不同位置单吹时的钢包内衬侵蚀速率分布图。

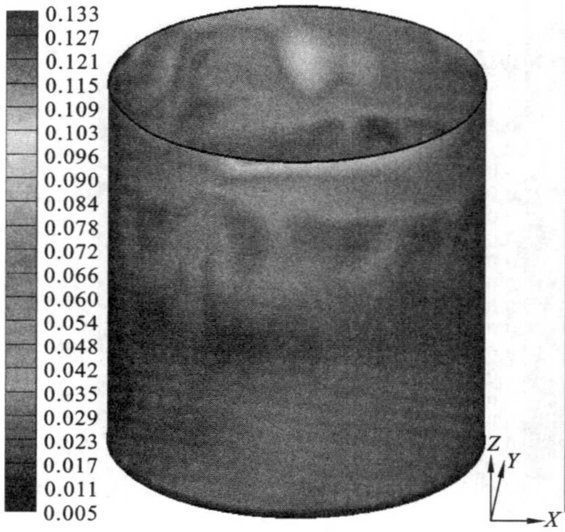

(a) 距离圆心0.4*R*

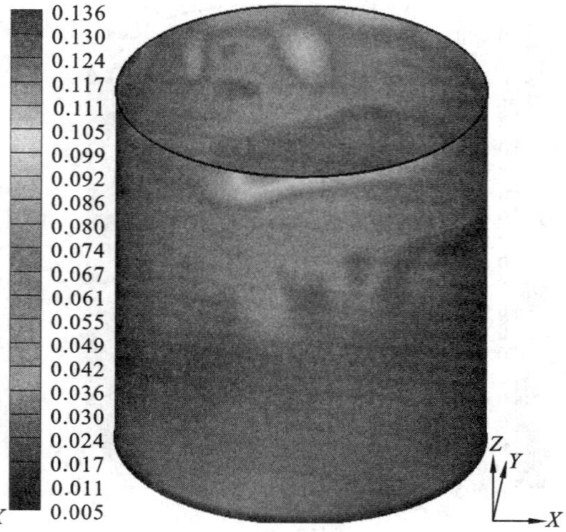

(b) 距离圆心0.5*R*

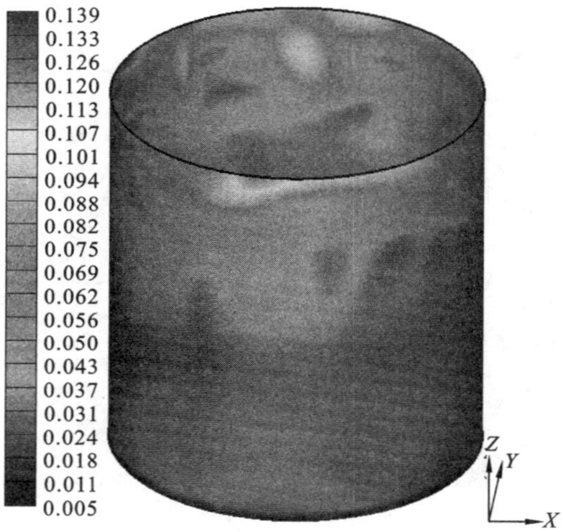

(b) 距离圆心0.6*R*

图 5-3　不同位置单吹钢包内衬熔损速率分布图(mm/h)

由如图 5-3 可以明显看出,随着透气砖向包壁靠近,钢包近透气砖内衬最大侵蚀速率均增大,侵蚀速率大于平均侵蚀速率 0.042 mm/h 的内衬区域明显扩大;而钢包远透气砖内衬侵蚀速率大于平均侵蚀速率 0.042 mm/h 的内衬区域明显缩小。因此,应在保证吹气效果的同时,透气砖偏心度不可太大,以免加重钢包内衬的局部蚀损,缩短其服役寿命。

5.2.2　底吹对耐火材料冲蚀的影响

1. 单吹气流量对耐火材料冲蚀的影响

图 5-4 为采用单吹且不同气流量时的钢包内衬冲蚀速率分布图。

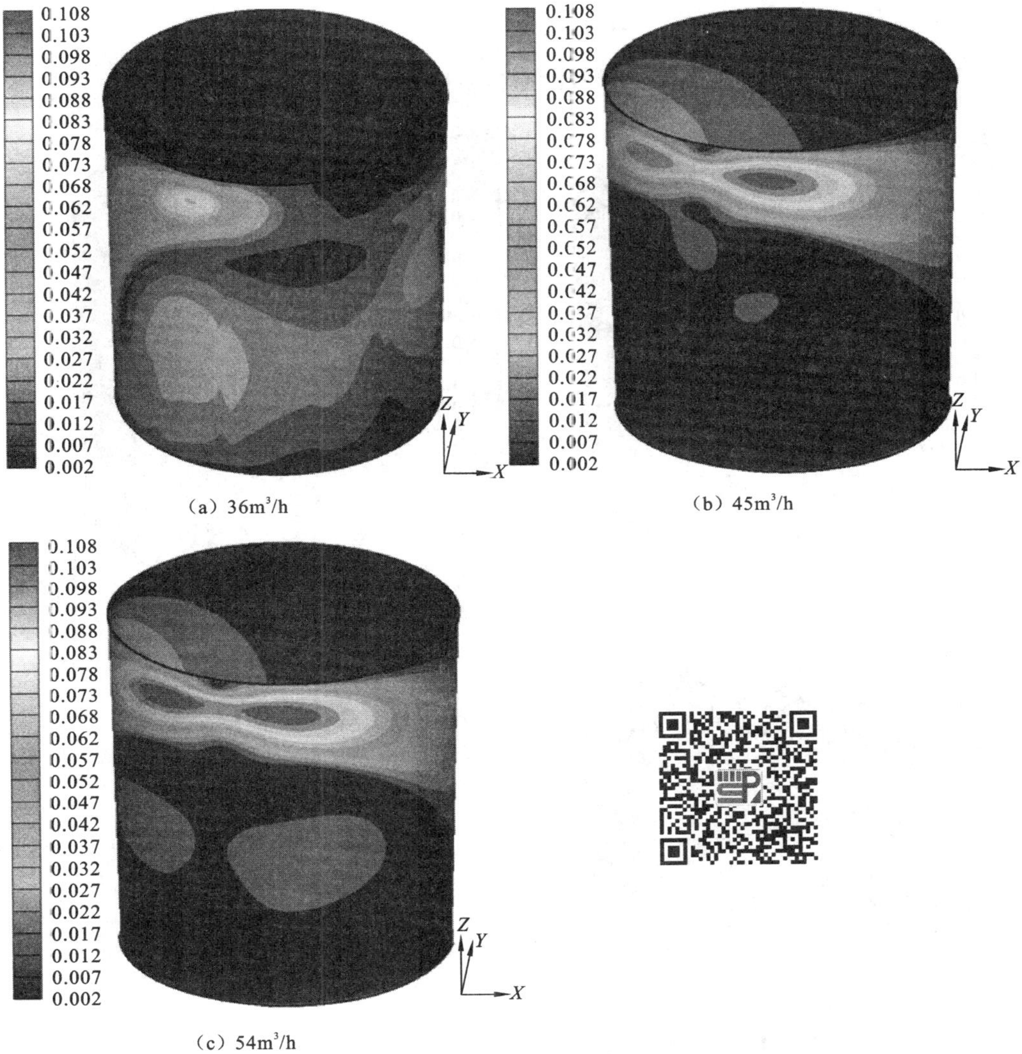

图 5-4　单吹钢包内衬冲蚀速率分布图(mm/h)

由图 5-4 可以看出,在单吹配置下,较大冲蚀速率主要分布在近透气砖内衬,随着吹气流量增大,钢包内衬耐火材料的冲蚀速率明显增大。当吹气流量较小时,如图 5-4(a)所示,近透气砖内衬基本上都受到一定的冲蚀,其中,较大的冲蚀分布在渣线附近的一块椭圆形区域;当吹气流量增大到 45 m^3/h 时,如图 5-4(b)所示,较快的冲蚀率集中在渣线附近的两块相连的椭圆形区域;而当吹气流量增大到 54 m^3/h 时,如图 5-4(c)所示,渣线附近的高冲蚀速率区域扩大,逐渐融为一体,内衬工作区出现两块明显的较高冲蚀速率区域。由此可见,单吹会导致近透气砖的钢包内衬耐火材料严重冲损,会导致该区域内衬过快蚀损。

2. 双吹气流量对耐火材料冲蚀的影响

图 5-5 为采用双吹且不同气流量时的钢包内衬冲蚀速率分布图。

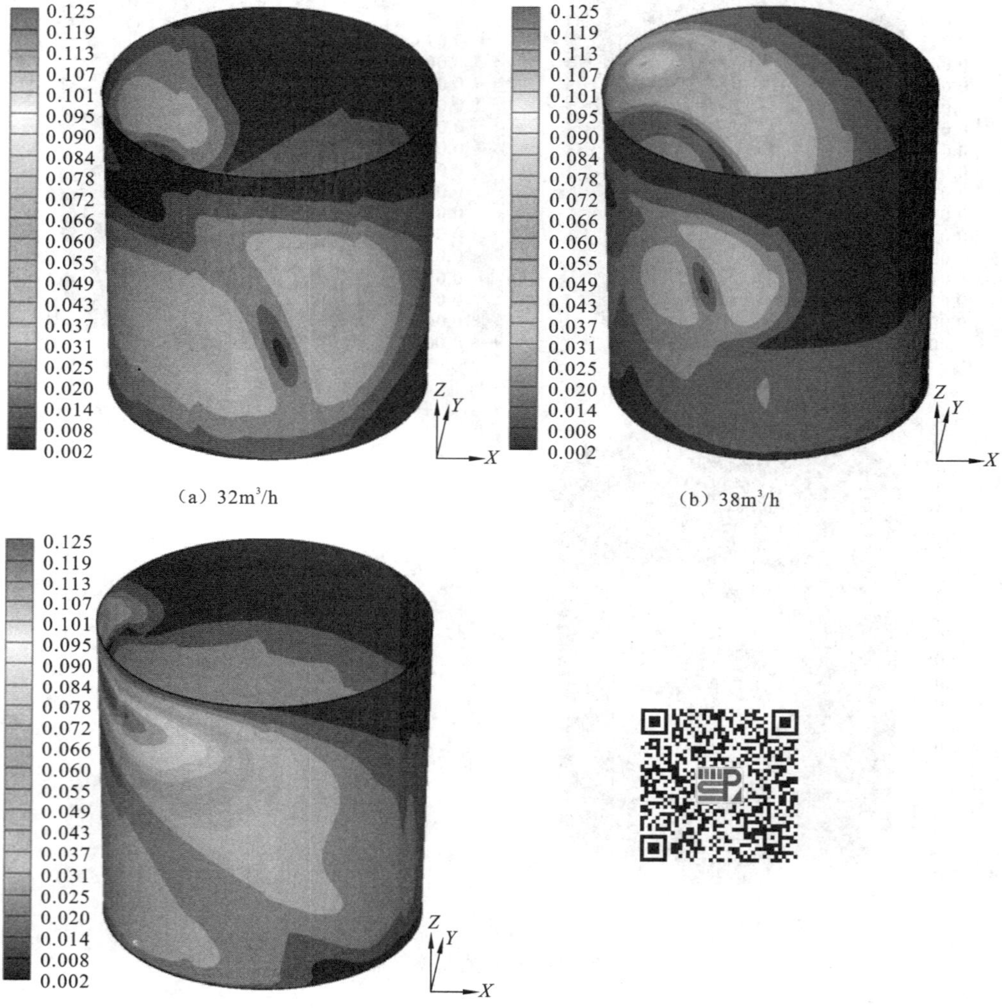

(a) 32m³/h　(b) 38m³/h　(c) 45m³/h

图 5-5　双吹钢包内衬冲蚀速率分布图(mm/h)

由图 5-5 可以看出,在双吹配置下,较大冲蚀速率依然分布在近透气砖内衬上,由于两块透气砖存在位置间隔,导致高冲蚀速率区域较单吹时明显要大。随着吹气量流增大,钢包内衬耐火材料的冲蚀速率明显增大。当吹气流量较小时,如图 5-5(a)所示,冲蚀主要分布在两块透气砖的各自邻近内衬区域,其中 A 透气砖邻近内衬区域冲蚀速率较大。当吹气流量增大到 38 m^3/h 时,如图 5-5(b)所示,冲蚀依然分布在两块透气砖的各自邻近内衬区域,但是由于 B 透气砖更邻近内衬,较大的冲蚀速率逐渐集中到 B 透气砖邻近内衬上部临近渣线区域。当吹气流量增大到 45 m^3/h 时，如图 5-5(c)所示，较高冲蚀速率区域集中在两块透气砖间的渣线附近，且整个内衬工作区都受到冲蚀影响。由此可见，双吹比单吹更容易导致整个钢包内衬耐火材料的严重冲损。

3. 单吹位置对耐火材料冲蚀的影响

图 5-6 为采用不同位置单吹时的钢包内衬冲蚀速率分布图。

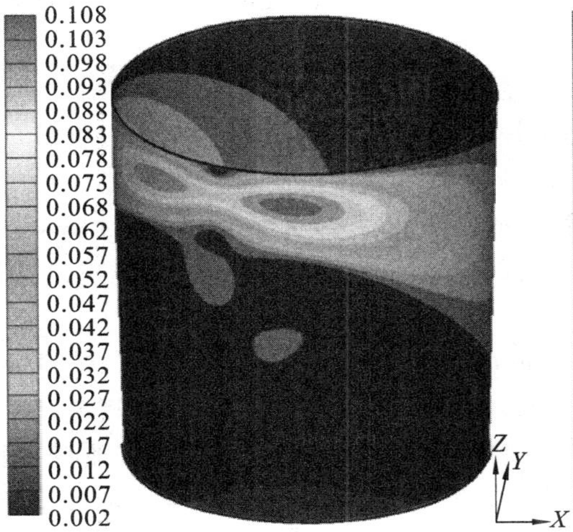

(a) 0.4R

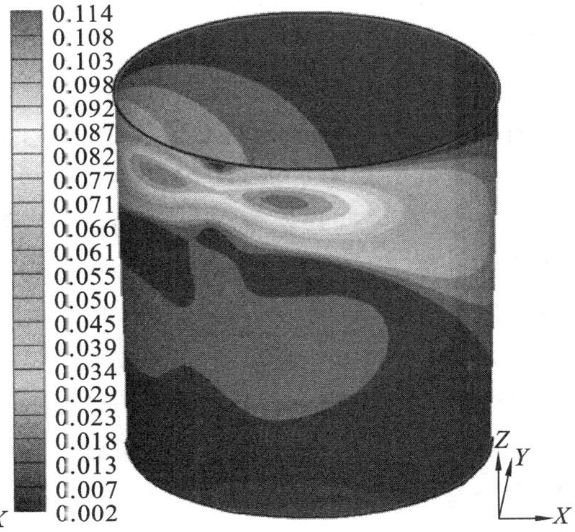

(b) 0.5R

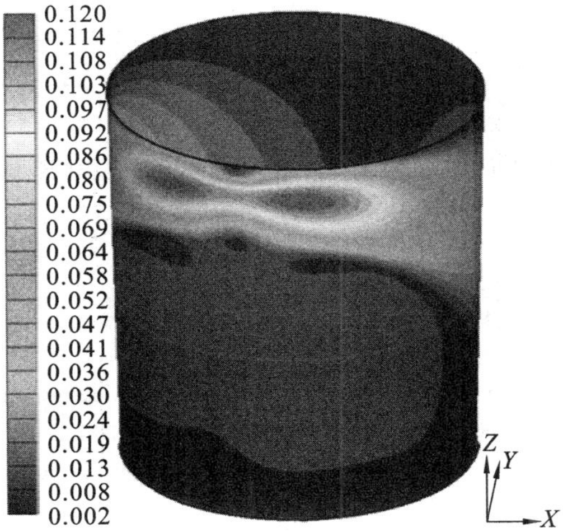

(b) 0.6R

图 5-6　不同位置单吹钢包内衬冲蚀速率分布图(mm/h)

由图 5-6 可以明显看出，随着透气砖向包壁靠近，钢包内衬耐火材料的冲蚀速率分布没有太大变化，但钢包近透气砖内衬冲蚀速率均增大，最大冲蚀速率由 0.108 mm/h 增加到 0.120 mm/h，而且透气砖离内衬越近，钢包近透气砖内衬工作区域受冲蚀的范围也逐渐增大。因此，应在保证吹气效果的同时，透气砖偏心度不可太大，以免加重钢包内衬的局部蚀损，缩短其服役寿命。

5.3 本章小结

本章针对不同透气砖底吹参数条件下钢包内衬耐火材料的蚀损状况进行了仿真计算，研究发现以下结论。

(1) 采用单吹时，较大的侵蚀速率主要分布在钢包渣线区及近透气砖区内衬，吹气量的增大会加速钢包内衬相对高速侵蚀区域的蚀损。采用双吹时，钢包内衬的侵蚀较单吹时快。随着吹气流量的改变，钢包内衬侵蚀速率的分布状况差异明显，大气流量下由于双吹的干涉作用，近两块透气砖之间的钢包内衬侵蚀速率均增大，其中较大的侵蚀集中在渣线区域且呈环向扩展。随着透气砖向包壁靠近，钢包内衬侵蚀不均衡性也越突出，近透气砖内衬侵蚀加重。

(2) 采用单吹时，较大的冲蚀速率主要分布在近透气砖区内衬，随着吹气流量的增大，高速冲蚀区域变化为两块相连的椭圆形区域，上移至钢包渣线区附近，并逐渐扩大融合。采用双吹时，钢包内衬的冲蚀明显较单吹时快且分布广，随着吹气流量的改变，钢包内衬冲蚀速率的分布状况差异明显。气量较小时，冲蚀分布在两块透气砖的各自邻近内衬区域，大气量下由于双吹的干涉作用，近两块透气砖之间的钢包内衬蚀损速率均增大，其中较大的蚀损集中在渣线区域且呈环向扩展。

随着透气砖向包壁靠近，钢包内衬耐火材料的冲蚀速率分布没有太大变化，但钢包近透气砖内衬冲蚀速率均增大，最大冲蚀速率由 0.108 mm/h 增加到 0.120 mm/h。而且，透气砖离内衬越近，钢包近透气砖内衬工作区域受冲蚀的范围逐渐增大。因此，应在保证吹气效果的同时，透气砖偏心度不可太大，以免加重钢包内衬的局部蚀损，缩短其服役寿命。

参考文献

[1] ZHANG F Y，WEN L H，KUSUHIRO M. Local corrosion of magnesia-chrome refractories driven by marangoni convection at the slag-metal interface[J]. Journal of Colloid and Interface Science，2002，253(1)：211-216.

[2] PÖTSCHKE J，DEINET T. The corrosion of refractory castables[J]. Interceram Refractories Manual，2005，NS(1)：6-10.

[3] 尚德礼，王习东，王国承，等. 钢包吹氩与包衬耐火材料对钢中夹杂物的影响[J]. 冶金丛刊，2005，156(2)：1-4.

第6章　耐火材料渣蚀的基本模型

耐火材料是一种多孔材料，熔渣的渗透是渣蚀的关键环节，尤其是多孔骨料的微结构参数的影响，需要积极研究和探索。本章重点介绍耐火材料渣蚀过程模拟所需的数学模型。

6.1　几何模型

精炼钢包铝镁耐火浇注料由骨料和基质组成，其中骨料被简化为球体（三维）或圆形（二维），基质全部由小于1 mm的细粉组成。这中间多孔刚玉骨料的化学组成为100 wt%的Al_2O_3，基质为95 wt%的Al_2O_3和5 wt%的MgO。根据典型的骨料-基质混合配比，用具有不同半径的单位厚度的圆来表示骨料，不重叠随机分布于20 mm×20 mm的正方形中。用于二维模拟的几何模型如图6-1所示，其中不同直径的骨料配比根据骨料质量比转化成体积比后计算确定。

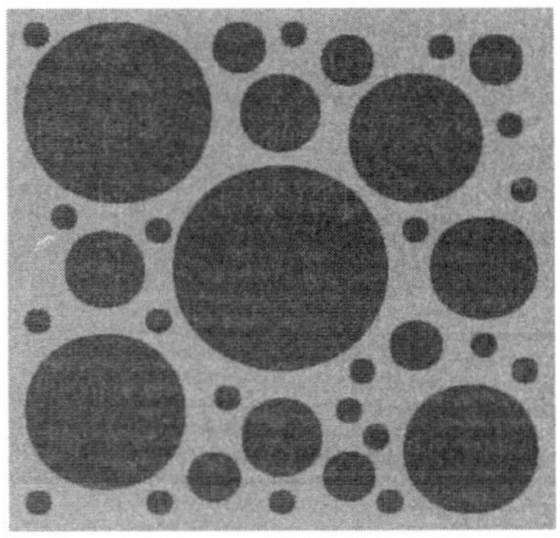

图6-1　骨料-基质二元结构几何模型

6.2　多相流模型

熔渣渗透过程可以看作一个多孔介质内部的包含气相和液相的两相流问题。由第1章1.2.3小节可知，VOF多相流模型是一个合适的选择，在此不做过多详解。

6.3　渗透模型

耐火材料可以被看作多孔介质，其中骨料和基质分别具有不同的性质和显微结构参数。流体在多孔介质内的流动过程中，其受力主要包括毛细管压力、惯性和黏性阻力，以及重力等。其中由界面压强差产生的毛细管压力作为源项加到动量方程中，即

$$p_{ca}=\frac{2\sigma\cos\theta}{r} \tag{6-1}$$

式中：P_{ca}为毛细管压力，Pa；σ为熔渣的表面张力，N/m；θ为熔渣与耐火材料孔隙内壁的接触角，(°)；r为平均孔径，m。

在钢包精炼的过程中，由于钢包底吹气产生的环流的搅拌作用，熔渣在包壁的法向流速对内衬耐火材料的渗透造成一定影响[1]。因此，相比达西定律，Darcy-Brinkman-

Forchhermer 模型引入孔隙率和流体物体参数修正后的包含黏性和惯性阻力项的 Ergun 方程更加适合用来描述耐火材料对熔渣渗透的阻碍作用。

Ergun 方程形式为

$$\frac{\Delta P}{L}=A\frac{\mu v}{d_{\mathrm{p}}^{2}}\frac{(1-\varepsilon)^{2}}{\varepsilon^{3}}+B\frac{\rho v^{2}}{d_{\mathrm{p}}}\frac{(1-\varepsilon)}{\varepsilon^{3}} \tag{6-2}$$

式中：Δp 为压降，Pa；L 为沿某一方向的渗透距离，m；v 为多孔介质中渗流表观速度，m/s；ε 为多孔介质的孔隙率，%；μ 为动力黏度，Pa·s；ρ 为流体密度，kg/m^3；A 和 B 为经验常数。其中，Ergun[2] 在 1952 年推荐的 A 为 150、B 为 1.75，而后 Macdonald 等[3] 于 1979 年提出 A 为 180、B 为 1.80。

Ergun 同样能加入到动量方程的源项中去，其 i 方向的分量可以表示为

$$S_i=-\left(\frac{\mu}{a}v_i+C_2\,\frac{1}{2}\rho|\boldsymbol{v}|v_i\right) \tag{6-3}$$

式中：$1/a$ 为黏性阻力系数；C_2 为惯性阻力系数，可分别表示为

$$\frac{1}{a}=\frac{A}{d_{\mathrm{p}}^{2}}\frac{(1-\varepsilon)^{2}}{\varepsilon^{3}} \tag{6-4}$$

$$C_2=\frac{2B}{d_{\mathrm{p}}}\frac{(1-\varepsilon)}{\varepsilon^{3}} \tag{6-5}$$

对于轻量耐火浇注料，熔渣主要通过气孔渗入。其孔径与形成多孔材料的粉体粒径直接相关，其关系式可以近似表示为[4]

$$d=0.46d_{\mathrm{p}}\sqrt{\varepsilon} \tag{6-6}$$

式中：d 为平均孔径，m。实际上，由于材料烧结的原因，孔径和孔隙率是温度的函数。对于基质部分需要实验确定，但对于已经高温烧结的多孔骨料，方程中可以不考虑温度的影响。

联立式(6-4)～式(6-6)，黏性阻力系数和惯性阻力系数可以被进一步表示为

$$\frac{1}{a}=0.2116\,\frac{A}{d^{2}}\frac{(1-\varepsilon)^{2}}{\varepsilon^{2}} \tag{6-7}$$

$$C_2=0.92\,\frac{B}{d}\frac{(1-\varepsilon)}{\varepsilon^{2.5}} \tag{6-8}$$

取 A 为 180、B 为 1.80，骨料的孔隙率为 17%，基质的孔隙率为 30%的情况下，骨料-基质平均孔径与其阻力系数的关系如图 6-2 所示。

A 和 B 可由渗透实验确定[5]。对于基质，由于材料烧结的原因，其孔径及气孔率是温度的函数(1 200～1 600 ℃)。根据不同温度下的实验结果，基质的经验常数为

$$A_{\mathrm{ma}}=7.22653\times10^{-4}T^{3}-3.13124T^{2}+4485.94412T-2.12111\times10^{6} \tag{6-9}$$

$$B_{\mathrm{ma}}=\begin{cases}1375.6305T^{2}-3.53665\times10^{6}T+2.27525\times10^{9} & (1200\ ℃\leqslant T<1400\ ℃)\\ 963.26839T^{2}-2.98895\times10^{6}T+2.3167\times10^{9} & (1400\ ℃\leqslant T\leqslant1600\ ℃)\end{cases} \tag{6-10}$$

基质平均孔径及气孔率与温度的关系式为

$$d_{\mathrm{ma}}=0.0064T-6.1064 \tag{6-11}$$

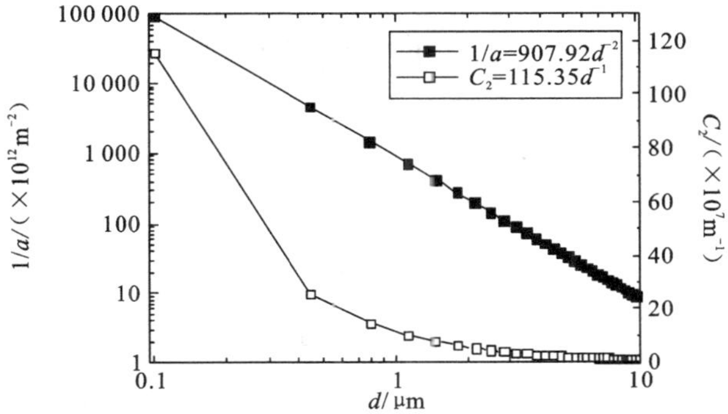

（a）骨料

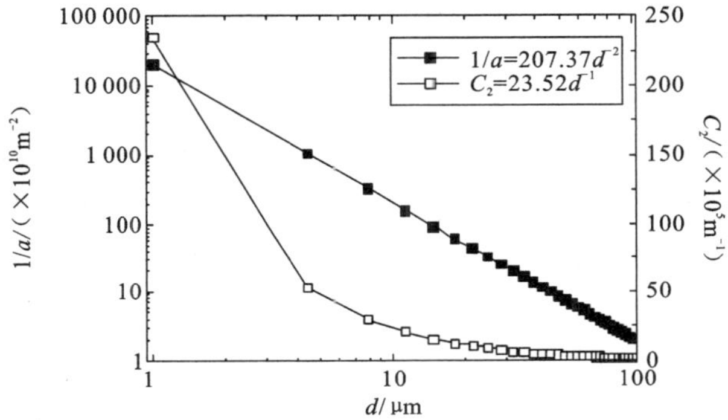

（b）基质

图 6-2　骨料-基质平均孔径与其阻力系数的关系

$$\varepsilon_{ma} = -3.05\times10^{-6}T^2 + 8.15\times10^{-3}T - 4.9896 \qquad (6\text{-}12)$$

对于烧结后的骨料，孔径及气孔率为常数，A 为 1 216.247，B 为 37 945.235。

6.4　热力学预测

在精炼条件下，熔渣对耐火材料的渗透过程将很快完成，然后熔渣将与耐火材料反应，继而产生新相。本节中，新相的预测是基于系统的最小自由能原理，为了计算在一定热力学平衡条件下相的组成及其分布，使用了热力学平衡计算软件 FactSage[6]。为便于进行热力学平衡计算，网格单元作为基本的热力学平衡计算单元，根据 VOF 模型计算两相流体各相体积分布，对于每一个包含熔渣的计算单元，初始耐火材料及渗透熔渣中组分 i 被定义为

$$M_{ri} = f_{ri}(1-\varepsilon)\rho_r V_c \qquad (6\text{-}13)$$

$$M_{si} = f_{si}\varepsilon\rho_s V_c \qquad (6\text{-}14)$$

式中：M_{ri} 和 M_{si} 分别为耐火材料和熔渣中组分 i 的质量，kg；f_{ri} 和 f_{si} 分别为单元中耐火材料和熔渣的质量分数；ρ_r 和 ρ_s 分别为耐火材料与熔渣的密度，kg/m³；V_c 为计算单元的体积。使用 FactSage 中 Equilib 模块[7]预测单元平衡时的相组成。

6.5 反应模型

基于耐火材料与熔渣反应时的第二相的溶解、过饱和及沉淀析出等过程，建立轻量微孔骨料与熔渣界面反应模型，即

$$V_s=360\frac{\rho_{sl}}{\rho_s}\beta(C_s-C_0) \tag{6-15}$$

式中：V_s 为侵蚀速率，mm/s；ρ_{sl} 为液相渣的密度，g/mm^3；ρ_s 为微孔刚玉骨料的密度，g/mm^3；β 为传质系数，mm/s；C_s 为过饱和浓度；C_0 为渣中 Al_2O_3 的浓度。

对于半径为 r_s 的球形颗粒，其溶解会导致饱和溶解度增大，吉布斯-汤姆孙（Gibbs-Thomson）方程为

$$\frac{C_s-C_{fl}}{C_{fl}}=\frac{2\gamma_{s,l}V_M}{R(T+273)r_s} \tag{6-16}$$

式中：C_s 和 C_{fl} 分别是平衡状态时的球面和平面上的饱和浓度；$\gamma_{s,l}$ 是固体和液体的界面能；V_M 为溶解的物质的摩尔体积；T 为开尔文温度；R 为通用气体常数。刚玉颗粒在熔渣中浸泡时，Al_2O_3 开始不断向渣中溶解。r_s 不断变小，小颗粒不断消失，大颗粒不断出现。

$$\beta=\frac{0.664D^{\frac{2}{3}}\rho_{sl}^{\frac{1}{6}}v^{\frac{1}{2}}}{\mu^{\frac{1}{6}}L^{\frac{1}{2}}} \tag{6-17}$$

式中：β 为传质系数，mm/s；D 为扩散系数，mm^2/s；v 为熔渣的运动速率，mm/s；μ 为熔渣的黏度；L 为孔径，mm。v 的表达式为

$$v=\sqrt{\frac{r\sigma\cos\theta}{2\mu t}} \tag{6-18}$$

式中：v 为熔渣的运动速率，mm/s；σ 为表面张力；μ 为熔渣的黏度；θ 为润湿角；t 为时间。

$$V_s=239.04\frac{D^{\frac{2}{3}}\rho_{sl}^{\frac{7}{6}}\left(\frac{r\sigma\cos\theta}{2\mu t}\right)^{\frac{1}{4}}}{\rho_s\mu^{\frac{1}{6}}(2r)^{\frac{1}{2}}}(C_s-C_0) \tag{6-19}$$

$$\begin{aligned}C_0&=\frac{m_{Al_2O_3}}{m_{Al_2O_3}+m_{CaO}+m_{SiO_2}}\\&=\frac{[(x+r)^3-r^3]\rho_s+(x+r)^3\rho_{sl}\omega_{Al_2O_3}}{[(x+r)^3-r^3]\rho_s+(x+r)^3\rho_{sl}}\end{aligned} \tag{6-20}$$

$$\rho_{sl}=\frac{\rho_{sl,298}}{1+\alpha_V(T-298)} \tag{6-21}$$

式中：$\rho_{sl,298}$ 为炉渣常温下的密度。

$$\alpha_V=1.068\times10^{-6}T-1.695\times10^{-3} \tag{6-22}$$

$$\rho_{sl,298}=\sum_{i=1}^{n}(\rho_i\omega_i) \tag{6-23}$$

耐火材料与熔渣反应时，对第二相的溶解、过饱和及沉淀析出等动力学过程进行研

究，初步得到微孔骨料与熔渣界面反应模型。在反应过程中，骨料溶解深度与时间呈现函数关系，随着时间不断变化，溶解深度也不断变化，从而导致渣中 Al_2O_3 浓度增加，而不断接近过饱和浓度然后溶解速率的变化，又会导致溶解深度变化，最后形成一个闭合的方程组。

6.6 电磁模型

电磁场的控制方程为一个方程组，其中感应电流密度 $\boldsymbol{J}$ 的计算式为

$$\boldsymbol{J}=\sigma(-\nabla\boldsymbol{\phi}+\boldsymbol{u}\times\boldsymbol{B}) \tag{6-24}$$

$$\boldsymbol{E}=-\nabla\boldsymbol{\phi} \tag{6-25}$$

$$\nabla\cdot\boldsymbol{J}=0 \tag{6-26}$$

结合式(6-24)和式(6-26)，可得

$$\nabla^2\boldsymbol{\phi}=\nabla\cdot(\boldsymbol{u}\times\boldsymbol{B}) \tag{6-27}$$

将电磁力 F 添加到动量方程源项中为

$$\boldsymbol{F}=\boldsymbol{J}\times\boldsymbol{B} \tag{6-28}$$

式(6-24)～式(6-28)中：$\boldsymbol{J}$ 为感应电流密度，A/m^2；σ 为溶渣的电导率，S/m；$\boldsymbol{\phi}$ 为电动势，V；$\boldsymbol{u}$ 为溶渣的流动速度，m/s；$\boldsymbol{B}$ 为磁感应强度，T；$\boldsymbol{E}$ 为电场强度，V/m；$\boldsymbol{F}$ 为电磁力，N/m^3。

6.7 本章小结

本章建立了精炼多因素耦合条件下的耐火材料渣蚀过程的数学模型，为钢冶炼条件下耐火材料渣蚀行为的数值模拟奠定基础。

参考文献

[1] KRISHNAPISHARODY K，IRONS G A. An analysis of recirculatory flow in gas-stirred ladles[J]. Steel Research International，2010，81(10)：880-885.

[2] ERGUN S. Fluid flow through packed columns[J]. Journal of Materials Science and Chemical Engineering，1952，48(2)：89-94.

[3] MACDONALD I F，ELSAYED M S，MOW K，et al. Flow through porous media-the ergun equation revisited[J]. Journal of Industrial and Engineering Chemistry Fundamentals，1979，18(3)：199-208.

[4] WANG Y M，XUE Y X，LI Y，et al. Preparation of porous cordierite ceramic support materials for high temperature dust gas[J]. Journal of the Chinese Ceramic Society Process Engineering，2005，33(10)：1262-1265.

[5] ZOU Y，GU H，HUANG A. Effect of MgO micropowder on microstructure and resistance coefficient of Al_2O_3-MgO castable matrix[J]. Ceramics International. 2014，40，7023-7028.

[6] BILKERMAN J J. Surface Chemistry[M]. New York：Academic Press Inc，1958.

[7] LUZ A P，MARTINEZ A G T，BRAULIO M A L. Thermodynamic evaluation of spinel containing refractory castables corrosion by secondary metallurgy slag[J]. Ceramics International，2011，37(4)：1191-1201.

第 7 章　耐火材料的渣蚀行为模拟

耐火材料是一种多孔材料，熔渣的渗透是渣蚀的关键环节，尤其是多孔骨料的微结构参数的影响，需要深入研究和探索。

7.1　计算条件与假设

由于钢包底吹气的搅拌作用，熔渣持续的冲击耐火材料。在其接触的界面位置，可以假定渗透入口处熔渣具有恒定的速度 u_{sl}，因此入口压力可表示为

$$p_{in}=p_{ca}-\frac{\rho_{sl}u_{sl}^{2}}{2} \tag{7-1}$$

而其相对边界则定义为开边界条件，压力为大气压力。对于上下边界采用无滑移边界条件，并在近壁处使用壁面函数法。模拟的熔渣渗透过程基于以下几条假设。

(1) 耐火材料内部结构为各向同性。

(2) 忽略重力对熔渣渗透的影响。

(3) 熔渣中各组分在渣中均匀分布，忽略不同组分扩散的差别。

(4) 忽略温度梯度的影响。

(5) 渣的黏度和密度都近似为常数。

(6) 应用于计算的溶解界面区域的气孔是球形的。

(7) 新物相在界面区域的聚集和生长立即发生，所以当新物相形成时熔渣渗透将停止。

(8) 当熔渣黏度相对比较高时，可以忽视气孔中熔渣更新。

采用商用有限元软件 CFD 模拟计算熔渣渗透过程。计算区域被划分成四面体网格，总网格数为 1 000 k(图 7-1)。模拟计算的主要相关参数如表 7-1 所示。

图 7-1　网格划分示意图

表 7-1　模拟计算的主要参数

参　　数	数　　值
熔渣成分	Al_2O_3 20 wt%，CaO 60 wt%，SiO_2 20 wt%
氧化铝密度	3 970 kg/m^3
骨料显气孔率	9%
熔渣密度	2 775 kg/m^3
接触角[1]	53°
熔渣黏度	0.08 pa·s
熔渣表面张力	0.62 N/m
Al_2O_3有效扩散系数	1.0×10^{-7} cm^2/s
熔渣的电导率[2]	107/(Ω·m)

7.2　结果与讨论

当熔渣渗透深度没有明显变化时，模拟计算终止，且对后续的物质扩散本章不作探讨。缺省的骨料的平均孔径为 0.5 μm，熔渣运动速度为 0.1 m/s，计算温度为 1 600 ℃。结果如图 7-2～图 7-6 所示，亮色为熔渣通过气孔渗透区域，暗色为未被渗透区域。

7.2.1　熔渣渗透过程

如图 7-2 所示，熔渣通过轻量耐火材料中的气孔进行渗透，模拟计算的熔渣渗透过程没有考虑材料中裂纹的影响。渗透深度随时间逐渐增大，但渗透速度则逐渐减慢，这是材料的黏性阻力和惯性阻力作用的结果。在熔渣与耐火材料接触的边界层，没有看到通常意义上渣中组分的浓度梯度，这是因为此处忽略了不同组分在渣中扩散系数不同的因素。

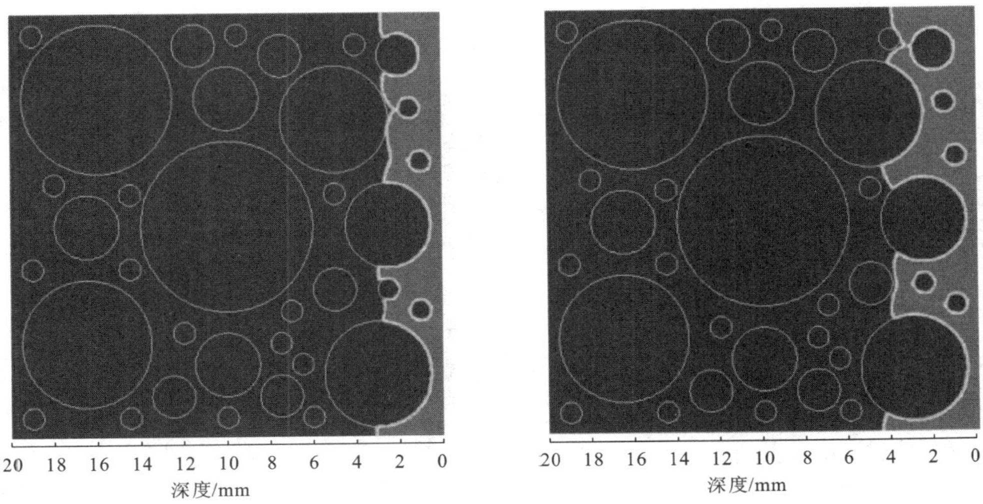

(a) 2 s　　(b) 4 s

图 7-2　不同时刻下的熔渣渗透

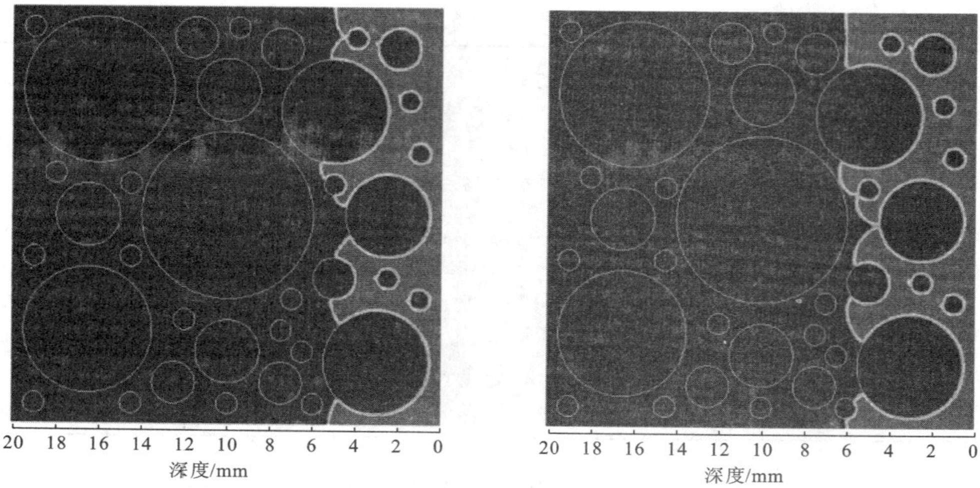

(c) 6 s　　(d) 8.8 s

图 7-2　不同时刻下的熔渣渗透

从图中还可以看出，骨料的存在对熔渣渗透起到了明显的阻碍作用，使得一开始在基质中均匀渗透的熔渣必须“绕过”骨料才能进一步渗透。根据式(7-2)以及上述参数，渗透深度可以计算得出，在 2 s,4 s,6 s 及 8.8 s 时分别约为 3.0 mm,4.3 mm,5.2 mm 及 6.4 mm。如图 7-2 所示，在 8.8 s 前，模拟结果的渗透深度与 Bilkerman 公式计算值接近，而在 8.8 s 后，由于存在固相沉淀析出，模拟结果的渗透深度小于 Bilkerman 公式计算值。

$$l=\sqrt{r\sigma t\cos\theta/2\mu} \tag{7-2}$$

7.2.2　侵蚀产物分布

选用试样骨料的平均孔径为 0.5 μm，模拟计算 1 773 K 下熔渣渗透后的相组成和分布如图 7-3 所示。

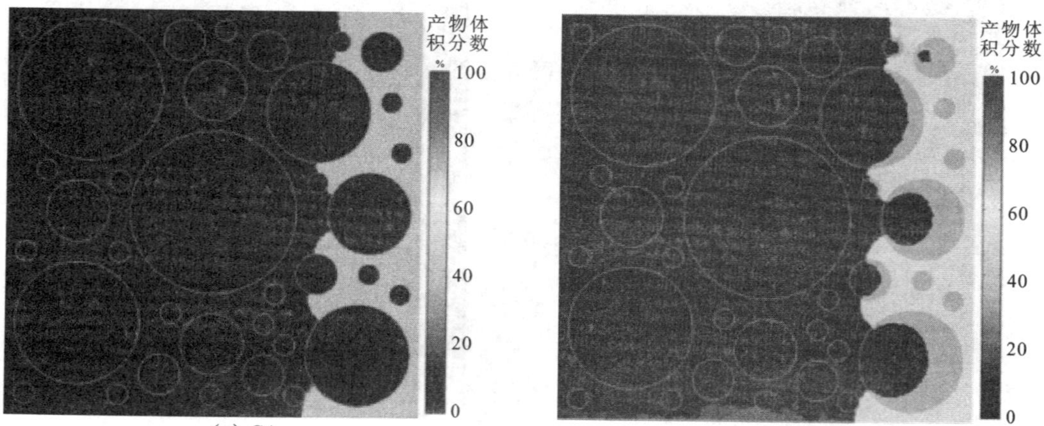

(a) CA_6　　(b) CA_2

图 7-3　侵蚀产物预测及其分布

如图 7-3 所示，根据热力学计算结果，二元 Al_2O_3-CaO 熔渣渗透侵蚀反应的主要产物为 CA_6 和 CA_2。对于骨料，被熔渣侵蚀部分 CA_6 的体积分数为 72.8%，实际情况下熔渣渗透速度将会随黏度增大而减慢，而 CA_6 生成会产生一定的体积膨胀，且其具有较高的熔点，因此 CA_6 的快速生成将会改变骨料的性质。覆盖于骨料表面的 CA_6 将降低骨料的显气孔率，缩小气孔，进而阻碍熔渣的渗透。对于基质部分，被熔渣侵蚀的地方，CA_6 所占体积分数为 50.3%，CA_2 所占体积分数为 37.8%，其余大多为尖晶石，其体积分数接近 11.9%。理论上，根据 Al_2O_3-CaO 二元相图，并结合上述条件，基质在精炼温度下与熔渣接触时没有液相生成。但是由于实际熔渣组成复杂，其 Al_2O_3 与 CaO 的比例发生显著变化。一定条件下生成较大量的低熔点相，这些低熔点相将被流动的熔渣所侵蚀，导致钢包内衬变薄。与此相反的是，钢包黏渣导致钢包容积减小。

7.2.3　微孔骨料的熔渣侵蚀

如图 7-4 所示，熔渣对骨料的渗透时间到 0.1 s 时，渗透深度迅速增加到约 81 μm，其后在 0.1～0.3 s 时，相比前 0.1 s，渗透速度下降，渗透深度仅增加了 12 μm，增加到 93 μm。一方面，与基质相比，骨料孔径更小，因此抗渣渗透能力更好；另一方面，小孔径可以导致熔渣过饱和，反应产物迅速沉淀析出，在界面形成高熔点化合物防护层，抵御熔渣侵蚀。如图 7-5 所示，模拟的渗透深度约为 93 μm，且产物为 CA_6。相同条件下，骨料渣蚀实验后的 SEM 图片可以看到 CA_6 界面层的厚度为 70～100 μm。因此，模拟结果与实验结果吻合，表明上述模型能够用于抗渣侵蚀过程的模拟。

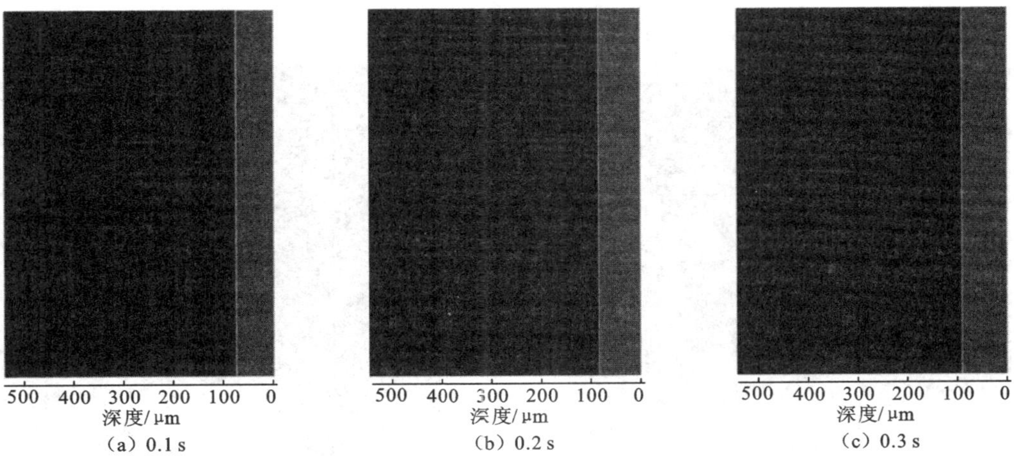

(a) 0.1 s　(b) 0.2 s　(c) 0.3 s

图 7-4　不同时刻下熔渣对骨料的渗透

7.2.4　骨料平均孔径的影响

如图 7-6 所示，骨料平均孔径对熔渣渗透的影响是显而易见的。由于骨料孔径变化

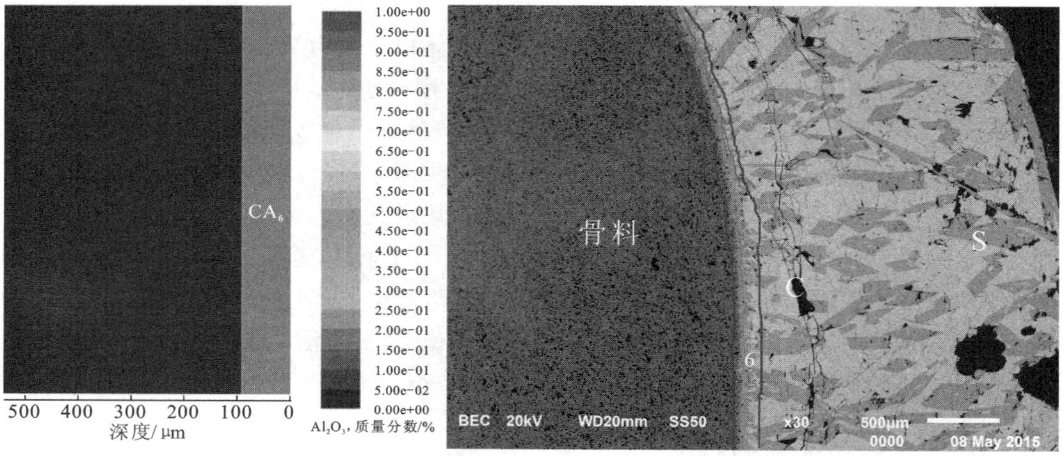

（a）模拟结果 （b）实验结果

图 7-5 熔渣侵蚀骨料的产物层

会迅速改变其阻力系数，当骨料平均孔径超过 0.5 μm 时，骨料中的熔渣渗透程度明显大于骨料平均孔径等于 0.5 μm 时的渗透程度。骨料平均孔径超过 0.7 μm 时，靠近热面的浇注料骨料已被熔渣完全侵蚀。因此，对于轻量化耐火材料的开发，控制骨料平均孔径不大于 0.5 μm 对于确保浇注料较好的抗渣性能是重要的。当然，由于不同熔渣的性质不同，在高温下可能会形成一些新的低熔点物相，从而减弱耐火材料的耐火度及抗渣性能，因此 0.5 μm 并不是一个绝对的临界值。对于不同条件下具体的临界值，应结合熔渣和耐火材料性质做进一步分析。

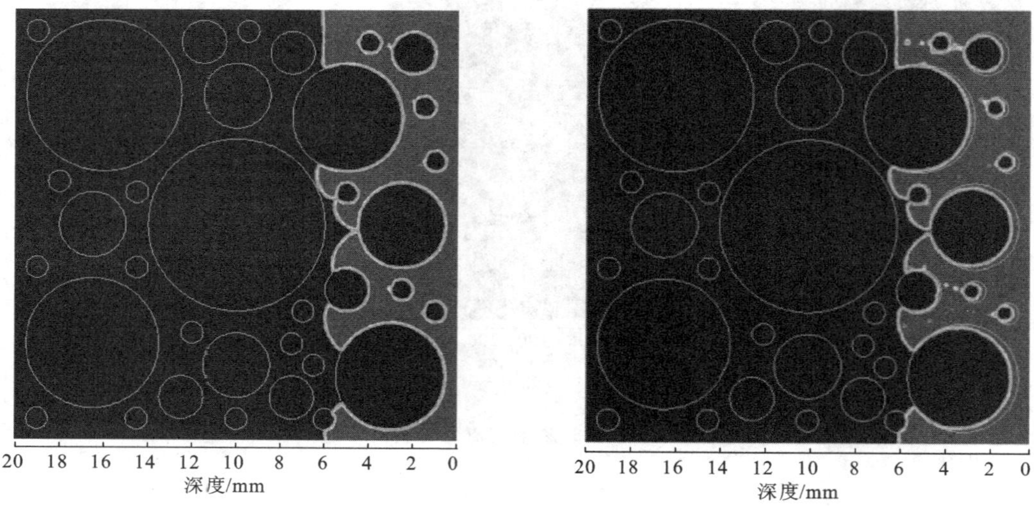

（a）0.5 μm （b）0.7 μm

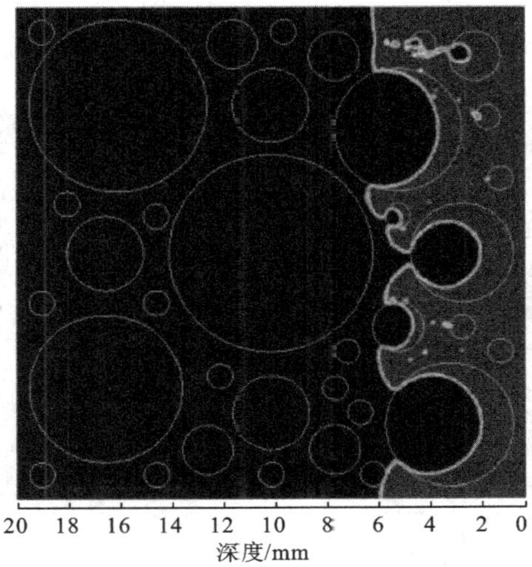

（c）1 μm

图 7-6　骨料平均孔径对熔渣渗透的影响

7.2.5　电磁场的影响

图 7-7 为恒定磁场条件下，不同磁感应强度下熔渣的表观黏度与其对氧化铝材料的润湿角。

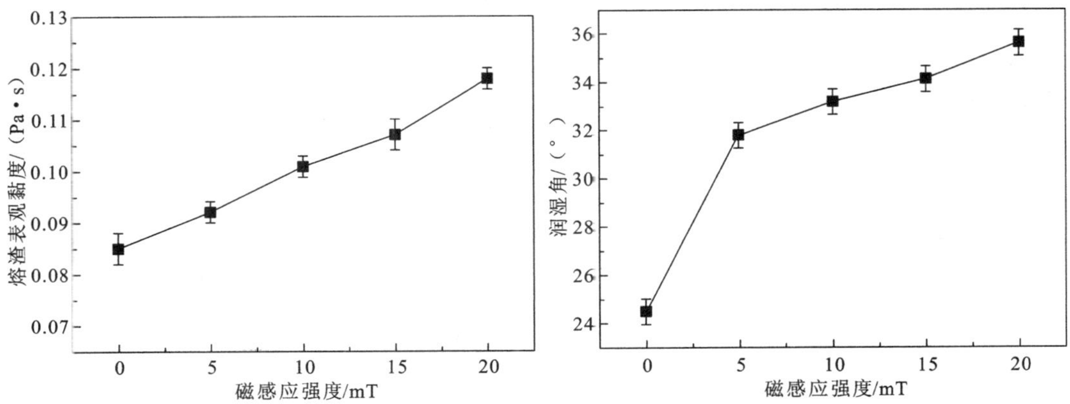

（a）表观黏度　　（b）润湿角

图 7-7　不同磁感应强度下熔渣的高温性质

如图 7-7 所示，电磁效应使熔渣的表观黏度与其对氧化铝材料的润湿角显著增大，并且随着磁感应强度的升高而递增。表观黏度与磁感应强度呈近似线性关系，而润湿角与磁感应强度近似呈二段式线性关系或曲线关系。

图 7-8 为恒定磁场条件下，10 mT 磁感应强度下熔渣对轻量铝镁耐火材料的渗透与

侵蚀模拟结果。图 7-9 为恒定磁场条件下，不同磁感应强度下熔渣对轻量铝镁耐火材料的渗透与侵蚀深度对比。

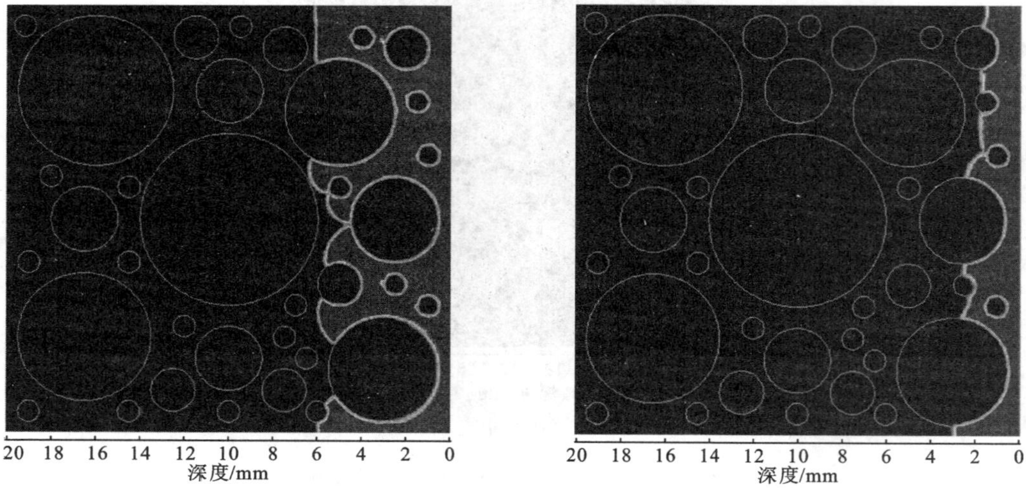

(a) 无磁场　　(b) 静磁场

图 7-8　熔渣 8 s 后的渗透情况

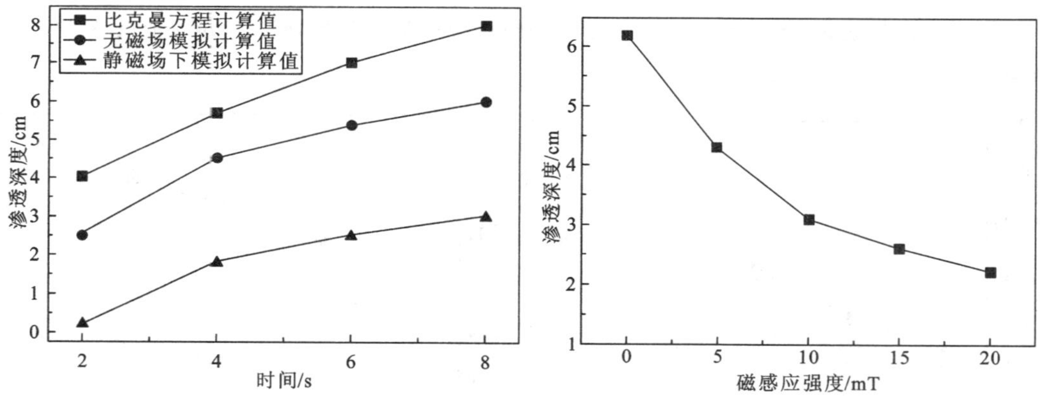

(a) 时间的影响　　(b) 磁感应强度的影响

图 7-9　熔渣的渗透侵蚀情况

如图 7-8 和图 7-9 所示，随着磁感应强度的升高，熔渣对浇注料的渗透深度减小。在 10 mT 静磁场下，熔渣对浇注料的渗透深度减小了 58.3%。

图 7-10 和图 7-11 分别为在无磁场和静磁场(10 mT)条件下，熔渣与刚玉骨料的界面反应层模拟结果与显微照片。

如图 7-10 所示，数值模拟计算结果表明：无磁场下，熔渣与刚玉骨料的反应产物层(CA_6)厚度约为 64 μm；静磁场下，熔渣对刚玉骨料的渗透侵蚀减小，熔渣与刚玉骨料的反应产物层(CA_6)厚度约为 37 μm。如图 7-11 所示，刚玉骨料的熔渣浸泡法侵蚀实验表

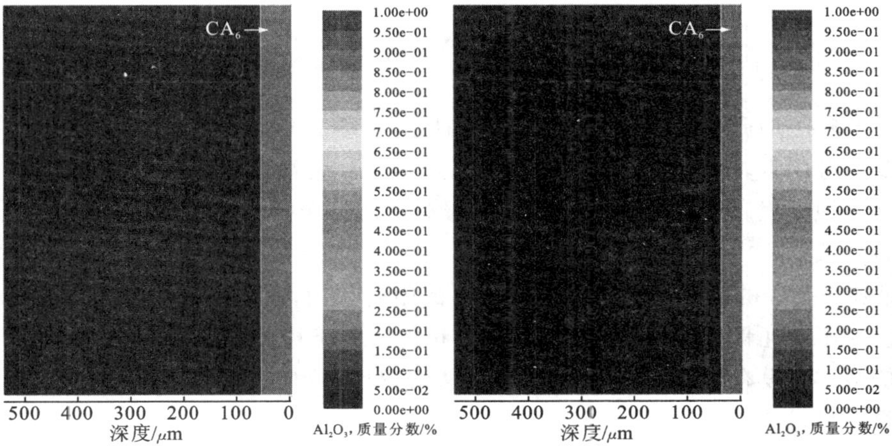

（a）无磁场　　　　（b）静磁场

图 7-10　熔渣与刚玉骨料的反应层

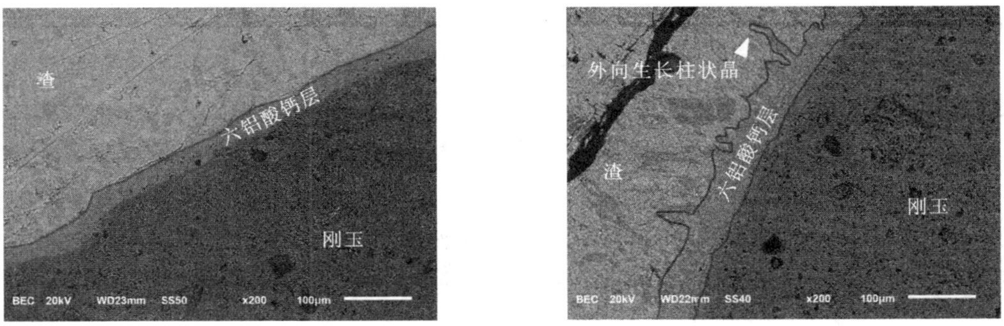

（a）无磁场　　　　（b）静磁场

图 7-11　轻量刚玉骨料与熔渣界面

明：无磁场下，刚玉颗粒与熔渣界面的 CA_6 层厚度为 50～70 μm，为熔渣侵蚀刚玉后的反应产物，与模拟结果较为一致；静磁场下，刚玉颗粒与熔渣界面的 CA_6 层厚度为 70～90 μm，根据图形计算 30～40 μm 是刚玉被熔渣侵蚀反应形成的，与模拟结果也基本一致。图 7-10 和图 7-11 综合表明了静磁场对熔渣与耐火材料界面反应有显著的影响，有望通过调控其界面行为起到防护功效。

轻量铝镁浇注料与熔渣界面行为的调控及其场防护机制：一方面，静磁场下熔渣的高温性质发生较大的变化，表观黏度和润湿角增大；另一方面，熔渣由于受到磁场力的作用，运动受到抑制。同时，上述综合效应导致轻量刚玉微孔中的熔渣更新速度减缓，熔渣更容易过饱和快速形成连续的 CA_6 防护层。

7.3 本章小结

(1) 本章基于多孔介质模型建立了耐火材料骨料及基质的几何模型，然后耦合流体动力学、温度、反应等因素，建立了一个反应模型，以模拟熔渣侵蚀过程，采用数值模拟的方法研究了熔渣侵蚀过程。结果表明，由于黏性和惯性阻力的影响及固相的沉淀析出，熔渣渗透速度明显降低。

(2) 拥有足够小孔径的骨料能对熔渣起到明显的阻碍作用，熔渣要进一步渗透基质需要绕过骨料。对于微孔骨料，存在一个临界孔径(可能略大于 0.5 μm)，在低于该值时，熔渣侵蚀较为轻微。在没有严重黏渣的情况下，熔渣渗透后与耐火材料反应生成的致密高熔点相可以提高材料的抗渣性。

(3) 本章中，模拟结果与实验结果吻合，表明上述模型能够用于抗渣侵蚀过程的模拟。精炼钢包工作衬轻量化是可行的，轻量耐火材料设计的主要重点在于平均孔径。

(4) 在熔渣与耐火材料界面施加电磁场后：一方面，静磁场下熔渣的高温性质发生较大的变化；另一方面，熔渣还受到磁场力的作用。具体结论如下所示：

① 电磁效应使熔渣的表观黏度与其对氧化铝材料的润湿角显著增大，并且随着磁感应强度的升高而递增；

② 随着磁感应强度的升高，熔渣对浇注料的渗透深度减小。在 10 mT 静磁场下，熔渣对浇注料的渗透深度减小了 58.3%；

③ 电磁场有利于抑制熔渣对刚玉的侵蚀，更易形成连续的 CA_6 防护层；

④ 静磁场对熔渣与耐火材料界面行为有显著的影响，有望通过电磁场调控起到防护功效。

参考文献

[1] CHOI J, LEE H. Wetting of solid Al_2O_3 with molten CaO-Al_2O_3-SiO_2[J]. ISIJ International, 2003, 43: 1348-1355.

[2] ZHANG G, YAN B, CHOU K, et al. Relation between viscosity and electrical conductivity of silicate melts[J]. Metallurgical & Materials Transactions B, 2011, 42(2): 261-264.

第 8 章　气幕挡墙中间包钢液流动数学模型

在连铸工艺中，中间包是连接转运钢包和连铸结晶器的一个中间设备，在钢水精炼中的地位与作用日益得到人们的重视。人们采用数学物理模拟的方法研究各种中间包冶金技术[1-2]，其中气幕挡墙技术有利于钢液温度的均匀以及钢中合金成分的微调，减少了耐火材料损毁对钢液的二次污染[3-8]，但均没有考虑吹气元件对吹气参数及钢液流动特性的影响。本章将多孔介质模型用于描述气体在气幕挡墙砖内的流动，综合考虑气泡对夹杂物的吸附作用、壁面吸附、斯托克斯(Stokes)上浮作用、渣吸附作用，研究夹杂物运动特性及去除率，建立了气幕挡墙中间包流场、夹杂物运动数学模型并验证了其正确性。

8.1　水力学模拟实验研究

8.1.1　实验原理

中间包内钢液的流动是在重力作用下从钢包水口流入中间包，然后从中间包水口流出，可视为黏性不可压缩稳态流动，同时可忽略化学反应的影响。因此，模拟中间包时，可以只考虑几何相似与动力形似。

几何相似比可表示为

$$\lambda=\frac{L_m}{L_p} \tag{8-1}$$

对于动力相似要求模型与实型中的流体的湍流雷诺数 Re 和弗劳德数 Fr 分别相等，考虑到湍流条件下中间包内钢液流动 Re 的自模化特性，只要考虑弗劳德数 Fr[1,6] 相等，即

$$Fr_m=Fr_p \tag{8-2}$$

Fr 的定义为

$$Fr=u^2/(g\times L) \tag{8-3}$$

将式(8-3)代入式(8-2)，得

$$\frac{u_m^2}{gL_m}=\frac{u_p^2}{gL_p} \tag{8-4}$$

则模型与原型速度比为

$$\frac{u_m}{u_p}=\lambda^{0.5}=0.577 \tag{8-5}$$

模型与原型流量比为

$$\frac{Q_m}{Q_p}=\frac{A_m u_m}{A_p u_p}=\lambda^{2.5} \tag{8-6}$$

对于中间包吹氩的流量，应根据修正 Fr' 来计算[9-10]，即

$$Fr'_{\mathrm{m}}=Fr'_{\mathrm{p}} \tag{8-7}$$

$$Fr'=\frac{\rho_{\mathrm{g}}u^2}{(\rho_{\mathrm{l}}-\rho_{\mathrm{g}})gL} \tag{8-8}$$

$$\frac{Q_{\mathrm{g_2,m}}}{Q_{\mathrm{g,p}}}=\left(\frac{\rho_{\mathrm{g,m}}}{\rho_{\mathrm{g,p}}}\frac{\rho_{\mathrm{l,m}}-\rho_{\mathrm{g,m}}}{\rho_{\mathrm{l,p}}-\rho_{\mathrm{g,p}}}\right)^{0.5}\lambda^{2.5} \tag{8-9}$$

8.1.2 实验设备

本节以某钢厂二流板坯中间包为实际模型，其几何尺寸与结构如图 8-1 所示。根据几何相似，采用几何相似比 $\lambda=1/3$，用透明有机玻璃制作水力学模型，中间包水力学模型的几何尺寸与结构如图 8-2 所示。

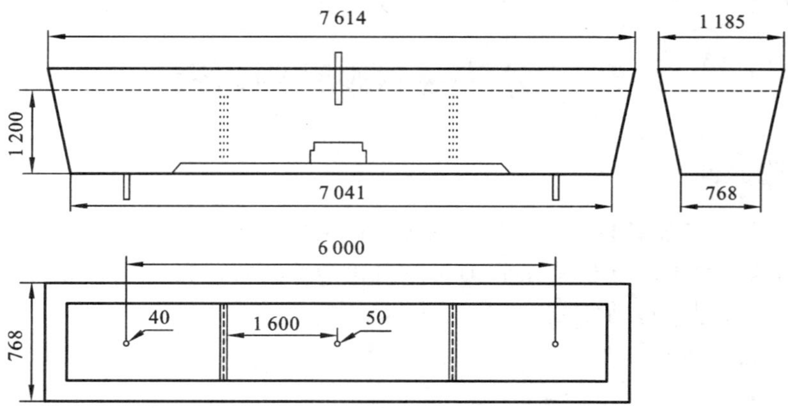

图 8-1 原型中间包结构尺寸

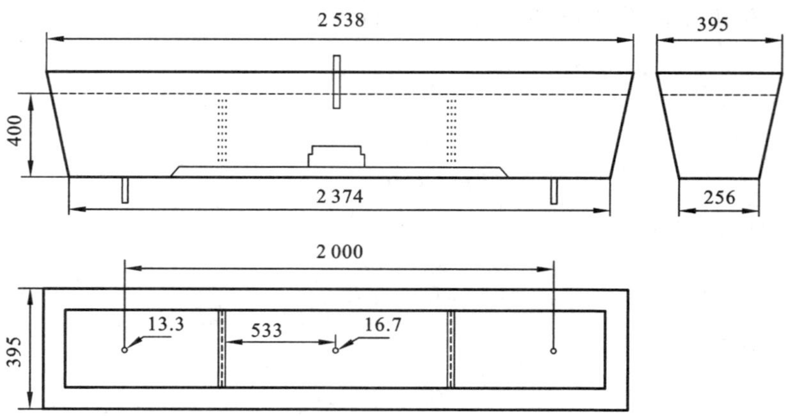

图 8-2 水模型中间包结构尺寸

水模实验装置如图 8-3 所示。电导率测试仪采用上海精密仪器仪表有限公司生产的

DSC-307 型电导率测试仪；电极采用上海精科电磁场生产厂生产的 DJS-1 型铂黑电极。

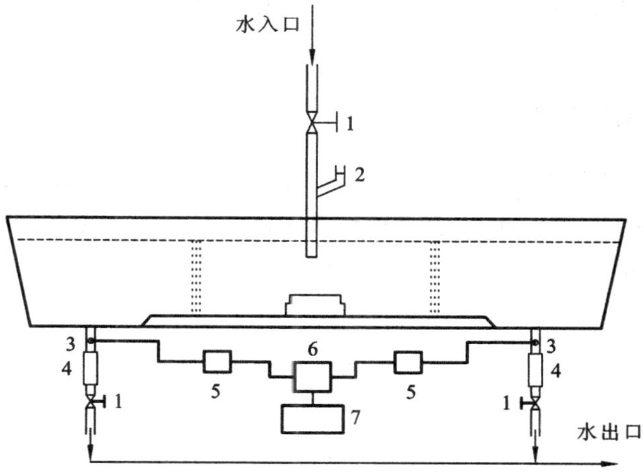

图 8-3　水模实验装置示意图

对于吹气装置，按照几何相似比为 1/3，制备不同物理性能参数的水模型用气幕挡墙砖，其结构尺寸如图 8-4 所示，不同水模型所用的气幕挡墙砖的物理性能参数如表 8-1 所示。

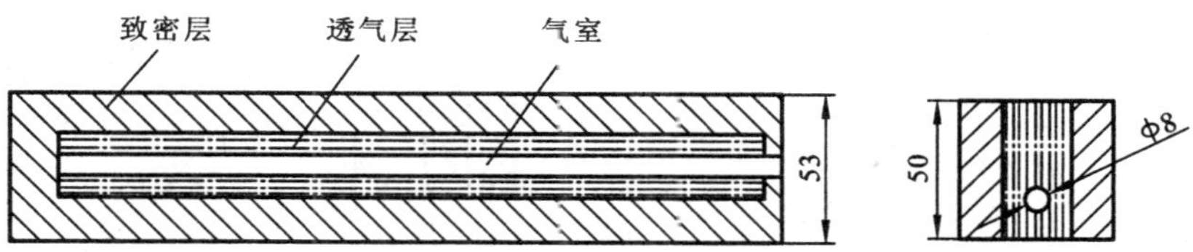

图 8-4　气幕挡墙砖模型结构图

表 8-1　气幕挡墙砖的性能参数

编　号	气 孔 率	透 气 度/μm^2	平均孔径/μm
PA	0.20	0.55	8.50
PB	0.24	3.10	9.40
PC	0.28	17.60	10.20
PD	0.32	25.20	13.80

8.1.3　实验方法

应用“刺激-响应”实验技术，即在中间包注入流处输入一个刺激信号，信号一般使用示踪剂来实现。本实验采用当量浓度的 KCl 溶液作为中间包水模实验的示踪剂，以脉冲的方式加入。在中间包出口处用电导率测试仪测量该输入信号的输出，即所谓响应，从而得到流体在中间包模型内的停留时间分布（resident time distribution，RTD），并绘制

RTD 曲线。

为了观察流体在中间包内的流动过程，在中间包入口瞬态加入红墨水作为有色示踪剂，并用摄影仪记录示踪剂的流动过程。

8.1.4 实验数据的处理

典型的 RTD 曲线如图 8-5 所示，其中图 8-5(a)为实际 RTD 曲线，图 8-5(b)为无因次 RTD 曲线。根据 RTD 曲线，可以直接得到最短停留时间 $t_{\min}$（无因次形式 $\theta_{\min}$）、出口示踪剂浓度达到最大值的时间 t_{peak}（无因次形式 θ_{peak}），平均停留时间 t_{av}（无因次形式 θ_{av}）计算公式为

$$\bar{t}=\frac{\sum_{i=1}^{n} t_i c(t_i)\Delta t_i}{\sum_{i=1}^{n} c(t_i)\Delta t_i} \tag{8-10}$$

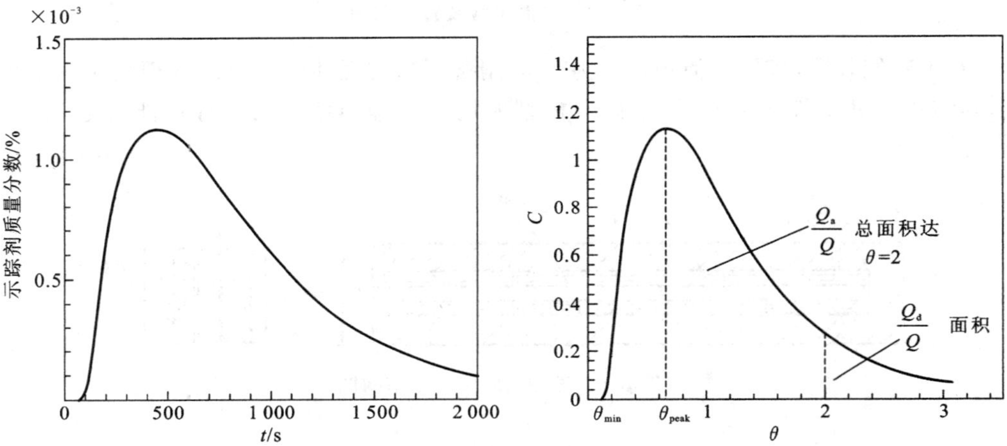

(a) 实际RTD曲线　　(b) 无因次RTD曲线

图 8-5　典型的停留时间分布曲线

按照中间包的容积和由拉坯速度决定的体积流率可以计算出钢液在中间包内的理论平均停留时间$\overline{t_s}$ 为

$$\overline{t_s}=V/Q \tag{8-11}$$

当中间包内没有死区存在时，实际的平均停留时间和理论停留时间相等，即

$$\bar{t}=\overline{t_s}$$

以平均停留时间$\overline{t_s}$ 为基准时间，除停留时间，可以得出无量纲的停留时间 θ_i 为

$$\theta_i=t_i/\overline{t_s} \tag{8-12}$$

出口处示踪剂浓度除以一个特征浓度，可得出无量纲的浓度为

$$C=c(t_i)/C_0 \tag{8-13}$$

出口处示踪剂的无因次浓度与无因次停留时间之间的关系曲线为无因次停留时间分布曲线(RTD 曲线)。中间包内典型的无因次 RTD 曲线如图 8-5(b) 所示。

根据 RTD 曲线，结合相应的流动模型，可以计算出中间包内全混流区(V_m)、活塞流区(V_p)、滞止流区(V_d)的体积分数，分析钢液的流动特征。

根据 Ahuja 和 Sahai 提出的修正的联合(Combined)模型，以及 Sahai 和 Emi 提出计算 V_d 的方法[11]，各区的体积分数计算式为

$$\frac{V_d}{V} = 1 - \frac{Q_a}{Q}\theta_{av} \tag{8-14}$$

$$\frac{V_P}{V} = (\theta_{min} + \theta_{peak})/2 \tag{8-15}$$

$$\frac{V_m}{V} = 1 - \frac{V_d}{V} - \frac{V_p}{V} \tag{8-16}$$

式中：$\frac{Q_a}{Q}$ 是 RTD 曲线中无因次时间 θ 为 0 ～ 2 的面积；

$$\theta_{min} = \frac{t_{min}}{t_s} \tag{8-17}$$

$$\theta_{peak} = \frac{t_{peak}}{t_s} \tag{8-18}$$

式(8-14)中，θ_{av} 是 θ 为 0 ～ 2 的无因次平均停留时间，即

$$\theta_{av} = \frac{\sum_{\theta=0}^{2}\theta_i C(\theta_i)\Delta\theta_i}{\sum_{\theta=0}^{2}C(\theta_i)\Delta\theta_i} \tag{8-19}$$

8.2　钢液流动数学模型

8.2.1　两相流模型的选取

大量研究表明，欧拉-欧拉多相流模型比欧拉-拉格朗日两相流模型更适于钢包底吹气两相流的模拟[7,12,13]。Bai[12] 采用欧拉-欧拉多相流模型研究了中间包水口吹气时中间包水口及结晶器内的两相流动，并取得了与实验值相吻合的结果。因此，本节采用欧拉-欧拉两相流模型模拟中间包内的气液两相流动，钢液作为连续相，气体作为分散相。认为每一相都是三维稳定的湍流流动，分别建立各相的连续性方程、动量方程，采用标准的 k-ε 双方程湍流模型求解有效黏度。气液两相之间通过曳力、升力、虚拟质量力进行传递。中间包内钢液及气体流动的方程如下所示。

连续性方程：

$$\frac{\partial(\alpha_l \rho_l u_{li})}{\partial x_i} = 0 \tag{8-20}$$

$$\frac{\partial(\alpha_g \rho_g u_{gi})}{\partial x_i} = 0 \tag{8-21}$$

$$\alpha_l + \alpha_g = 1 \tag{8-22}$$

动量方程：

$$\frac{\partial(\alpha_l\rho_l u_{lj} u_{li})}{\partial x_j} = -\alpha_l \frac{\partial P_l}{\partial x_i} + K_{gl}(u_{gi} - u_{li}) + \frac{\partial}{x_j}\left[\alpha_l \mu_{eff}\left(\frac{\partial u_{li}}{\partial x_j} + \frac{\partial u_{lj}}{\partial x_i}\right)\right] + \alpha_l\rho_l g_i + F_{la} \tag{8-23}$$

$$\frac{\partial(\alpha_g\rho_g u_{gj} u_{gi})}{\partial x_j} = -\alpha_g \frac{\partial P_g}{\partial x_i} + K_{lg}(u_{li} - u_{gi}) + \frac{\partial}{x_j}\left[\alpha_g \mu_{eff}\left(\frac{\partial u_{gi}}{\partial x_j} + \frac{\partial u_{gj}}{\partial x_i}\right)\right] + \alpha_g\rho_g g_i + F_{ga} \tag{8-24}$$

式中

$$\mu_{eff} = \mu_L + \mu_t \tag{8-25}$$

$$K_{gl} = \frac{\alpha_g\rho_g f}{\tau_g} \tag{8-26}$$

$$\tau_g = \frac{\rho_g d_g^2}{18\mu_L} \tag{8-27}$$

$$f = \frac{C_D Re_{gl}}{24} \tag{8-28}$$

$$C_D = \frac{24(1 + 0.15Re_{gl}^{0.687})}{Re} \tag{8-29}$$

$$Re_{gl} = \frac{\rho_{gl}\,|u_l - u_g|\,d_g}{u_{gl}} \tag{8-30}$$

$$u_{gl} = \alpha_l u_l + \alpha_g u_g \tag{8-31}$$

$$\rho_{gl} = \alpha_l\rho_l + \alpha_g\rho_g \tag{8-32}$$

$$\mu_t = C_\mu \rho_l \frac{{k_l}^2}{\varepsilon_l} \tag{8-33}$$

该两相流中，气相的密度和体积分数远远小于液相，因此选用液相的 k-ε 双方程湍流模型求解 k，ε 的值。

$$\frac{\partial(\alpha_l\rho_l k_l)}{\partial t} + \frac{\partial(\alpha_l\rho_l u_{li} k_l)}{\partial x_i} = \frac{\partial}{\partial x_i}\left(\alpha_l\rho_l \frac{\mu_t}{\sigma_k}\frac{\partial k_l}{\partial x_i}\right) + \alpha_l G_{kl} - \alpha_l\rho_l\varepsilon_l + \alpha_l\rho_l \prod k,l \tag{8-34}$$

$$\frac{\partial(\alpha_l\rho_l \varepsilon_l)}{\partial t} + \frac{\partial(\alpha_l\rho_l u_{li}\varepsilon_l)}{\partial x_i} = \frac{\partial}{\partial x_i}\left(\alpha_l\rho_l \frac{\mu_t}{\sigma_\varepsilon}\cdot\frac{\partial \varepsilon_l}{\partial x_i}\right) + \alpha_l\rho_l\frac{\varepsilon_l}{k_l}(C_{1\varepsilon}G_{k,l} - C_{2\varepsilon}\rho_l\varepsilon_l) + \alpha_l\rho_l \prod \varepsilon,l \tag{8-35}$$

式中：$\prod k,l$、$\prod \varepsilon$ 中 l 表示气相对液相的影响；G_{kl} 表达式为

$$G_{kl} = \mu_t \frac{\partial u_{li}}{\partial x_i}\left(\frac{\partial u_{li}}{\partial x_j} + \frac{\partial u_{lj}}{\partial x_i}\right) \tag{8-36}$$

对经验常数 σ_k，σ_ε，$C_{1\varepsilon}$，$C_{2\varepsilon}$，C_μ 目前普遍采用 Launder 等的推荐值[14]。

式(8-23) 和式(8-24) 中 F_{ga}，F_{la} 分别为气液两相间的非曳力，包括升力 F_{lift}、虚拟质量力 F_{vm}。

$$F_{la} = F_{lift} + F_{vm} \tag{8-37}$$

$$F_{\text{lift},q}=-0.5\alpha_g\rho_1(\boldsymbol{u}_1-\boldsymbol{u}_g)\times(\nabla\times\boldsymbol{u}_1)\quad(F_{\text{lift},q}=-F_{\text{lift},p})\tag{8-38}$$

$$F_{\text{vm}}=0.5\alpha_g\rho_1\left(\frac{\mathrm{d}l\boldsymbol{u}_1}{\mathrm{d}t}-\frac{\mathrm{d}g\boldsymbol{u}_g}{\mathrm{d}t}\right)\tag{8-39}$$

$\frac{\mathrm{d}l}{\mathrm{d}t}$ 表示从下列式中派生出来的相物质的时间，即

$$\frac{\mathrm{d}l(\varphi)}{\mathrm{d}t}=\frac{\partial\varphi}{\partial t}+(\boldsymbol{u}_1\cdot\nabla)\varphi\quad(F_{\text{vm},1}=-F_{\text{vm},g})\tag{8-40}$$

8.2.2　多孔介质模型的确定

由第 2 章研究可知，底吹中间包用气幕挡墙砖透气层采用弥散型孔结构，孔径分布并不均匀。由上述水模实验研究证明，气幕挡墙砖的物理性能参数对中间包内流体的流动特性有重要影响。因此，本节引入多孔介质模型描述气体在气幕挡墙砖内的流动。连续性方程同式(8-20) 和式(8-21)，动量方程通过在式(8-23) 和式(8-24) 源相中分别加入 S_{li}，S_{gi}。

对于各相同性材料，S_{gi} 可按下列式求解，即

$$S_{gi}=-\left(\frac{\mu_g}{a}\overline{u_{gi}}+C_2\frac{1}{2}\rho_g\left|\overline{u_{gi}}\right|\overline{u_{gi}}\right)\tag{8-41}$$

式中：$\frac{1}{a}$ 为黏性阻力系数；C_2 为惯性阻力系数。

8.2.3　RTD 计算的数学模型

示踪剂在中间包内的流动过程是一个非稳态传质过程，描述方程为

$$\rho\frac{\partial c}{\partial t}+\rho U_j\frac{\partial c}{\partial x_j}=\frac{\partial}{\partial x_j}\left(\rho D_{\text{eff}}\frac{\partial c}{\partial x_j}\right)\tag{8-42}$$

湍流有效扩散系数 D_{eff} 求解公式为

$$\frac{\mu_{\text{eff}}}{\rho D_{\text{eff}}}=1\tag{8-43}$$

在得到稳定的流场后，在中间包入口瞬态加入示踪剂，求解示踪剂对流扩散方程，求得示踪剂在中间包内的浓度分布以及 RTD 曲线。

8.2.4　边界条件

(1) 固体壁面看作无滑移边界，靠近壁面处的边界层内，采用标准的壁函数进行处理。

(2) 在金属-渣界面，看作自由液面近似处理，忽略渣层的影响，除垂直于表面的速度分量外，其余各变量梯度为 0。

(3) 在钢液的入口处，假定在整个截面上速度均匀分布，并根据拉坯速度与铸坯尺

寸，由连续性方程求出，入口处的湍动能和湍动能耗散率根据以下经验公式求解[15]，即

$$k_{\text{in}} = \frac{3}{2}u_{\text{in}}^{2} \times 0.0073 \tag{8-44}$$

$$\varepsilon = 2\,\frac{k_{\text{in}}^{1.5}}{D_{\text{nozzle}}} \tag{8-45}$$

（4）钢液的出口处，认为钢液自由流出，设置为标准的 outflow 边界[16]。

（5）研究表明，气体通过透气砖时被加热，进入中间包时的温度达到钢液温度的 99%[12]，因此计算时气体的流量指热态下气体的流量。气体的密度取 0.324 kg/m^3。假设入口处气体的速度均匀分布，根据入口截面的面积和流量由连续性方程计算，气体的体积分数为 1，钢液的体积分数为 0，k、ε 根据经验公式进行计算[15]。

（6）假设气泡为球形，在中间包内气泡大小不随着位置的改变而发生变化，根据水模实验结果，对于 PA 气幕挡墙砖，气泡的初始直径假设为 0.5 mm，对于 PB 气幕挡墙砖，气泡的初始直径假设为 1 mm，对于 PC、PD 气幕挡墙砖，气泡的初始直径假设为 2 mm。

8.3 网格划分与求解

采用正交直角坐标系统，在整个区域内划分六面体网格。为了保证计算精度并节约计算时间，在入口区域、出口区域、气幕挡墙砖区域及靠近壁面区域采用较密的网格划分格式，其它区域采用相对稀疏的网格划分格式。总的网格数为 54 000 个单元。网格划分如图 8-6 所示。

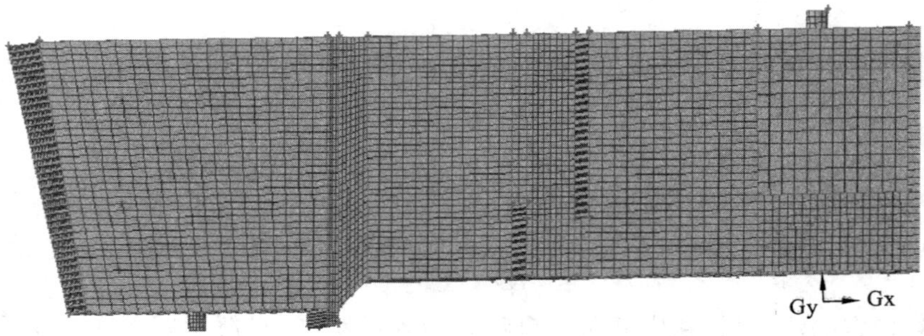

图 8-6 中间包网格图

利用商业 CFD 软件求解各方程，选用分离求解器，二阶差分格式。中间包内各变量的残差变化曲线如图 8-7 所示，监视点各变量随迭代次数的变化如图 8-8 所示。当各残差值小于 10^{-6}，且监视点的速度不再发生变化时，认为收敛，获得稳定的速度场及气体的体积分布。得到收敛的流场后，解示踪剂的传质方程，并监视出口处示踪剂浓度随时间的变化，得到出口示踪剂浓度与时间的关系曲线，即 RTD 曲线。

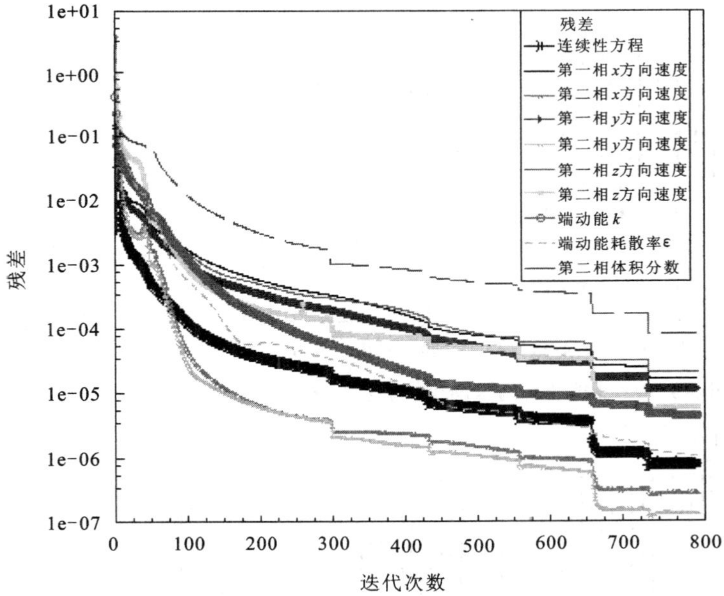

图 8-7　残差变化曲线

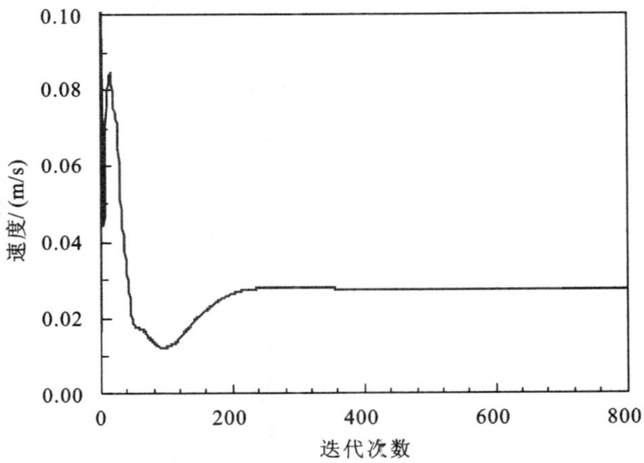

图 8-8　监视点速度变化趋势

8.4　多孔介质模型对计算结果的影响

为了考查多孔介质模型的影响，按照 ramos-banderas 的方法[7]，对吹气元件部分简化进行，其他模型及边界条件相同，对气幕挡墙中间包内流体的流动特性进行模拟计算。

图 8-9 和图 8-10 分别为采用两种不同的处理方法时，气幕挡墙砖内纵向中心截面、横向中心截面气体的速度矢量图，图 8-11 和图 8-12 分别为气幕挡墙砖内气体的体积分布，图 8-13 为气泡进入钢液的初始速度。

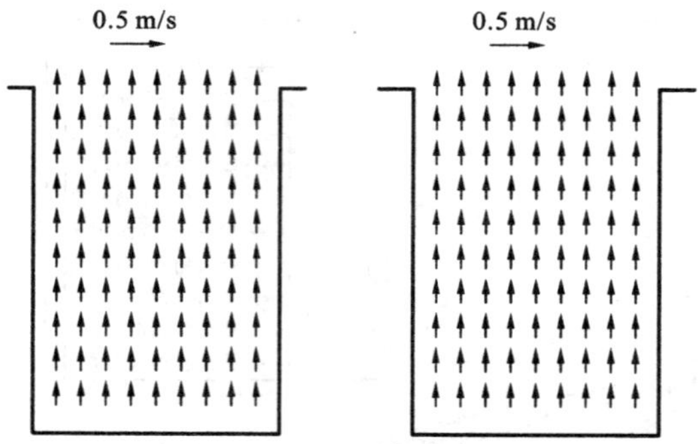

(a) 不采用多孔介质模型　　(b) 采用多孔介质模型

图 8-9　气幕挡墙砖内纵向中心截面气体的流场

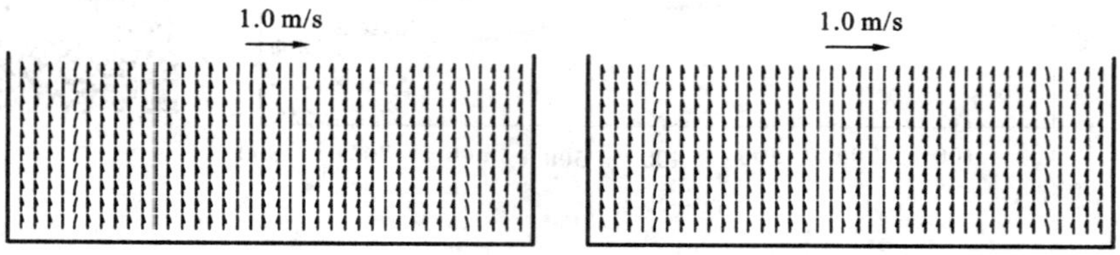

(a) 不采用多孔介质模型　　(b) 采用多孔介质模型

图 8-10　气幕挡墙砖内横向中心截面气体的流场

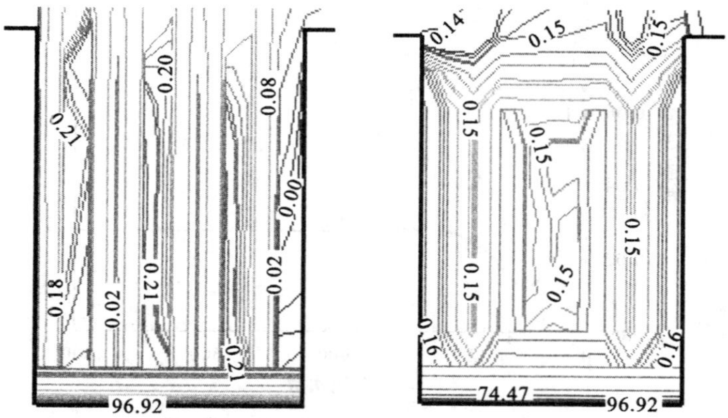

(a) 不采用多孔介质模型　　(b) 采用多孔介质模型

图 8-11　气幕挡墙砖内纵向中心截面气体的体积分布($\times 10^{-2}$)

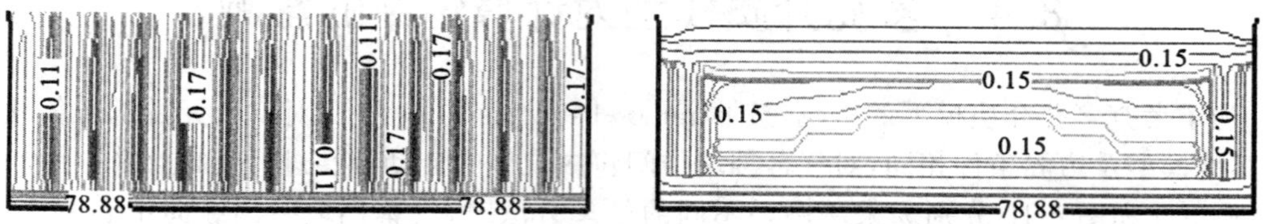

(a) 不采用多孔介质模型　　(b) 采用多孔介质模型

图 8-12　气幕挡墙砖内横向中心截面气体的体积分布($\times 10^{-2}$)

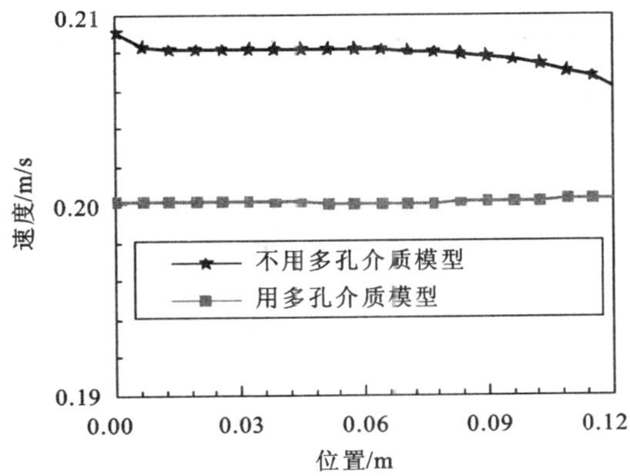

图 8-13　气泡进入钢液的初始速度

由图 8-11 和图 8-12 可知，在吹气量相同的条件下，当采用多孔介质模型描述气体在气幕挡墙砖内的流动时，气幕挡墙砖内气体的体积分布比较均匀。由于考虑了气体流动的阻力损失，气体在气幕挡墙砖内的流动速度小于不采用多孔介质模型的情况，如图 8-9 和图 8-10 所示，从而导致气体进入钢液的初始速度比不采用多孔介质模型时小 0.006 ～ 0.009 m/s，如图 8-13 所示。

图 8-14 和图 8-15 分别为中间包内纵向中心截面、横向中心截面钢液的流场；图 8-16 和图 8-17 分别为中间包内不同截面气体的体积分布。

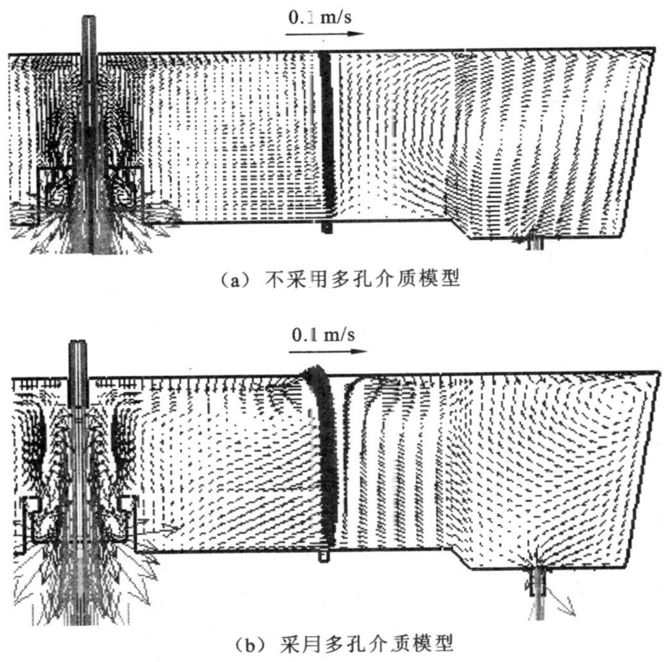

(a) 不采用多孔介质模型

(b) 采用多孔介质模型

图 8-14　中间包内纵向中心截面液体的流场

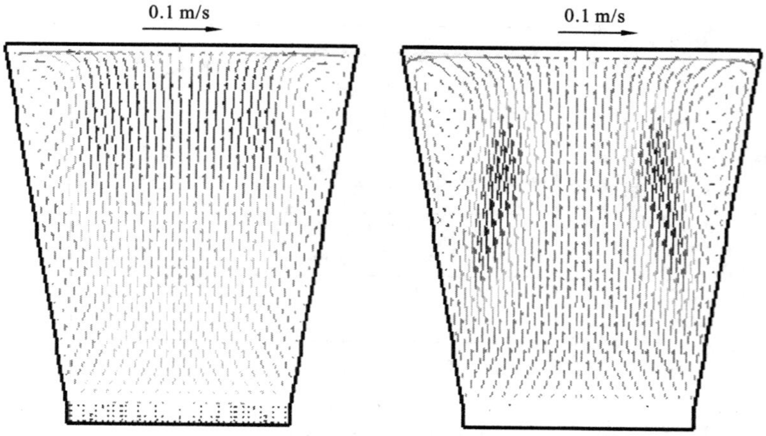

(a) 不采用多孔介质模型　　　　(b) 采用多孔介质模型

图 8-15　中间包内横向中心截面液体的流场

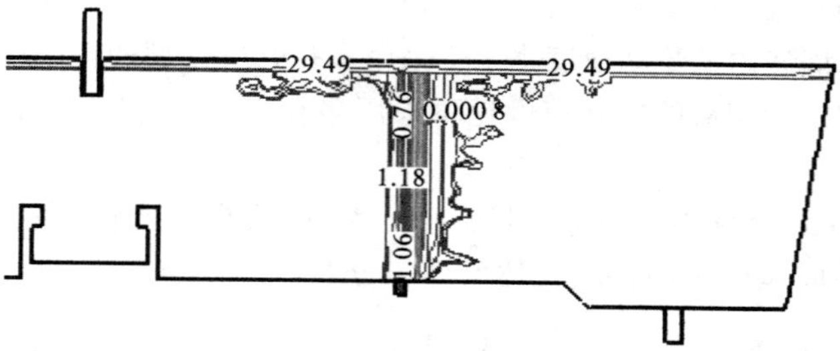

(a) 不采用多孔介质模型

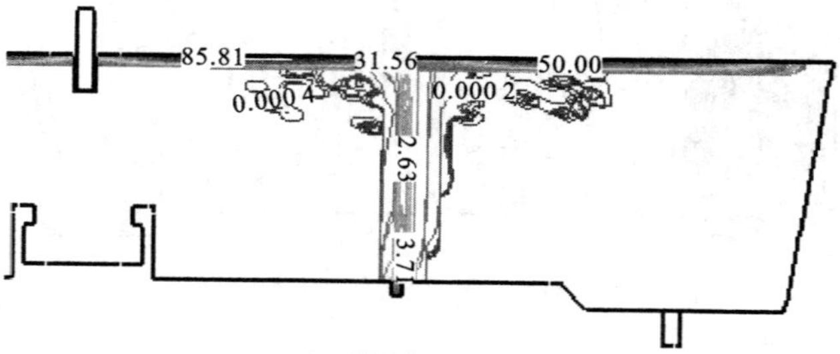

(b) 采用多孔介质模型

图 8-16　中间包内纵向中心截面气体的体积分布($\times 10^{-3}$)

采用两种不同的模型计算时，中间包内气幕挡墙位置钢液向上流动的速度不同，浇注区形成的旋涡位置及强度也不同。不采用多孔介质模型时，在形成气幕挡墙的截面上，钢液以较大的速度向上流动，并在气幕挡墙右侧(浇注区)形成较大的强烈旋涡，涡心位置在出口上方二分之一高度左右。当采用多孔介质模型时，中间包内气幕挡墙位置钢液向上流动的速度较小，只在浇注区靠近中间包端部形成较小的涡流，涡心位置靠近中间包顶部。

由于气泡进入中间包的初始速度不同，中间包内气体的体积分布不同。采用多孔介质模型时，上浮到液面及中间包内气体的体积分数比不采用多孔介质模型时多，分布较均匀，如图 8-16 和图 8-17 所示。

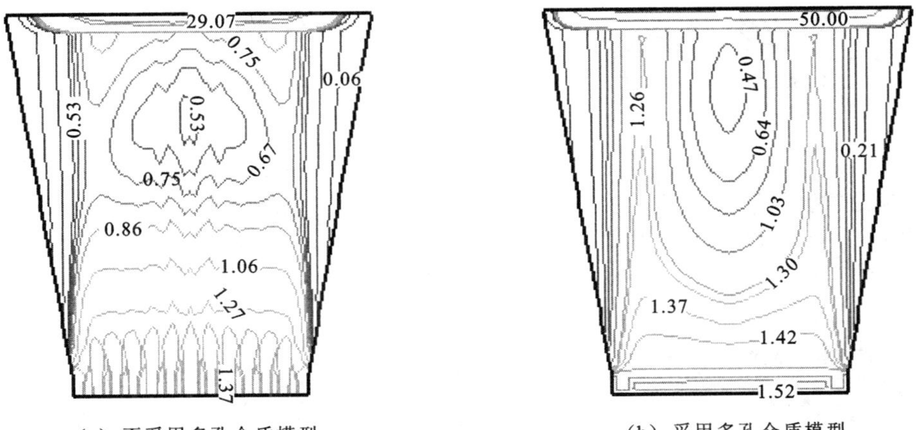

(a) 不采用多孔介质模型　　　　(b) 采用多孔介质模型

图 8-17　中间包内横向中心截面气体的体积分布($\times 10^{-3}$)

8.5　数学模型的验证

图 8-18 为采用气孔率为 32% 的气幕挡墙砖，吹气位置距离入口中心 533 mm，吹气量为 0.08 m^3/h 时，水模实验测得无因次 RTD 曲线与两种数值模拟结果对照图。有色示踪剂加入后，不同时间的示踪图片如图 8-19 所示，其中图 8-19(a) 为实验结果，图 8-19(b)、图 8-19(c) 分别为采用多孔介质模型及不采用多孔介质模型描述气体在气幕挡墙砖内流动时的数值计算结果。

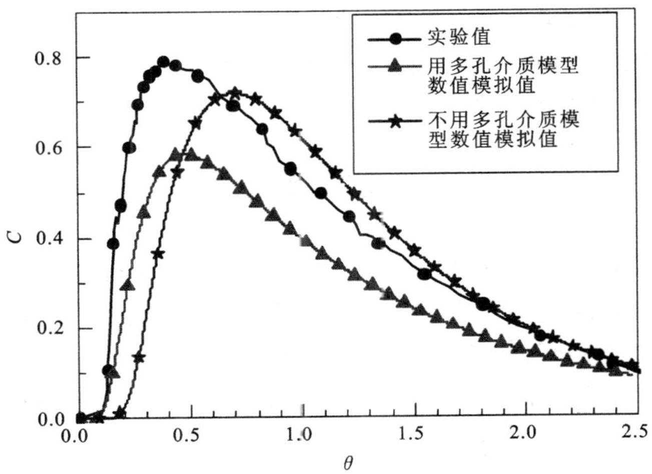

图 8-18　底吹气中间包内水模与数值模拟 RTD 曲线比较

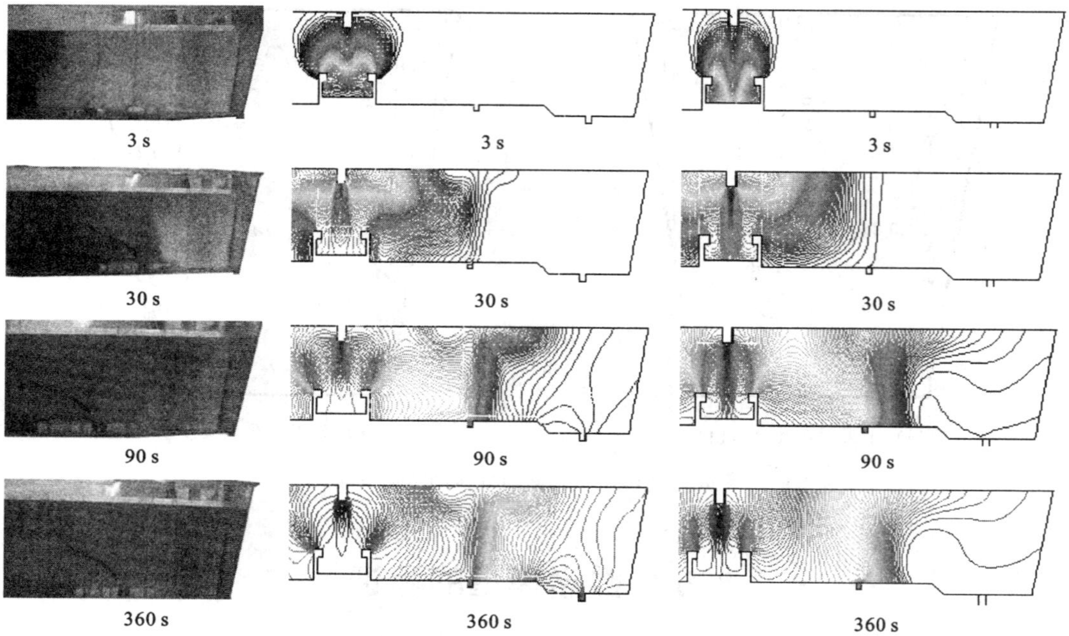

（a）实验　（b）用多孔介质模型模拟计算　（c）不用多孔介质模型模拟计算

图 8-19　湍流控制器、气幕挡墙中间包内不同时刻的示踪图片

由图 8-18 和图 8-19 可知，采用多孔介质模型时的数学模拟结果与水模实验结果中示踪剂最先出现的时间及示踪剂出现的峰值时间是一致的，RTD 曲线的变化趋势也一致，示踪剂加入后不同时刻的示踪图片也基本吻合。而不采用多孔介质模型时，示踪剂最先出现的时间及示踪剂出现的峰值时间均比实验值延长，示踪图片也不能很好的吻合。因此，对于气幕挡墙中间包，采用欧拉两流体模型描述中间包内的气液两相流动，采用多孔介质模型描述气体在气幕挡墙砖内的流动是正确的。

8.6　本章小结

（1）采用欧拉-欧拉两流模型描述气幕挡墙中间包内气体与钢液的两相流动，采用多孔介质模型描述气体通过透气耐火材料的流动，建立了气幕挡墙中间包钢液流动模型。

（2）采用多孔介质模型描述气体通过透气耐火材料的流动，气泡进入中间包的初始速度降低，中间包内气体的体积分布、液相的流动速度均与不采用多孔介质模型有显著不同。

（3）根据相似理论进行了气幕挡墙中间包水模型实验，验证了数学模型与数值模拟计算方法的正确性。

参考文献

[1] 王建军,包燕平,曲英. 中间包冶金学[M]. 北京:冶金工业出版社,2001.

[2] ZHANG L F, TANIGUCHI S. Fundamentals of inclusion removal from liquid steel by bubble flotion [J]. International Materials Reviews,2000,45(2):59-82.

[3] VARGAS-ZAMORA A, MORALES R D, PALAFOX-RAMOS J, et al. Inertial and buoyancy driven water flows under gas bubbling and thermal stratification conditions in a tundish model [J]. Metallurgical and Materials Transaction B,2004,35:247-257.

[4] WANG L H, LEE H G, HAYES P. A new approach to molten steel refining using fine gas bubbles [J]. ISIJ International,1996,36(1):17-24.

[5] 李东辉,李宝宽,赫冀成. 底吹中间包两相流体流动及夹杂物传输行为的模拟研究[J]. 工业加热,2000,(4):8-12.

[6] 詹树华,欧俭平,萧泽强. 连铸中间包底吹气过程水模型实验研究[J]. 中南大学学报(自然科学版),2004,35(6):960-964.

[7] RAMOS-BANDERAS A. Mathematical simulation and modeling of steel flow with gas bubbling in trough type tundish [J]. ISIJ Intern,2003,43(5):653-662.

[8] 詹树华,欧俭平,萧泽强. 底吹气连铸中间包内气液两相流的数值模拟[J]. 过程工程学报,2005,5(3):233-240.

[9] 朱苗勇,萧泽强. 钢的精炼过程数学物理模拟[M]. 北京:冶金工业出版社,1998.

[10] 幸伟,沈巧珍,王晓红,等. 钢包底吹氩过程数学物理模拟研究[J]. 炼钢,2005,21(6):33-36

[11] SAHAI Y, EMI T. Melt flow characterization in continuous casting tundishes [J]. ISIJ International,1996,36(6):667-672.

[12] BAI H. Argon Bubble Behavior in Slide-Gate Tundish Nozzles during Continuous Casting of Steel Slabs [D]. Urbana-Champaign: University of Illinois at Urbana-Champaign,2000.

[13] DOMGIN J F, GARDIN P, BRUNED M. Experimental and numerical investigation of gas stirred ladles [A]. CSIRO. Melbourne. Second Internal Conference on CFD on the Minerals and Process Industries [C]. Austria: 1999. 181-186.

[14] LAUDER B E, SPALDING D B. The numerical computation of turbulent flows [J]. Comp. Meth. In Appl. Mech, 1974,3:269-289.

[15] DEMEDICES L G, MORALES R D. Mathematicalmodeling of the geometry influence of a multiple-strand tundish on the momentum, heat and mass transfer of steel flow [J]. Steel Reasearch,2001,72 (9):346-353.

[16] KUMAR A, KORIA S C, MAZUMDAR D. An assessment of fluid flow modelling and residence time distribution phenomena in steelmaking tundish systems[J]. ISIJ International,2004,44(8):1334-1341.

第 9 章 气幕挡墙中间包内夹杂物运动与去除数值模拟

中间包底部吹氩技术对夹杂物的作用主要表现在三个方面，一是通过改变钢液的流动方式，延长钢液的停留时间，促进夹杂物的上浮去除；二是通过气泡的捕捉、吸附作用，直接去除夹杂物；三是通过浮力搅拌间接促进夹杂物碰撞聚合，从而促进夹杂物上浮。本章采用欧拉—拉格朗日随机轨道模型描述描述夹杂物的运动，并首次考虑气泡吸附对夹杂物的影响，建立底吹中间包内夹杂物去除的数学模型，研究不同去除机制对夹杂物去除率的影响。

9.1 夹杂物的去除方式

底吹中间包内的夹杂物主要通过三种方式被去除，一是被耐火材料壁面吸附，二是斯托克斯上浮到顶渣被捕获，三是黏附于气泡表面并与之一起上浮到渣面。

9.1.1 壁面吸附

夹杂物穿过边界层到达壁面后，未必完全吸附，吸附的稳定性与范德瓦耳斯力、壁面剪力、颗粒大小及壁面粗糙度等有关，其吸附概率计算式为[1]

$$P_{wa}=\exp(-0.287\tau_w/\tau_2) \tag{9-1}$$

使夹杂物在壁面滚动的临界壁面剪切力 τ_2 计算式为

$$\frac{A_{12}}{6h_a^2}-6.46\rho_p^{\frac{1}{2}}\mu_l^{-1}\tau_2^{3/2}=88\tau_2R_P \tag{9-2}$$

式中：h_a 为夹杂物颗粒与壁面吸附的稳定间距，根据文献[2]，取 4 nm。

9.1.2 斯托克斯上浮

由于夹杂物的密度小于钢液的密度，在浮力的作用下，夹杂物自由上浮运动。若到达顶渣所需要的时间小于钢液在中间包内的水平停留时间，则夹杂物可以上浮至顶渣。在钢液-渣界面上，渣粒受到三种约束力的作用：流体流动的惯性力 Fs、渣与钢液的界面张力 F_σ、斯托克斯上浮力 F_g。当钢液的流速较大，Fs$\geqslant F_\sigma+F_g$时，熔渣进入钢液发生卷渣；当钢液流动平稳，Fs$<F_\sigma+F_g$时，夹杂物可被熔渣捕获。张书华等[3]和肖泽强等[4]根据实验数据得出水/油交界面发生卷混的相似准数 We，并利用相似原理算出开始卷渣时顶部钢液水平流速为 0.18～0.59 m/s。气幕挡墙中间包内采用湍流控制器并控制合适的吹气量，液面上钢液的流速一般小于 0.1 m/s，不会发生卷渣现象，因此上浮至液面的夹

杂物均能被捕获并去除。

由于中间包内钢液流动的 $Re\geqslant 1000$，应用修整的 Stokes-Newton 公式计算夹杂物上浮速度为[5]

$$w_{\mathrm{p}}=\left[\frac{3.03g(\rho_{\mathrm{l}}-\rho_{\mathrm{p}})d_{\mathrm{p}}}{\rho_{\mathrm{p}}\mu_{\mathrm{l}}}\right]^{\frac{1}{2}} \tag{9-3}$$

9.1.3　气泡吸附

钢液中的非金属夹杂物如 Al_2O_3、SiO_2 不被钢液浸润时，可以通过气泡捕获而随气泡上浮至钢液-渣交界面。

当夹杂物与气泡碰撞后，在气泡表面滑动。只有气泡的滑动时间大于气泡与夹杂物之间液膜破裂时间时，夹杂物才能被气泡捕获。夹杂物与气泡碰撞并被捕获的概率根据 Zheng 等[6]和 Wang 等[7]所推导的公式进行计算，即

$$P=P_{\mathrm{C}}P_{\mathrm{A}}(1-P_{\mathrm{D}}) \tag{9-4}$$

对于微小颗粒夹杂物，可认为夹杂物脱离气泡的概率 $P_{\mathrm{D}}=0$，气泡与夹杂物碰撞的概率 P_{C} 的计算式为

$$P_{\mathrm{C}}=\frac{1}{1-u^{*}}\left[\frac{3}{2}+D^{*}+\frac{2Re^{0.72}(2+D^{*})}{15(1+D^{*})}\right]\frac{D^{*2}}{(1+D^{*})^{3}}\quad (D_{\mathrm{P}}<D_{\mathrm{B}}) \tag{9-5}$$

式中

$$u^{*}=\frac{u_{\mathrm{P}}}{u_{\mathrm{B}}} \tag{9-6}$$

$$D^{*}=\frac{D_{\mathrm{P}}}{D_{\mathrm{B}}} \tag{9-7}$$

夹杂物被气泡吸附的概率可以表示为

$$P_{\mathrm{A}}=\frac{R_{\mathrm{OA}}^{2}}{(R_{\mathrm{B}}+R_{\mathrm{P}})^{2}} \tag{9-8}$$

式中：R_{OA} 为夹杂物颗粒中心轴线与气泡中心轴线之间的距离。

Yoon[8]对式(9-8)进行了修正，即

$$P_{\mathrm{A}}=\sin^{2}\left[2\arctan\exp\left(-\frac{2t_{F}}{D_{\mathrm{B}}+D_{\mathrm{P}}}\left\{\left[1-\frac{3}{4x_{\mathrm{E}}}-\frac{1}{4x_{\mathrm{E}}^{3}}+\frac{Re^{0.72}}{15}\left(-\frac{2}{x_{\mathrm{E}}^{4}}+\frac{1}{x_{\mathrm{E}}^{3}}+\frac{1}{x_{\mathrm{E}}}\right)u_{\mathrm{B}}-u_{\mathrm{P}}\right]\right\}\right)\right] \tag{9-9}$$

式中

$$x_{\mathrm{E}}=1+D^{*}\quad (D_{\mathrm{P}}<D_{\mathrm{B}}) \tag{9-10}$$

t_{F} 为消耗气泡表面的液膜所用的时间，表达式为[9]

$$t_{\mathrm{F}}=\frac{3}{64}\left(\frac{\pi}{180}\right)^{2}\frac{b_{a}^{2}(32u_{R}t_{c})^{2m_{a}}\mu_{\mathrm{L}}D_{\mathrm{P}}^{3}}{\sigma_{\mathrm{L}}kh_{\mathrm{Crit}}^{2}} \tag{9-11}$$

式中：k，b_{a}，m_{a} 均为常数，$k=4$，$b_{a}=700$ 和 $m_{a}=0.6$[10]；t_{c} 为碰撞时间，表达式为[10]

$$t_{c}=\pi f\left[\frac{(\rho_{\mathrm{p}}+1.5\rho_{\mathrm{l}})D_{\mathrm{P}}^{3}}{24\sigma_{\mathrm{l}}}\right]^{0.5} \tag{9-12}$$

非线性系数 f 取决于夹杂物颗粒的直径 D_P 和钢液表面张力 σ_l，当夹杂物直径处于 5～50 μm 时，钢液中的 f 值取 3.6～4.2。

h_{Crit} 为液膜破裂的临界厚度，计算式为[8]

$$h_{Crit}=2.33\times10^{-8}[1\,000\sigma_l(1-\cos\theta)]^{0.16} \tag{9-13}$$

接触角 θ 可用夹杂物颗粒与气泡的最大碰撞角（超过此值碰撞将不能发生）来代替。

9.2 夹杂物的碰撞与长大模型

钢液中的夹杂物尺寸极小，一般在 1～100 μm，大于 100 μm 的夹杂物很容易上浮，并且在钢液中很少残留。夹杂物所占体积分数很小，但数目却非常可观，通常可达 8～105 个/cm^3。

夹杂物与钢液之间的表面张力比较大，为了降低界面自由能，夹杂物有自发聚合的趋势。夹杂物数目多，湍流传递又起了促进作用，因此钢液中的夹杂物很容易碰撞聚合。

从夹杂物进出金属液的历程看，它大致经历了如下过程：反应、形核、扩散长大、碰撞聚合和分离，少量微小夹杂物则残留在金属液中。

钢液中的夹杂物主要通过三种碰撞机制碰撞聚合：布朗运动碰撞、湍流碰撞、斯托克斯碰撞。其碰撞长大速率计算式为[1]

$$\frac{dR_p}{dt}=0.065n_0\varepsilon^{0.38}v^{-0.5}\left(aR_p+b+\frac{c}{R_p}+\frac{d}{R_p^2}\right) \tag{9-14}$$

当夹杂物颗粒尺寸分布区间为（R_{p0}～R_{p1}）时，式（9-14）中的 a,b,c,d 表达式为

$$\begin{aligned} a&=f(R_{p1},3)-f(R_{p0},3) \qquad b=f(R_{p1},4)-f(R_{p0},4)\\ c&=f(R_{p1},5)-f(R_{p0},5) \qquad d=f(R_{p1},6)-f(R_{p0},6) \end{aligned} \tag{9-15}$$

函数 $f(\ )$ 的定义为

$$f(x,n)=-\frac{e^{-\lambda x}}{\lambda^{n+1}}\sum_{k=0}^{n}\frac{n!}{(n-k)!}(\lambda x)^{n-k} \tag{9-16}$$

式中：$\lambda=0.4$～0.8 为夹杂物分布的指数因子。

参数 n_0 取决于总氧含量。刚性夹杂物的碰撞聚合，常常形成不规则的聚合体，其斯托克斯阻力系数需要修正，参数 C_m 为形状修正系数，建议 $C_m=2$～3。

流体的瞬时速度 u_i 等于时均速度 U_i 与脉动速度 u' 之和，即

$$u_i=U_i+u' \tag{9-17}$$

9.3 夹杂物去除率的计算方法

由于欧拉、拉格朗日模型更接近实际，颗粒随机轨道模型不存在边界条件的概念，处理颗粒的壁面传质时比欧拉浓度场模型合理[13]，因此本节采用拉格朗日随机轨道模型描述夹杂物的运动，以瞬时流场为载体，由贝塞特（Basset）-鲍瑟内斯克（Boussinesq）-奥森（Ossen）（BBO）方程[1]描述，具体形式为

$$\left(1+\frac{\rho}{2\rho_p}\right)\frac{du_{pi}}{dt}=\frac{f}{\tau_p}(u_i-u_{pi})+\frac{3\rho}{2\rho_p}\frac{du_i}{dt}+\left(1-\frac{\rho}{\rho_p}\right)g_i \quad (i=x,y,z) \tag{9-18}$$

$$\tau_{\mathrm{p}}=\frac{2\rho R_{\mathrm{p}}^{2}}{9\mu} \tag{9-19}$$

$$f=C_{\mathrm{m}}(1+0.15\,Re_{\mathrm{p}}^{0.687}) \tag{9-20}$$

$$Re_{\mathrm{p}}=\frac{2\rho R_{\mathrm{p}}\left|u_{i}-u_{\mathrm{p}i}\right|}{\mu} \tag{9-21}$$

夹杂物的位移为

$$x_{\mathrm{p}i}=\int u_{\mathrm{p}i}\,\mathrm{d}t \tag{9-22}$$

式中：u_i，u_{pi}为流体和夹杂物的瞬时速度；g_i 为重力加速度；Re_p为颗粒雷诺数；x_{pi}为夹杂物的位移；R 为夹杂物半径，由夹杂物颗粒碰撞长大率来描述。

夹杂物运动轨迹及去除率的计算采用个人编程与商业 CFD 软件相结合的方法。气液两流体流动及夹杂物运动方程利用 CFD 软件求解，夹杂物在耐火材料壁面的吸附率、被气泡的捕获率、夹杂物的碰撞长大模型通过 C 语言编程输入 CFD 软件。

计算先采用欧拉多相流模型，计算气液两相流的流场。当获得时均流场、湍动能、湍流耗散率和壁面剪力后，将夹杂物从入口截面上随机释放，之后追踪该颗粒的运动和碰撞长大。当它到达液面、在壁面吸附、被气泡吸附或到达出口时，计算终止。一次计算相当于一次实验，一条轨迹形成一个样本。按照同样的方法，对同一尺寸的夹杂物颗粒进行重复模拟，得到多条轨迹，并对所有轨迹的去向进行统计，可以得到该夹杂物的去除效率。如果夹杂物的上浮去除次数记为 N_f，被壁面吸附次数记为 N_a，总实验次数记为 N_t，则夹杂物上浮、吸附和总去除率分别为

$$\eta_{\mathrm{f}}=N_{\mathrm{f}}/N_{\mathrm{t}}\qquad \eta_{\mathrm{f}}=N_{\mathrm{a}}/N_{\mathrm{t}}\qquad \eta_{\mathrm{f}}=N_{\mathrm{f}}/N_{\mathrm{t}} \tag{9-23}$$

式中：η_f为夹杂物上浮率；η_a为夹杂物被壁面吸附率；η_t为夹杂物总去除率。

9.4　气幕挡墙中间包夹杂物去除率的数学模拟

9.4.1　计算条件

以某炼钢厂二流板坯中间包为实际模型，其几何尺寸与结构见第 8 章图 8-1 所示。长水口插入液面下 200 mm，铸坯尺寸为 1 500 mm×250 mm，拉坯速度为 1.2 m/min。中间包内的控流装置考虑湍流控制器及气幕挡墙，气幕挡墙的位置距离入口中心 2 000 mm，吹气量 1.70 m^3/h。

9.4.2　钢液流动数学模型

（1）中间包内钢液看作不可压缩性流体三维稳态湍流流动。

（2）气体在透气砖中的流动看作在多孔介质中的三维稳态湍流流动，忽略气泡的聚合及气泡间的相互作用。

（3）中间包内的气液两相流动用欧拉两流体模型进行描述。

（4）假设钢液中的夹杂物颗粒是球形的，由于夹杂物总体积很小，忽略其对总体积及

各项体积分率的影响。

(5) 液体及气体对夹杂物运动产生影响,而夹杂物对钢液及气体运动的影响被忽略。

(6) 夹杂物的运动采用随机轨道模型进行描述。

9.4.3 边界条件

(1) 计算流场的边界条件与第 8 章 8.2.4 节相同。

(2) 夹杂物的初始位置在入口的横截面上随机取值,初始速度等于钢液的入口速度。

(3) 假设夹杂物颗粒为球形,密度取 2 700 kg/m^3,由于中间包内大于 100 μm 的夹杂物很容易上浮[13],夹杂物半径区间取 10～100 μm,总氧含量为 0.005。

(4) 在壁面上,夹杂物不能全部被吸附,其吸附率根据式(9-1)进行计算。

(5) 夹杂物与气泡碰撞并被气泡捕获的概率根据式(9-5)进行计算。

(6) 钢液-渣交界面设置为渣捕获界面。

9.4.4 网格划分与计算

采用正交直角坐标系统,在整个区域内划分六面体网格。为了保证计算精度并节约计算时间,在入口区域、出口区域、气幕挡墙砖区域及靠近壁面区域采用较密的网格划分格式,其它区域采用相对稀疏的网格划分格式。总的网格数为 114 000 个单元。

用拉格朗日随机轨道模型及蒙特卡罗(Monte-Carlo)法模拟夹杂物的运动轨迹及去除率。

9.4.5 结果与讨论

1. 去除机制对夹杂物去除率的影响

考虑气泡对夹杂物的吸附作用,不同夹杂物去除机制的影响如表 9-1 所示。

表 9-1 夹杂物去除机制对其去除率的影响

		夹杂物尺寸/μm									
		10	20	30	40	50	60	70	80	90	100
去除率%	斯托克斯上浮	18	24	36	45	54	63	69	84	95	96
	碰撞	3.8	3.4	2.2	2.1	2.0	2.0	1.3	0	0	0
	壁面吸附	3.7	3.8	3.9	3.9	3.9	4.0	4.0	4	4	4
	气泡吸附	21	20	16	12	10	3.0	3.0	0	0	0
	总计	46.5	51.2	58.1	63	69.9	72	77.4	88.1	99	100

由表 9-1 可知,夹杂物的碰撞长大及壁面吸附对其去除率影响较小,不到总去除率的 5%。对于大颗粒夹杂物,主要靠斯托克斯上浮去除,随着夹杂物颗粒的减小,气泡吸附的去除率逐渐增大,当夹杂物直径为 10 μm 时,考虑气泡吸附时的去除率比不考虑时增加了 21%。因此,对于小于 50 μm 夹杂物,气泡吸附的作用不能忽略。

2. 夹杂物运动轨迹

由于中间包结构对称，取二分之一截面进行分析。图 9-1 和图 9-3 分别为计算模型中不考虑气泡吸附时，直径分别为 20 μm、80 μm 的夹杂物的运动轨迹；图 9-2 和图 9-4 分别为考虑气泡吸附时，直径分别为 20 μm、80 μm 的夹杂物的运动轨迹。

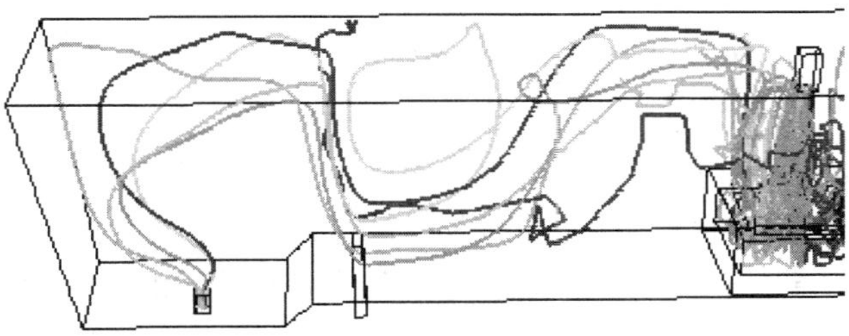

图 9-1　不考虑气泡吸附时 20 μm 夹杂物的运动轨迹

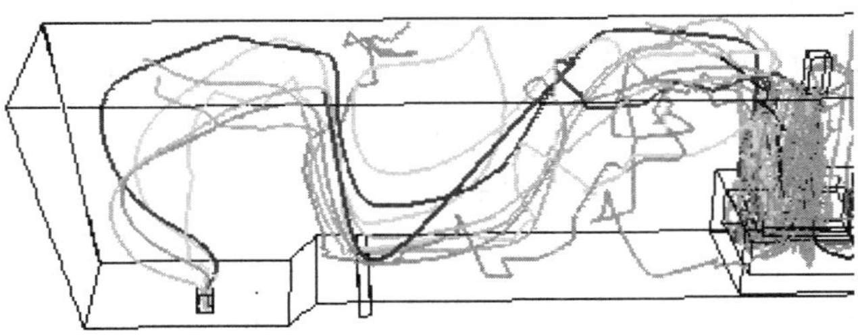

图 9-2　考虑气泡吸附时 20 μm 夹杂物的运动轨迹

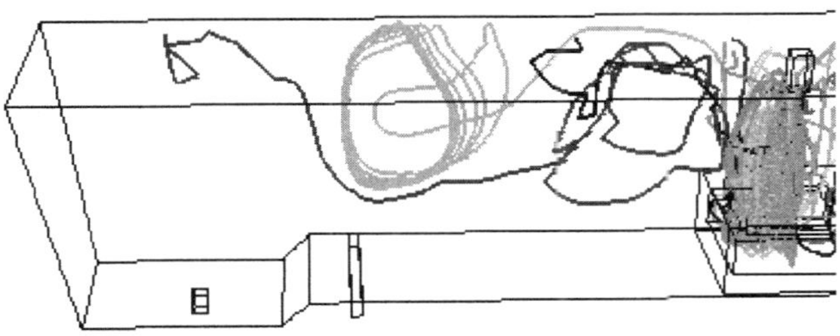

图 9-3　不考虑气泡吸附时 80 μm 夹杂物的运动轨迹

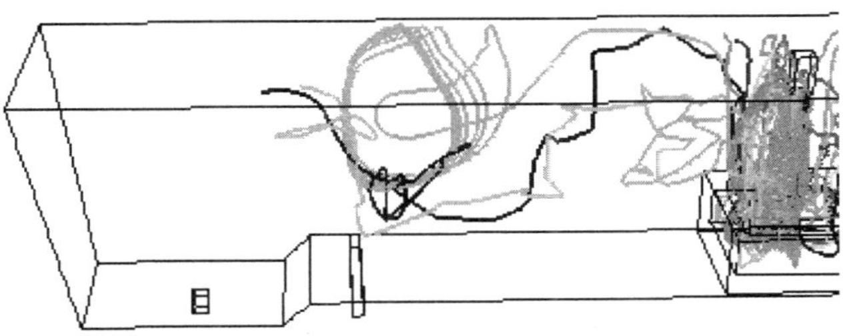

图 9-4　考虑气泡吸附时 80 μm 夹杂物的运动轨迹

由图 9-1 和图 9-3 可知，对于大颗粒夹杂物，靠斯托克斯上浮力，均能有效上浮到液面被去除。由图 9-2 和图 9-4 可知，对于微小颗粒夹杂物，斯托克斯上浮力不能使其上浮到液面，当考虑气泡的吸附作用时，这部分颗粒被气泡吸附后，随着气泡上浮运动至液面被去除。因此，中间包底部吹入气泡能有效去除微小颗粒的夹杂物。在模拟底吹中间包内夹杂物运动及去除率时，不能忽略气泡的吸附作用。

9.5 本章小结

(1) 本章采用颗粒随机轨道模型描述气幕挡墙中间包内夹杂物的运动，并考虑了夹杂物的碰撞与长大、气泡对夹杂物的粘附作用。

(2) 气幕挡墙中间包内夹杂物通过碰撞长大、斯托克斯上浮作用、耐火材料壁面吸附作用、气泡对夹杂物的粘附作用而去除。壁面吸附及夹杂物的碰撞长大对夹杂物去除率的影响不大，只占总去出率的 4%左右；大颗粒夹杂物主要通过斯托克斯上浮作用而去除；小颗粒夹杂物主要靠气泡吸附作用而去除，占总去除率的 50%以上。

(3) 在模拟气幕挡墙中间包内夹杂物运动及去除率时，不能忽略气泡的吸附作用。

参考文献

[1] 张邦文. 冶金熔体中夹杂物一般动力学的理论研究及其应用[D]. 上海：上海大学，2003.

[2] JOHANSEN S T，TANIGUCHI S. Predicting of Agglomeration and Break-up of Inclusion during Metal Refining [M]. TMS：B. Welched Light Metals，1998.

[3] 张书华，肖泽强. 渣-钢混合状态对冶金速率的影响[J]. 钢铁，1987，22(9)：21-25.

[4] 肖泽强，胡立祥. 喷吹钢中偶见大颗粒夹杂物行为及其来源的研究[J]. 钢铁，1988，23(1)：23.

[5] 张立峰，蔡开科. 连铸中间包钢液流动和夹杂的去除[J]. 炼钢，1995，11(6)：43-48.

[6] ZHENG X F，HAYES P C，LEE H G. Particle removalfrom liquid phase using fine gasbubbles [J]. ISIJ Internationa，1997，37：1091-1097.

[7] WANG L H，LEE H G，HAYER P. Prediction of the optimum bubble size for inclusion removal from molten steel by flotation [J]. ISIJ International，1996，36(1)：7-16.

[8] YOON R H，LUTTRELL G H. The effect of bubble size on fine particle flotation [J]. Mineral Processing and Extractive Metallurgy Review，1989，5(1)：101-102.

[9] ZHANG L F，TANIGUCHI S. Fundamentals of inclusion removal from liquid steel by bubbles flotion[J]. I and International Materials Reviews 2000，45(2)：59-82.

[10] SCHULZE H J. Hydrodynamics of bubble-mineral particle collisions [J]. Mineral Processing and Extractive Metallurgy Review，1989，5(1)：43-76.

第 10 章　透气耐火材料对气幕挡墙中间包钢液流场的影响

实际生产中，气体是通过透气耐火材料吹入中间包的，大量研究表明，透气耐火材料的孔径大小及其分布对所形成的气泡大小、气泡的逃逸速度有重要影响[1-5]，从而影响钢液流动及夹杂物的运动特性。本章采用第 9 章中气幕挡墙中间包钢液流动模型，通过数值模拟计算方法，研究了四种不同透气耐火材料对气泡运动与钢液流场的影响。

10.1　透气耐火材料阻力系数分析与计算

气体在弥散性透气砖内流动时，由于气体的黏性及气孔的无规则分布而具有阻力损失。气体通过弥散性透气砖时的压降主要是由于气体的黏性引起的黏性阻力损失及气孔的形状引起的惯性阻力损失[6]。影响气体在透气砖内流动阻力的因素有气体的黏性 μ、密度 ρ、气体的流速 u_{gi} 及透气砖的气孔率 Ps、孔径分布、透气砖的厚度。用压力梯度表示流动阻力的大小，则气体通过透气砖流动的阻力可表示为

$$\Delta P/L=-\left(\frac{\mu_g}{a}\overline{u_{gi}}+\frac{1}{2}C_2\rho_g\left|\overline{u_{gi}}\right|\overline{u_{gi}}\right)\tag{10-1}$$

式中：$\overline{u_{gi}}$ 为气体的表观速度，根据吹气量及透气砖的入口断面面积计算。

根据国家标准 GBT 3000—1999 致密定形耐火制品透气度试验方法测定气体通过试样的压降，利用式(10-1)计算透气砖的黏性阻力系数 $\frac{1}{a}$ 和惯性阻力系数 C_2。

应用因次分析法，把影响阻力系数的因素归纳为几个无因次数群，称为准数，以减少变量数，再根据实验测定不同透气砖的阻力系数，从而关联出经验性准数关系式。

气体在透气砖内流动的阻力系数可表示成气体的黏性 μ、密度 ρ、吹气量 Q_g、透气砖的气孔率 Ps、平均孔径大小 d_0、透气砖的特征尺寸 L，六个变量的函数，即

$$\frac{1}{\alpha}=f(\mu_g,\rho_g,Q_g\cdot\varphi,d_0,L)\tag{10-2}$$

$$C_2=f(\mu_g,\rho_g,Q_g\cdot\varphi,d_0,L)\tag{10-3}$$

采用因次分析法中的 π 定理。这六个物理量涉及三个基本的因次，即长度 L，质量 M 和时间 t。根据 π 定理，无因次准数的数目等于变量数与基本因次数之差，即为 6－3＝3 个。令这 3 个无因次准数为 π_1,π_2,π_3,π_4，则

$$\phi(\pi_1,\pi_2,\pi_3,\pi_4)=0\tag{10-4}$$

根据 π 定理，气体在透气砖内流动的阻力系数可表示为[7]

$$\frac{1}{\alpha}d_0^2=A_1\,Re^{a_1}\left(\frac{d_0}{L}\right)^{a_2},(Ps)^{a_3}\tag{10-5}$$

$$C_2 d_0 = B_1\ Re^{b_1}\left(\frac{d_0}{L}\right)^{b_2},(Ps)^{b_3} \tag{10-6}$$

式(10-5)和式(10-6)中：系数 A_1，B_1 和指数 a_1，a_2，a_3，b_1，b_2，b_3 均由实验确定；Re 为气体在透气砖内流动时的雷诺数，表达式为[6]

$$Re = \frac{Q_g \rho_g d_0}{\mu_g A \varphi} \tag{10-7}$$

对式(10-5)和式(10-6)两边同时取对数得

$$\ln\left(\frac{1}{\alpha}d_0^2\right) = \ln A_1 + a_1 \ln Re + a_2 \ln\left(\frac{d_0}{L}\right) + a_3 \ln(Ps) \tag{10-8}$$

$$\ln(C_2 d_0) = \ln B_1 + b_1 \ln Re + b_2 \ln\left(\frac{d_0}{L}\right) + b_3 \ln(Ps) \tag{10-9}$$

利用最小二乘法，应用多元线性回归对不同性能与显微结构的透气砖的实验结果进行数据处理得到的关联式为

$$\frac{1}{\alpha}d_0^2 = 4.78\ Re^{-0.943}\left(\frac{d_0}{L}\right)^{2.64}\phi^{-2.679}\times 10^{13} \tag{10-10}$$

$$C_2 d_0 = 17.12\ Re^{-1.43364}\left(\frac{d_0}{L}\right)^{-2.2785}\phi^{-7.08875} \tag{10-11}$$

该关联式的应用范围 Re 为 $1.2\times10^5 \sim 6.5\times10^5$。

四种气幕挡墙砖的黏性阻力系数和惯性阻力系数如表 10-1 所示。

表 10-1　气幕挡墙砖的阻力系数

编　号	气　孔　率	$1/\alpha(1/m^2)$	$C_2/(1/m)$
PA	0.20	38.1×10^8	2458×10^4
PB	0.24	17.4×10^8	86.3×10^4
PC	0.28	5.05×10^8	1.614×10^4
PD	0.32	2.23×10^8	0.833×10^4

10.2　计 算 条 件

计算条件与第 9 章 9.4.1 节相同，在此不作详解。

10.3　透气耐火材料对气体流动的影响

10.3.1　气幕挡墙砖内气体的流动

气体通过气幕挡墙砖流入中间包，在气幕挡墙砖内的流动特性除与吹气量有关外，还与气幕挡墙砖的性能和结构有关。图 10-1 和 10-2 分别为相同的吹气量通过不同透气砖

时，在气幕挡墙砖的纵向中心截面（$Y=0$）及横向中心截面气体的速度矢量图。

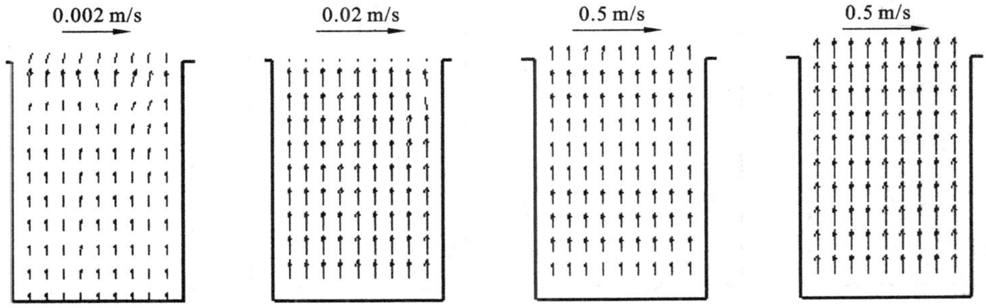

（a）PA　（b）PB　（c）PC　（d）PD

图 10-1　不同气幕挡墙砖内纵向中心截面气体的流场

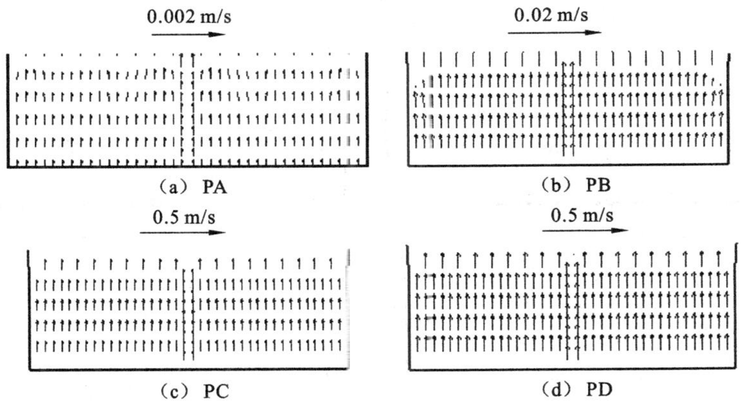

图 10-2　不同气幕挡墙砖内横向中心截面气体的流场

由图 10-1 和图 10-2 可知，在吹气量相同的情况下，当气幕挡墙砖较致密（PA 型）时，气体流动的阻力大，气体的流动速度较小，为 0.002 m/s 左右。当气孔率由 20％增加到 24％时，气体流动的阻力降低，气体的流动速度增加了 10 倍以上。随着气孔率、透气度的进一步增加，气体的流动速度显著增加，当气孔率增加到 28％时，气体的流动速度增加了 20 倍以上。当气幕挡墙砖的气孔率大于 28％时，气孔率、透气度增加，气体的流动速度稍有增加。

10.3.2　气幕挡墙砖内气体的体积分布

气体通过不同的气幕挡墙砖时，气体的体积分布如图 10-3 和图 10-4 所示。

由图 10-3 和图 10-4 可知，在四种不同的气幕挡墙砖内气体的分布均比较均匀。当透气砖比较致密时，整个透气砖内几乎充满了气体，液相渗透量少，渗透深度浅。随着透气砖的气孔率、透气度的增加，透气砖内气体的体积分数降低，液相量增加，渗透深度加深。

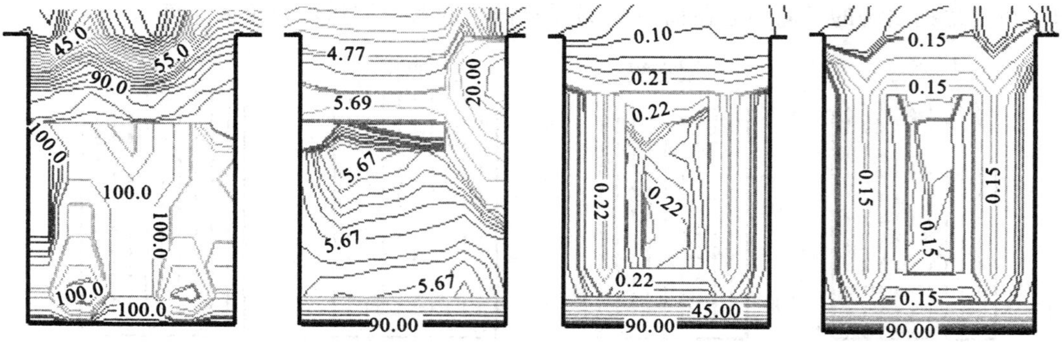

(a) PA　　(b) PB　　(c) PC　　(d) PD

图 10-3　不同气幕挡墙砖内纵向中心截面气体的体积分布($\times 10^{-2}$)

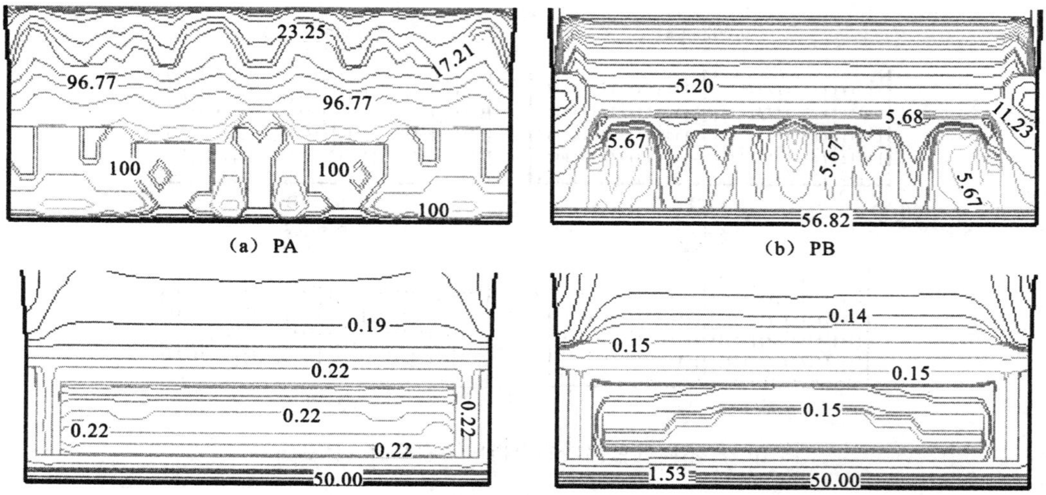

(a) PA　　(b) PB

(c) PC　　(d) PD

图 10-4　不同气幕挡墙砖内横向中心截面气体的体积分布($\times 10^{-2}$)

10.4　气幕挡墙砖性能参数对气泡逃逸速度的影响

气幕挡墙砖与中间包内液相接触面上,沿着中间包宽度方向的中心线上,气体气泡的逃逸速度分布如图 10-5 所示。

由图 10-5 可知,气体通过不同气幕挡墙砖时,气泡进入钢液的初始速度不同。当气幕挡墙砖较致密时,由于其透气性能差,气体流动的阻力较大,形成的气泡较小,气泡进入液相的初始速度较小,平均速度小于 0.02 m/s。随着气幕挡墙砖的气孔率与透气度的增大,气体流动的阻力降低,形成的气泡变大,气泡进入钢液的初始速度增加。当气孔率由 20%增加到 24%时,气体进入液相的初始速度增加 2 倍左右,当气孔率由 24%增加到 28%时,气泡的逃逸速度增加了近 5 倍,气幕挡墙砖的气孔率进一步增加到 32%时,气体进入液相的初始速度增加到 0.20 m/s 左右。

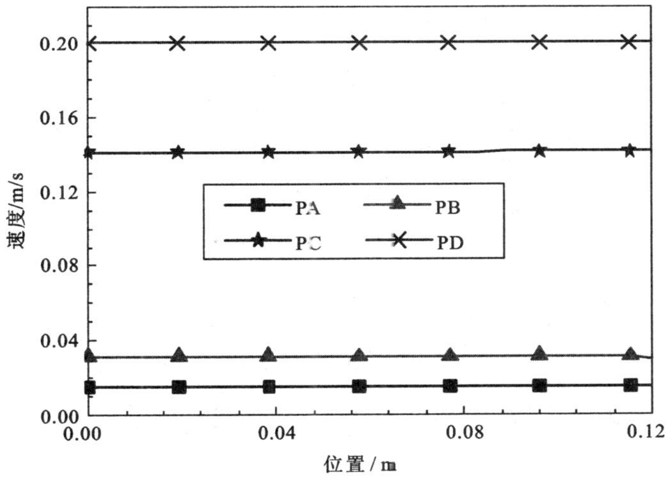

图 10-5　气泡的逃逸速度

10.5　中间包内液相的流场

气体由气幕挡墙砖吹入后，形成的气泡在上浮的过程中带动液相一起向上运动，迫使液相改变原来的运动方向。由于通过不同的气幕挡墙砖吹入时，形成的气泡大小及气泡进入液相中的初始速度不同，对液相流动的影响也不同。

图 10-6 和图 10-7 分别为相同的吹气量通过不同透气砖时，在纵向中心截面($Y=0$)及气幕挡墙砖位置横向截面($X=533.7$)流体的速度矢量图，图 10-8 为水平截面($Z/H=0.99$)钢液的湍动能分布图。

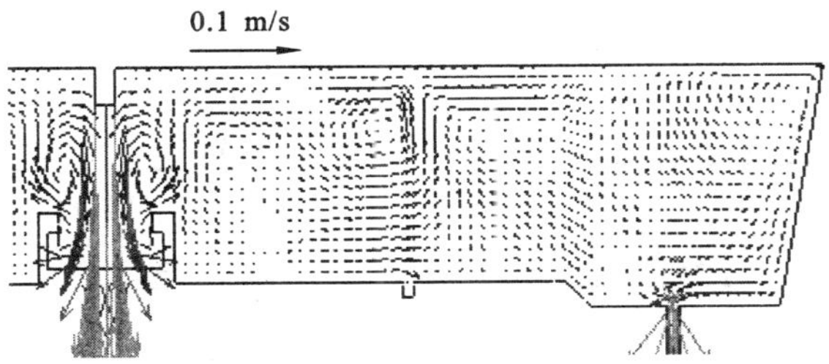

(a) PA

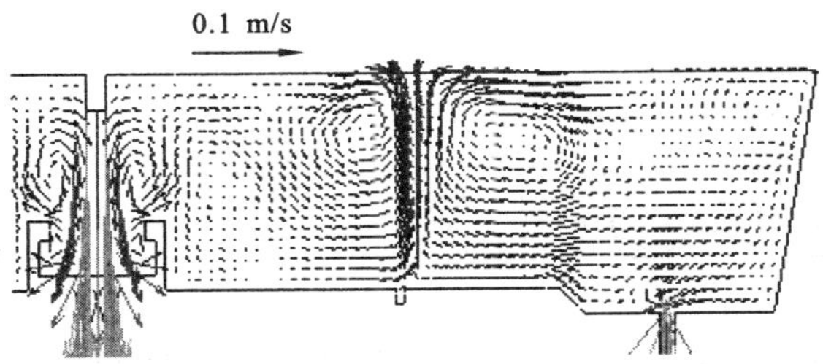

(b) PB

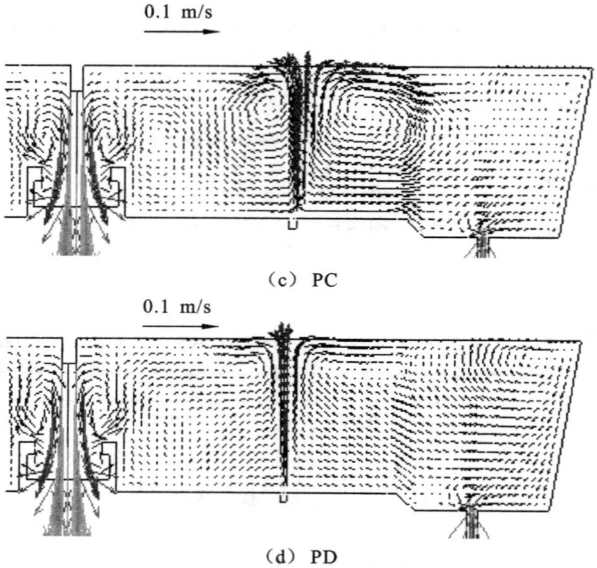

图 10-6　气体通过不同气幕挡墙砖时中间包纵向中心截面液相的流场图

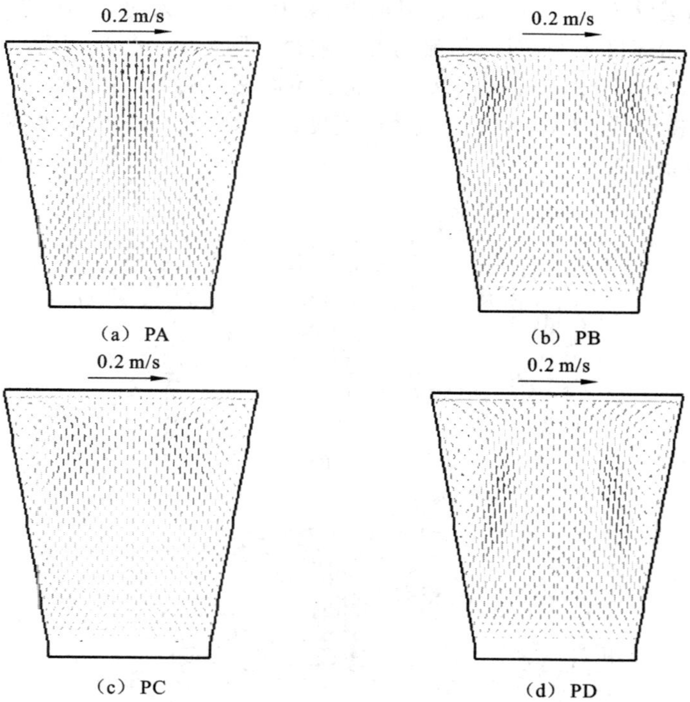

图 10-7　气体通过不同气幕挡墙砖时中间包气幕挡墙位置横向中心截面的速度场

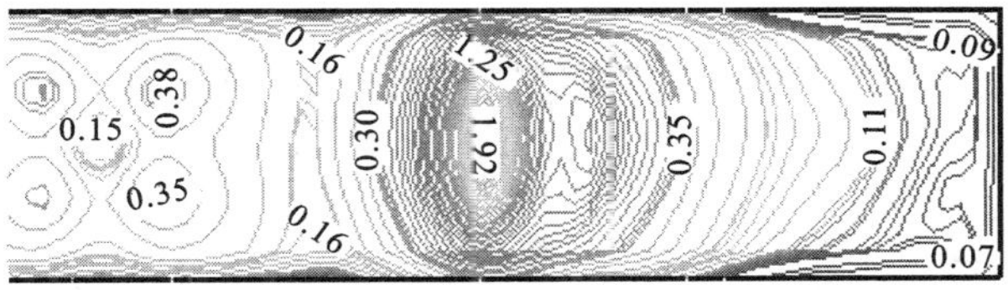

(a) PA

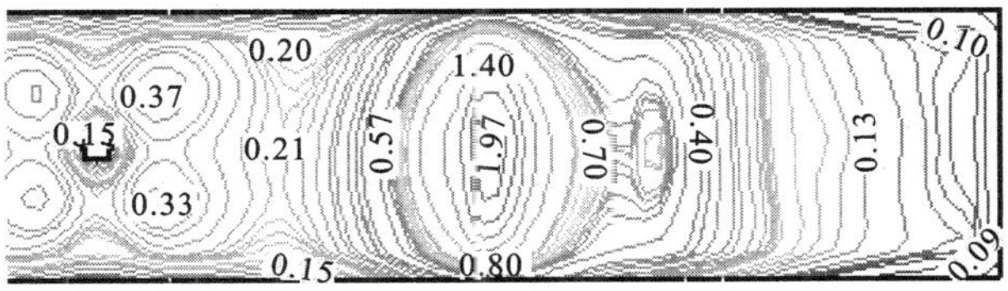

(b) PB

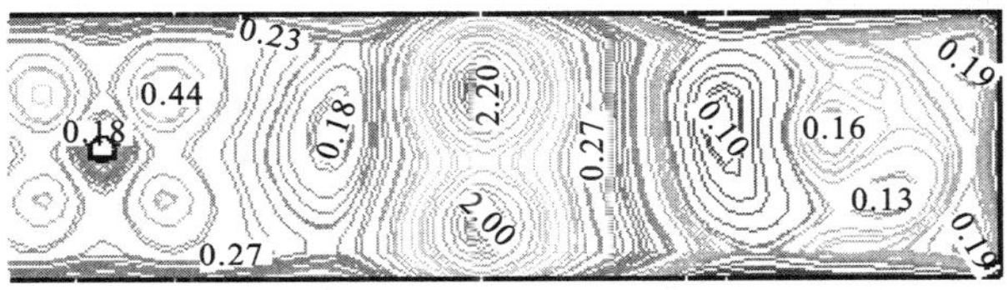

(c) PC

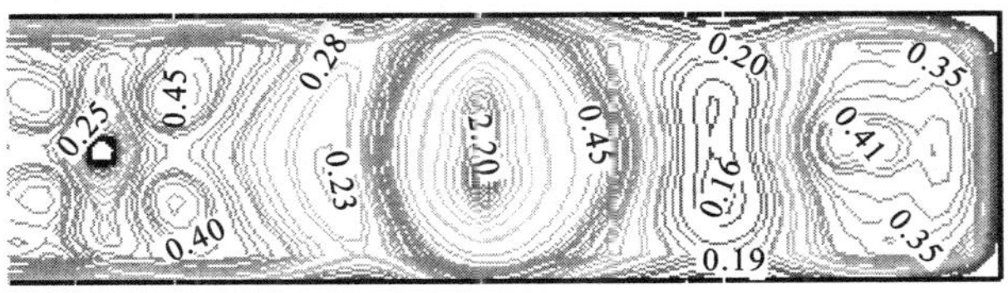

(d) PD

图10-8　气体通过不同气幕挡墙砖时中间包水平截面($Z/H=0.99$)的湍动能($\times 10^{-3}$)

由图 10-6 和图 10-7 可知,在吹气参数相同情况下,气幕挡墙砖的气孔率及透气度越大,形成的气泡及其进入液相的初始速度较大,则在气幕挡墙位置钢液向上流动的速度增加,涡心位置上移,从而导致靠近液面处钢液的湍动能较大,如图 10-8 所示。

10.6　中间包内气体的体积分布

气体通过不同的气幕挡墙砖时,由于气泡的大小及上浮速度不同,在中间包内的体积分布也不同。图 10-9 和图 10-10 分别为相同吹气量的气体通过不同气幕挡墙砖时,中间包内气体纵向中心截面及气幕挡墙位置横向截面气体的体积分布。

由图 10-9 可知,吹入的气泡在中间包内上浮运动,在中间包内形成向出口方向倾斜的气幕挡墙。气幕挡墙砖越致密,气幕挡墙向出口方向的倾斜角越大。由图 10-10 可知,在形成气幕挡墙的横向截面上,气体的体积分布特性与气幕挡墙砖的气孔率及透气度有关。当气孔率及透气度较小时,中间包下部近 1/2 高度区域气体分布较均匀,中间包上部

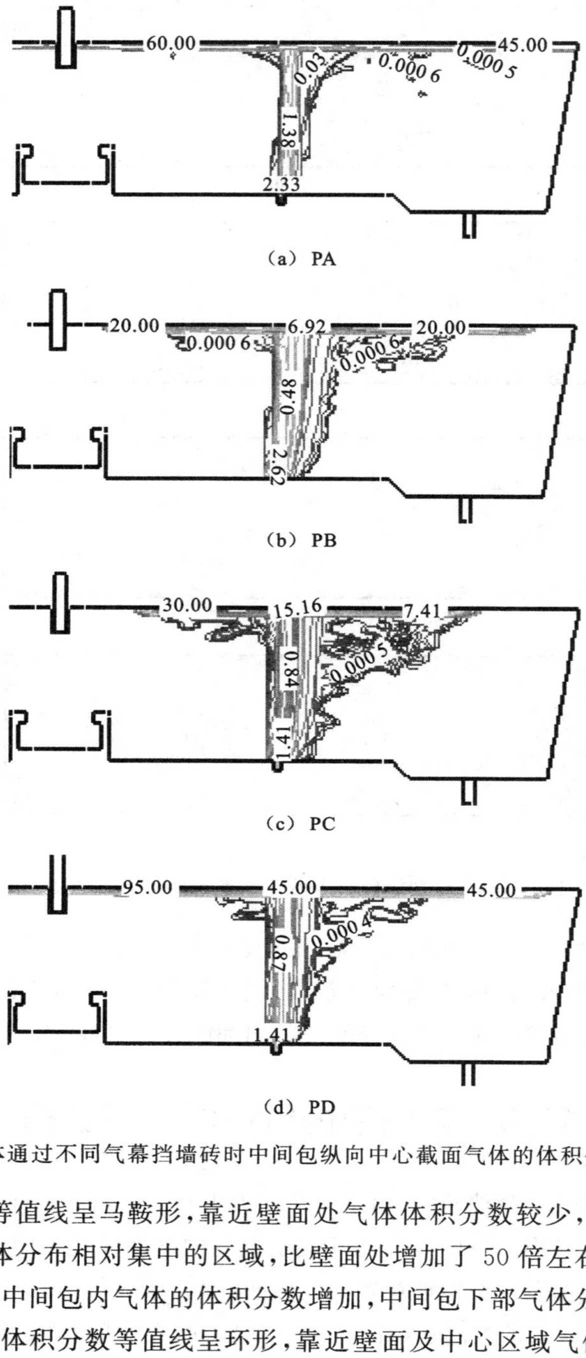

（a） PA

（b） PB

（c） PC

（d） PD

图 10-9　气体通过不同气幕挡墙砖时中间包纵向中心截面气体的体积分布（$\times 10^{-3}$）

区域气体体积分数等值线呈马鞍形，靠近壁面处气体体积分数较少，只有 1×10^{-6}，在靠近中心区域形成气体分布相对集中的区域，比壁面处增加了 50 倍左右。随着透气砖气孔率及透气度的增加，中间包内气体的体积分数增加，中间包下部气体分布较均匀的区域降低，中间包上部气体体积分数等值线呈环形，靠近壁面及中心区域气体体积分数较低，在壁面和中心截面之间形成气泡集中区域。

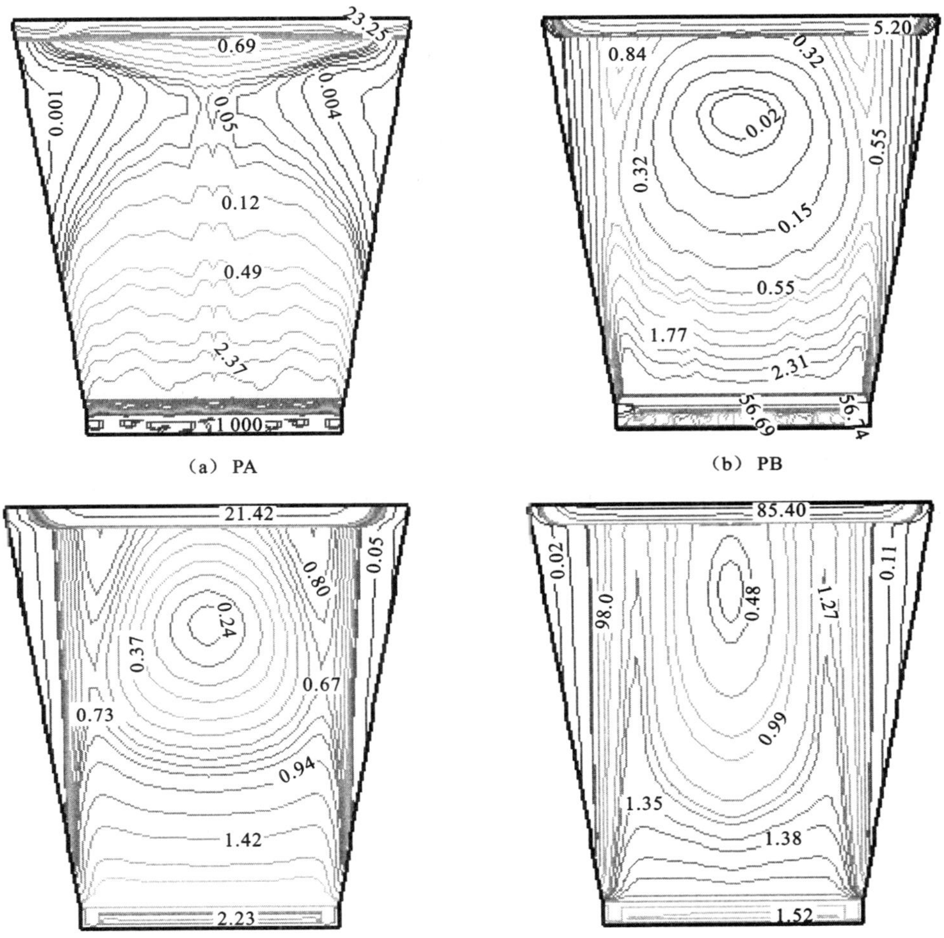

(a) PA　(b) PB　(c) PC　(d) PD

图 10-10　气体通过不同气幕挡墙砖时中间包气幕挡墙位置横向中心截面气体的体积分布($\times10^{-3}$)

10.7　本章小结

(1) 本章对不同透气度透气耐火材料进行了吹气实验,并通过量纲分析的方法,对实验结果进行整理,推导出透气耐火材料阻力系数的关联式。

(2) 气幕挡墙砖的透气度影响气体在透气材料中的分布及钢液的渗透深度,气孔率与透气度越大,钢液渗透越深。

(3) 气幕挡墙砖的性能影响气泡的大小、气泡在钢液中的初始速度,从而影响钢液的流场及中间包内气体的分布,气幕挡墙砖的气孔率及透气度越大,在气幕挡墙位置钢液向上流动的速度增加,涡心位置上移,并导致靠近液面处钢液的湍动能较大,中间包内气体的分数增加,在壁面和中心截面之间形成气泡集中区域。

参考文献

[1] 何平,谢计卫.不同透气砖钢包底吹特性的水模研究[J].炼钢,1995,11(5):45-49.

[2] COLLINS R F. Flow of Fluids through Porous Materials[M]. The Petroleum Publishing Company, Ovlahoma, 1976.

[3] OKUMURA K, SANO M. Gas dispersion phenomena and mixingcharacteristics under gas injection through slot nozzle submerged in water [J]. ISIJ International, 2001, 41 (3): 234-238.

[4] OMRAROV K, SANO M. Bubble behavior and heat transfer in preheated gas injection into liquid bath [J]. ISIJ International, 1998, 38 (10): 1045-1052.

[5] DIAZ M C, KOMAROV S V, SANO M. Bubble behavior and absorption rate in gas injection through rotary lances [J]. ISIJ International, 1997, 37 (1): 1-8.

[6] ERGUN S. Fluid flow through packed columns [J]. Chem Eng Prog, 1952, 48(2): 89-94.

[7] WHITE F M. Fluid Mechanics[M]. Beijing: Tsinghua University Press, 2004.

第 11 章　二流板坯连铸中间包数值模拟

本章利用经过实验验证的气液两流体模型及多孔介质模型，采用个人编程与商业软件相结合的方法，通过数值模拟计算研究气幕挡墙中间包内钢液及气体的流动特性，采用拉格朗日随机轨道模型，并考虑气泡吸附的作用，研究吹气参数对夹杂物去除率的影响。

11.1 计算条件

以某炼钢厂的二流板坯中间包为实际模型，模型尺寸如图 11-1 所示。根据该厂的实际工作情况，拉坯速度为 1.1 m/min，铸坯尺寸为 1.3 m×0.23 m。

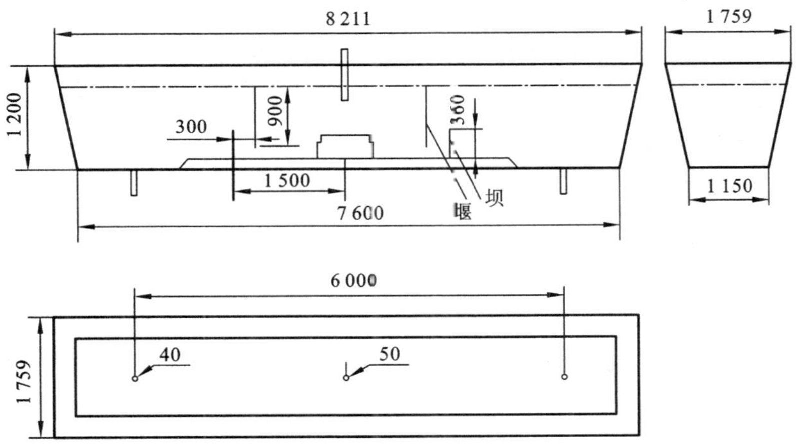

图 11-1　中间包结构及其控流装置图

湍流控制器可以有效降低注流区钢液的湍流强度，防止表面卷渣现象，延长钢液的停留时间[1-2]。陶立群等[3]通过水模实验研究认为，中间包内采用湍流控制器与气幕挡墙两种控流装置，可以大大改善中间包流体流动特征参数和流动轨迹，并且还具有防止注流开浇产生喷溅和减轻注流卷吸气体的作用。因此，本节研究只有湍流控制器的中间包内，气幕挡墙对钢液流动及夹杂物去除率的影响，具体计算方案如表 11-1 所示。

表 11-1　只有湍流控制器中间包气幕挡墙实验方案

控流装置	吹气位置,距入口中心距/mm	吹气量/(m^3/h)
湍流控制器(不吹气)	—	0
湍流控制器+气幕挡墙	800	1.70
	1 200	1.70
	1 600	1.70
	2 000	1.70
		2.15
		2.25
	2 400	1.70
	2 800	1.70

中间包内的挡渣堰、挡渣坝可以有效改善钢液的流动特性、消除短路流、延长钢液的停留时间[4-6]。但挡渣堰、挡渣坝长期受到钢液的冲刷与腐蚀作用发生损毁,污染钢液。根据水模实验确定的挡渣堰、挡渣坝的最佳位置,如图 11-1 所示,本章对既有湍流控制器,又有挡渣堰、挡渣坝的中间包进行气幕挡墙的数值模拟研究,具体计算方案如表 11-2 所示。

表 11-2　采用湍流控制器、坝、堰中间包的气幕挡墙实验方案

控流装置	吹气位置,距入口中心距/mm	吹气量/(m^3/h)
湍流控制器+坝+堰(不吹气)	—	0
湍流控制器+坝+吹气	1 200	1.04
		1.38
		1.73
		2.07
湍流控制器+堰+吹气	1 500	1.04
		1.38
		1.73
		2.07
湍流控制器+堰+坝+吹气	1 350	1.04
		1.38
		1.73
		2.07
	2 000	1.04
		1.38
		1.73
		2.07

续表

控流装置	吹气位置，距入口中心距/mm	吹气量/(m^3/h)
湍流控制器＋堰＋坝＋吹气	2 400	1.04
		1.38
		1.73
		2.07
	2 800	1.04
		1.38
		1.73
		2.07

11.2　数值求解

不采用气幕挡墙中间包内各变量的残差变化由线如图 11-2 所示，监视点速度随迭代次数的变化如图 11-3 所示。当各残差值小于 10^{-6}，且监视点的速度不再发生变化时，即认为收敛，获得稳定的速度场。

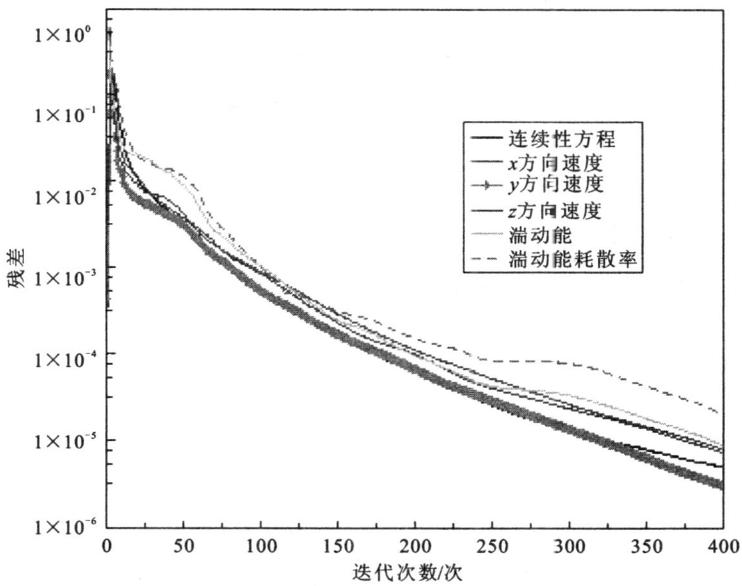

图 11-2　残差变化曲线

当获得稳定的速度场后，在入口截面上随机释放不同粒度的夹杂物颗粒，并追踪其运动轨迹，用蒙特卡罗(Monte-Carlo)法模拟其去除率。

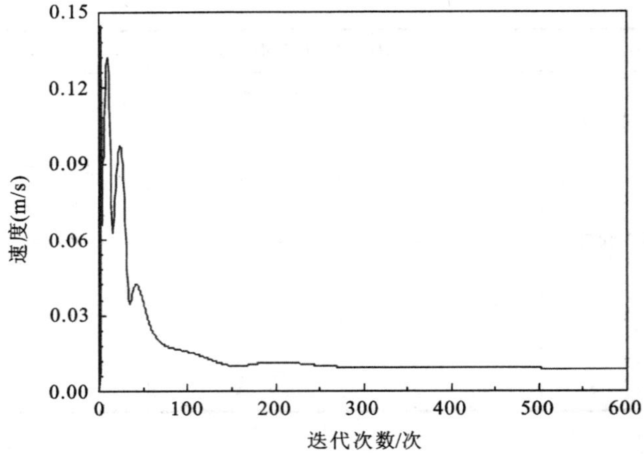

图 11-3　监视点速度变化趋势

11.3　计算结果及讨论

11.3.1　不采用气幕挡墙中间包数学模型的验证

图 11-4 为不吹气时，水模实验测得无因次 RTD 曲线与数值模拟结果对照图，图 11-5 为加入有色示踪剂后，不同时间的示踪图片，其中图 11-5(a)为实验测量结果，图 11-5(b)为数值计算结果。

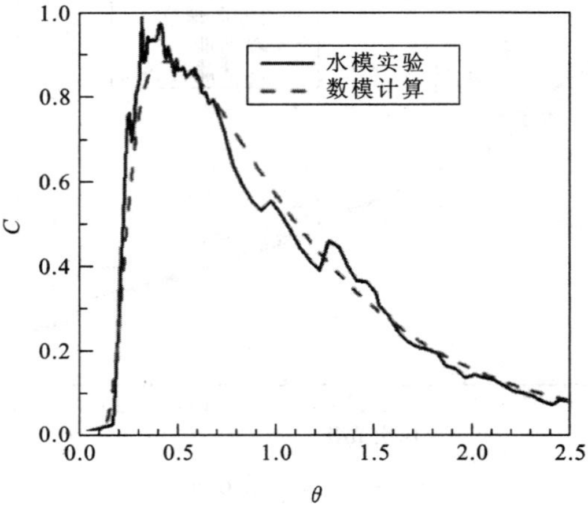

图 11-4　无底吹气中间包内水模与数值模拟 RTD 曲线比较

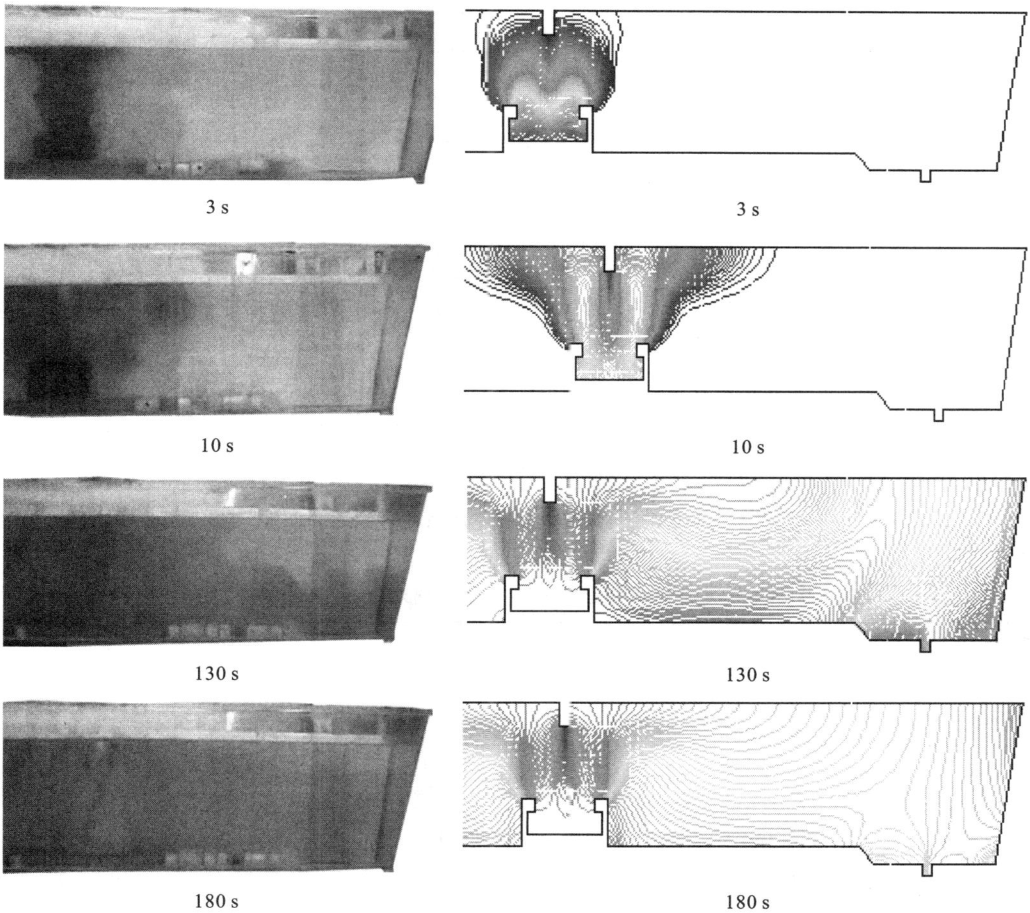

(a) 水模实验　　(b) 数值计算

图 11-5　无底吹中间包内不同时刻的示踪图片

由图 11-4 可知，水模实验与数值模拟得到的 RTD 曲线基本一致；由图 11-5 可知，示踪剂加入不同时刻的示踪图片水模实验结果与数值模拟结果也基本一致。因此，对于无底部吹气装置的中间包内钢液流动的数学模型及计算方法是正确的，可以用该模型对实际中间包进行数值模拟计算研究。

11.3.2　湍流控制器中间包内气幕挡墙的影响

1. 气幕挡墙对钢液流动特性的影响

研究表明，钢液在中间包内的停留时间越长，夹杂物上浮去除率越大[4]。本小节分别对无气幕挡墙中间包及吹气位置距离入口中心 2 000 mm，吹气量为 1.73 m^3/h 的中间包进行数值模拟研究，得到中间包内流体的 RTD 曲线如图 11-6 所示，对 RTD 曲线的分析如表 11-3 所示。

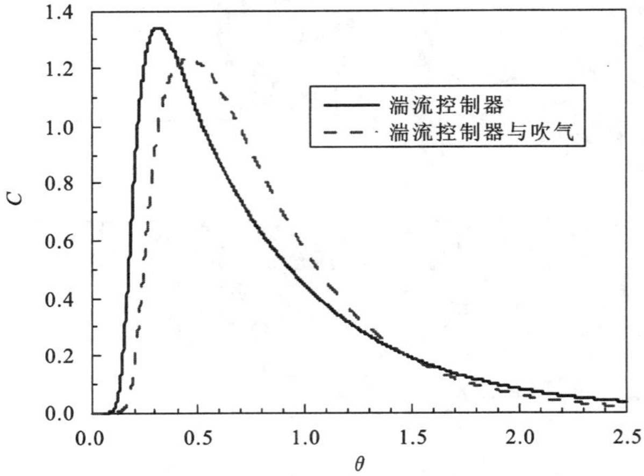

图 11-6 湍流控制器中间包内气幕挡墙 RTD 曲线的影响

表 11-3 湍流控制器中间包内气幕挡墙对 RTD 曲线的影响

控流装置	t_{min}/s	t_{peak}/s	t_{av}/s	$(V_d/V)/\%$	$(V_p/V)/\%$	$(V_m/V)/\%$	V_p/V_d
不吹气	50	247	477	32.79	20.34	46.88	0.637 6
吹气	111	368	600	26.33	30.25	43.41	1.148 88

由图 11-6 及表 11-3 可知，采用中间包底部吹气技术，可以明显改善中间包内流体的流动特性。与无气幕挡墙中间包相比，示踪剂响应时间延长了 61 s，平均停留时间延长了近 143 s，峰值时间延长了 121 s，死区体积降低了 6.46%，活塞流体积分率增加了近 10%。由于该中间包结构对称，取其 1/2 轴对称截面进行流场分析。

图 11-7 和图 11-8 分别为不吹气中间包不同截面的流场图，图 11-9 和图 11-10 分别为不同截面的湍动能分布图；图 11-11～图 11-13 为吹气量为 1.70 m^3/h 时，气幕挡墙中间包不同截面上的流场图，图 11-14～图 11-16 为不同截面上湍动能分布图。

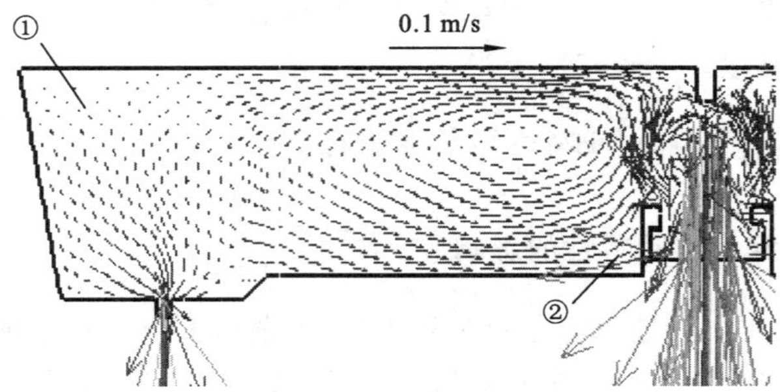

(a) X/W=0.05

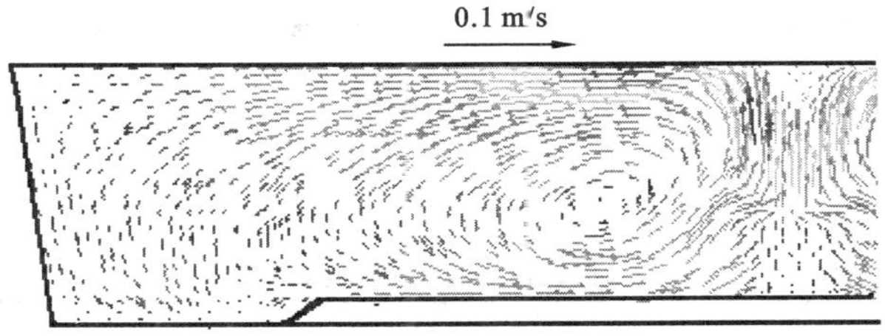

（b） *X*/*W*=0.05

图 11-7　无底部吹气过程时中间包纵向截面钢液流场图

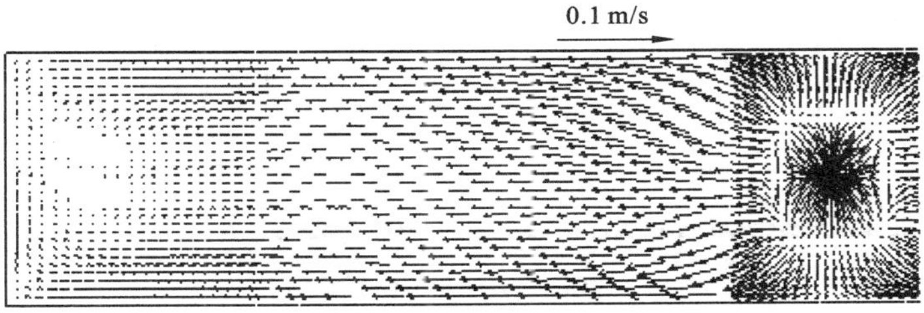

（a） *Z*/*H*=0.99

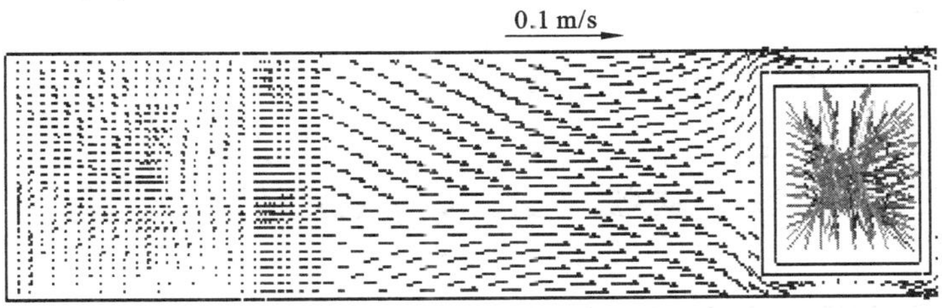

（b） *Z*/*H*=0.25

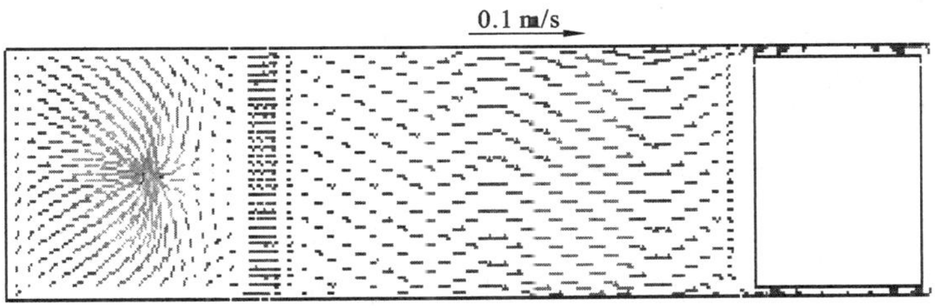

（c） *Z*/*H*=0.05

图 11-8　无底部吹气过程时中间包水平截面钢液流场图

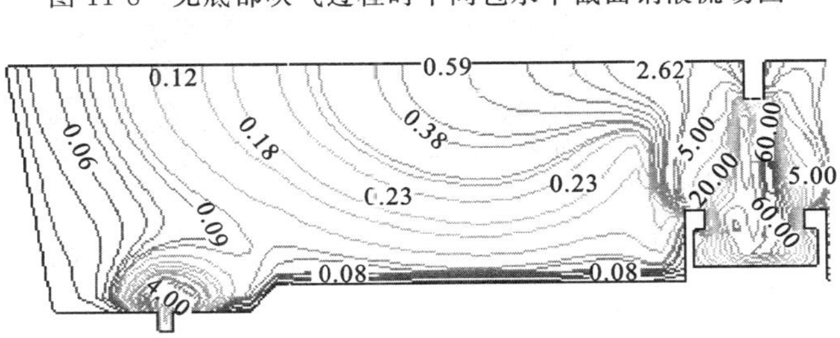

（a） *X*/*W*=0.5

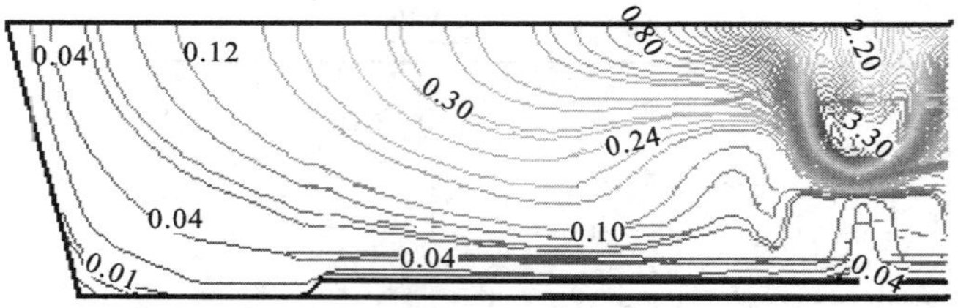

（b） X/W=0.05

图 11-9　无底部吹气中间包内纵向截面的湍动能分布（$\times10^{-3}$）

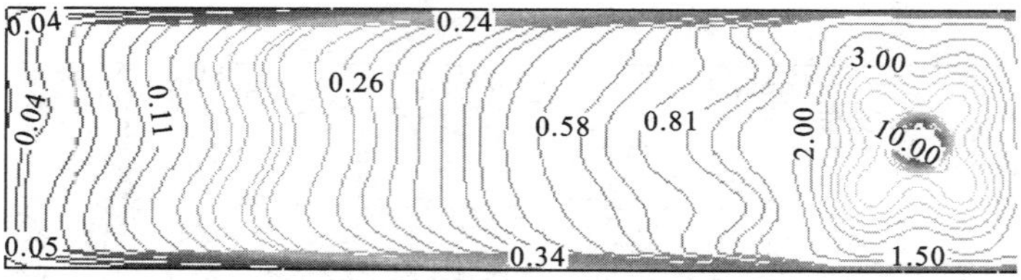

（a） Z/H=0.99($\times10^{-3}$)

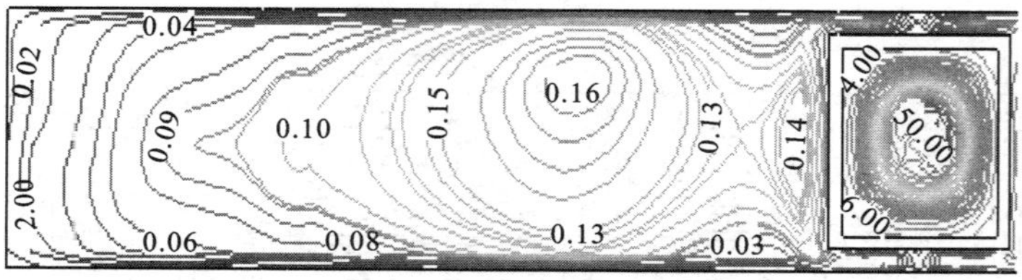

（b） Z/H=0.25($\times10^{-3}$)

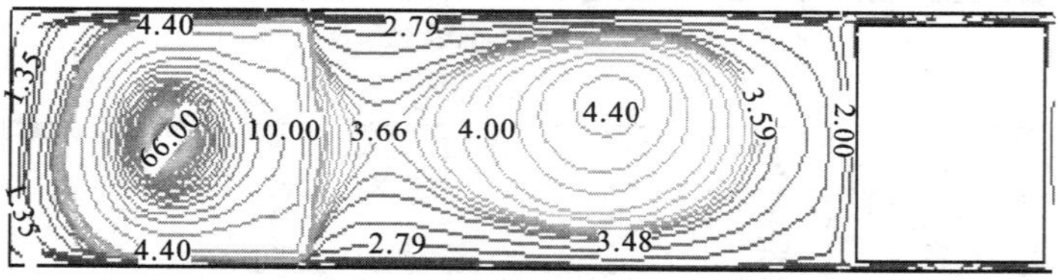

（c） Z/H=0.05($\times10^{-3}$)

图 11-10　无底部吹气中间包内水平截面的湍动能分布

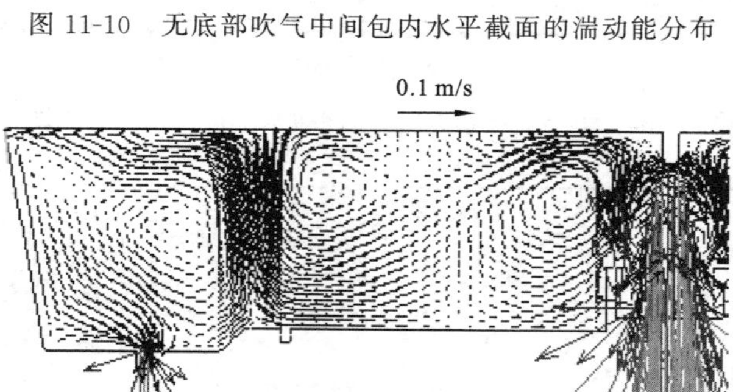

（a） X/W=0.5

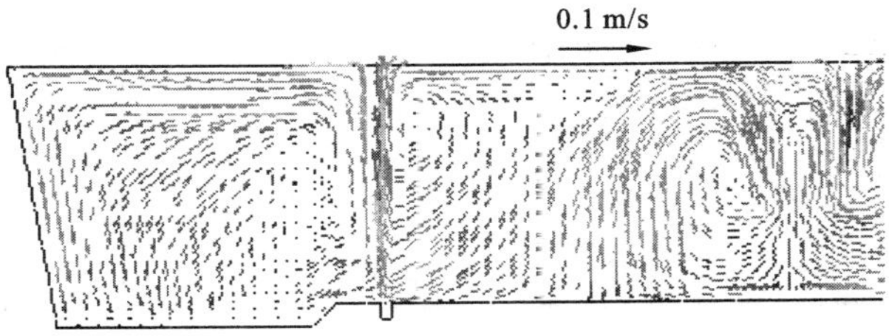

(b) X/W=0.05

图 11-11　底吹中间包纵向截面钢液流场图

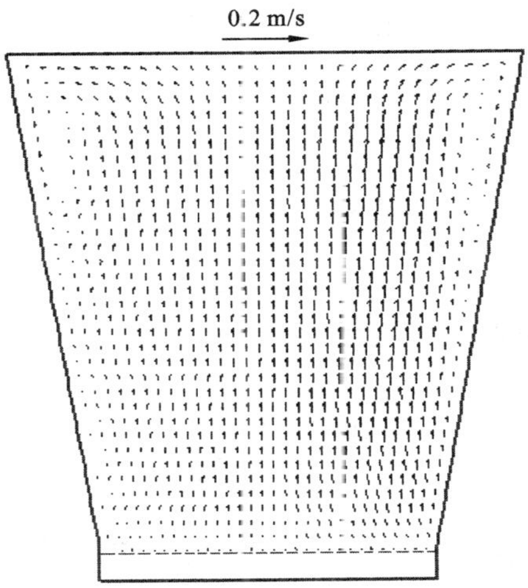

图 11-12　底吹中间包横向截面钢液流场图(吹气位置)

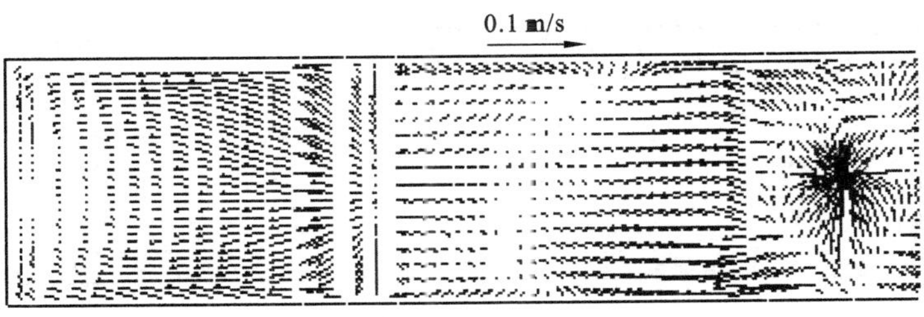

(a) Z/H=0.99

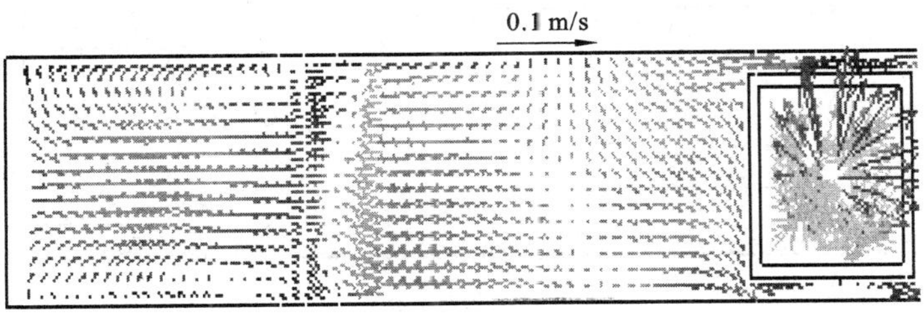

(b) Z/H=0.25

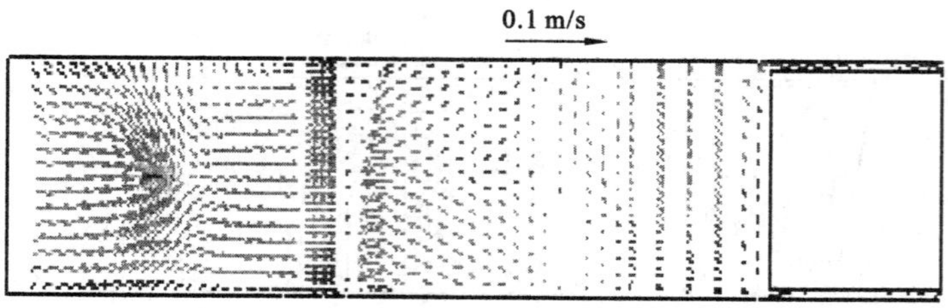

（c） Z/H=0.05

图 11-13　底吹中间包水平截面钢液流场图

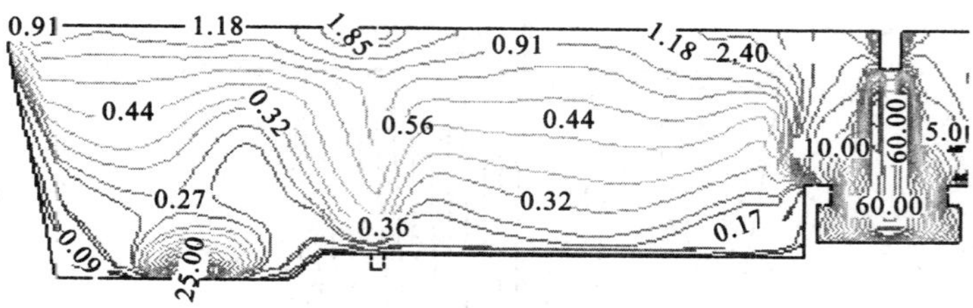

（a） X/W=0.5

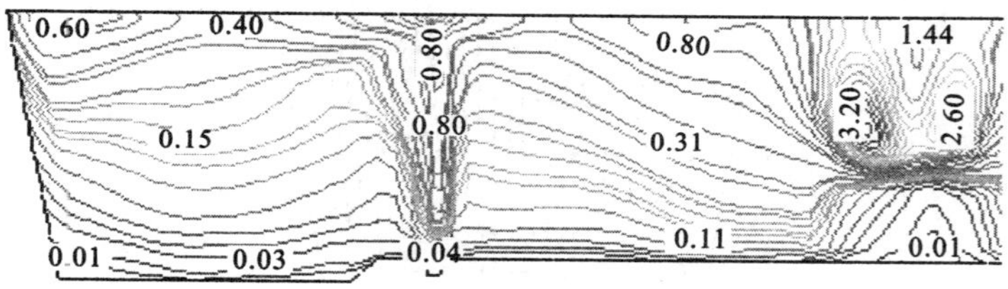

（b） X/W=0.05

图 11-14　底吹中间包纵向截面的湍动能分布（$\times 10^{-3}$）

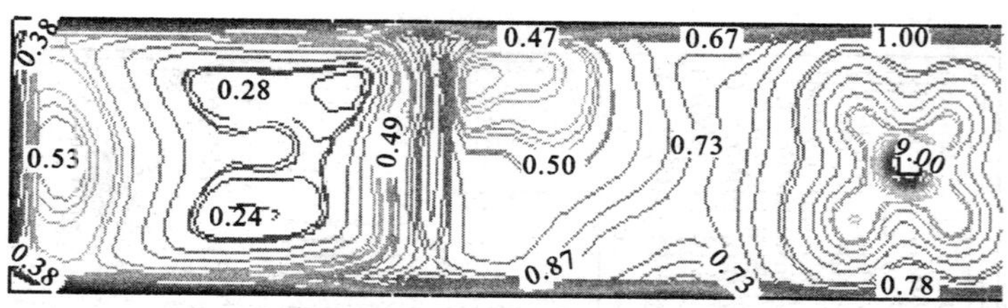

（a） Z/H=0.99

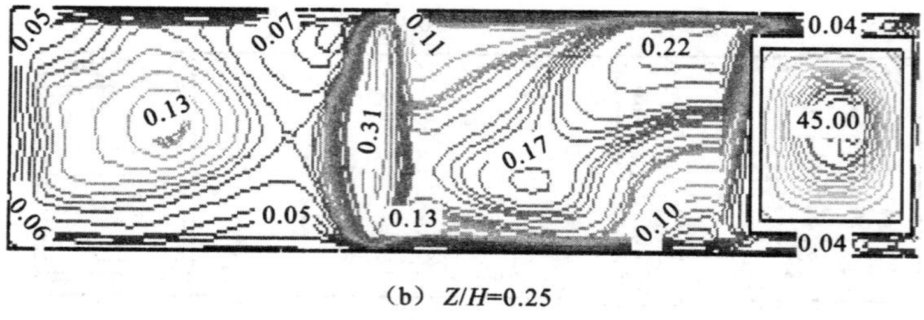

（b） Z/H=0.25

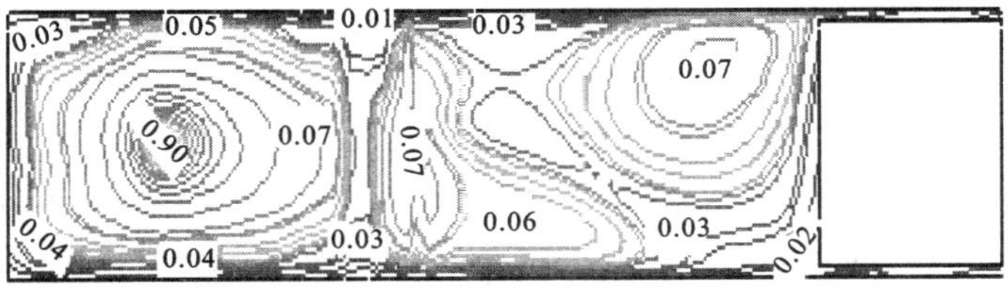

(c) Z/H=0.05

图 11-15　底部吹气中间包内水平截面的湍动能分布（$\times10^{-3}$）

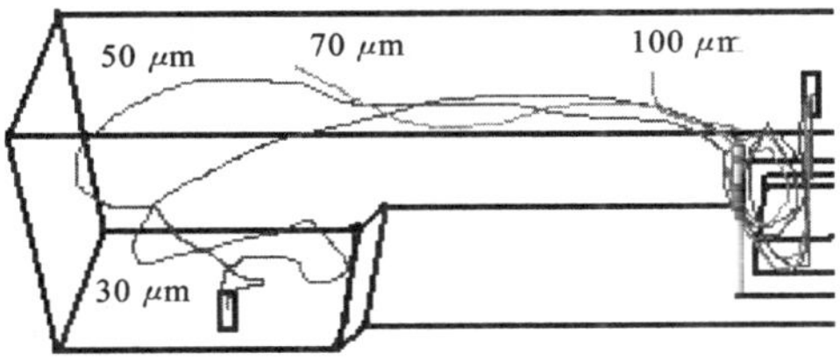

(a) 无气幕挡墙

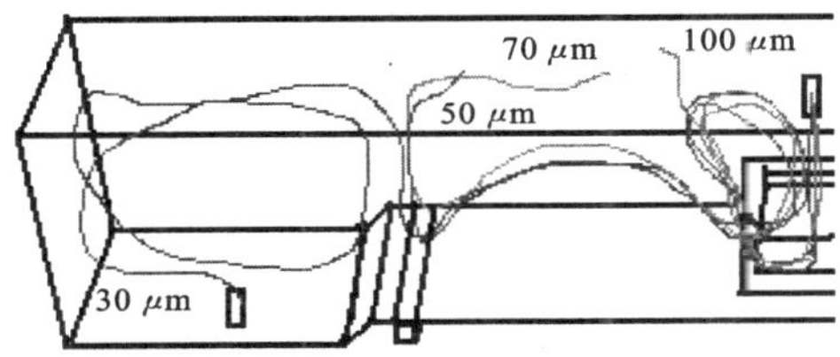

(b) 采用气幕挡墙

图 11-16　中间包内夹杂物的运动轨迹

没有气幕挡墙的中间包内，钢液以较大的速度冲击到湍流控制器，撞击到湍流控制器壁面后向上流动，并与向下流动的钢液发生碰撞，能量消耗较大，湍动能也较大(图 11-9 和图 11-10)。由湍流控制器流出的钢液向上流动到达液面后沿着液面铺展，注入区液面速度及湍动能均较大(图 11-8(a)和图 11-10(a))，易引起液面波动，造成卷渣现象，浇注区液面流动平稳，湍动能较小，有利于渣与钢液的分离。在浇注区靠近中间包端部(图 11-7(a)①中)区或者靠近湍流控制器及中间包底部(图 11-7(a)②中)区时，钢液的流动速度及湍动能很小，近乎滞止，造成中间包内死区体积较大。在注入流钢液的引流作用下，靠近湍流控制器区域形成回流，如图 11-7(a)所示。

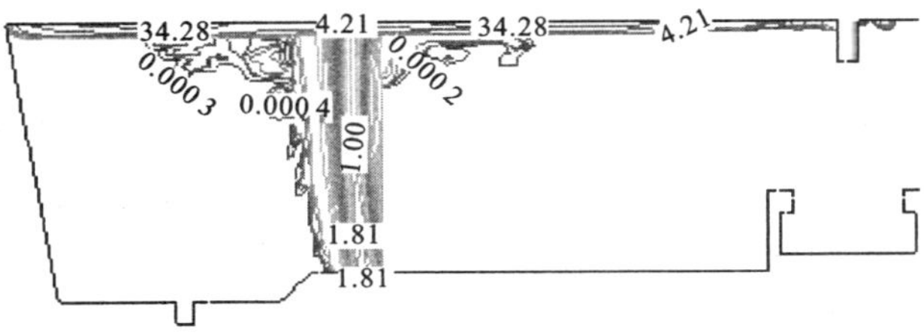

(a) 纵向中心截面(Y=0)

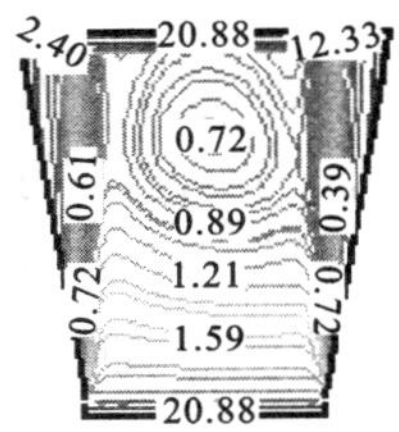

(b) 气幕挡墙位置横向截面

图 11-17　气幕挡墙中间包内气体的体积分布（$\times10^{-3}$）

由图 11-11 可知，采用气幕挡墙后，湍流控制器内钢液流动没有明显变化，由于气注的引流作用，靠近湍流控制器区域的回流区域减小，湍动能减小（图 11-14），注入区液面处钢液流动变得平稳。沿中间包底部流动的钢液在气幕挡墙位置改变了流动方向，在气泡的引流作用下向上流动，消除了短路流，增加了钢液流动的路径，延长了钢液在出口的响应时间及平均停留时间，如表 11-3 所示。在气幕挡墙两侧形成回流，靠近注入区一侧的回流，增加了钢液之间的混合，湍动能增大，有利于夹杂物之间的碰撞长大，靠近出口一侧的回流降低了死区体积，增加了中间包内有效容积。由图 11-12 和图 11-13 可知，采用气幕挡墙后，在气幕挡墙位置钢液向上流动到液面后以较大的速度沿着液面铺展，使浇注区钢液流动不平稳，湍动能较大，不利于钢液与夹杂物的分离，因此气幕挡墙的位置及吹气量对优化钢液的流动非常重要。

2. 底吹气对夹杂物运动的影响

中间包内夹杂物的运动与流体的运动特性有关，图 11-16 表示气幕挡墙对中间包内夹杂物运动轨迹的影响，夹杂物的去除率如表 11-4 所示。

表 11-4　气幕挡墙对夹杂物去除率的影响(%)

夹杂物尺寸 /μm	10	20	30	40	50	60	70	80	90	100	总计
不吹气	5.0	5.2	8.7	12.9	30.4	51.5	66.7	83.0	96.5	100	46.0
吹气	46.5	51.2	58.1	63.0	69.9	72.0	77.4	88.1	99.0	100	72.5

由图 11-16(a)及表 11-4 可知，在只有湍流控制器的中间包内，大颗粒夹杂物（直径大于 90 μm）随着钢液的流动，绝大多数能上浮到液面被保护渣吸附而去除，去除率大于 90%。尺寸为 60～80 μm 的夹杂物颗粒在中间包内运动的过程中，大部分也能够上浮到液面，去除率大于 50%。对小于 50 μm 的小颗粒夹杂物，仅靠 stokes 上浮作用去除效果不明显，其去除率不到 15%，大部分由出口流出。

由图 11-16(b)及表 11-4 可知，当采用气幕挡墙技术后，10～100 μm 的夹杂物的总去除率由 46.0%增加到 72.5%。大颗粒夹杂物的去除率增加不到 10%，而小颗粒夹杂物的去除率增加显著，对于尺寸为 10～40 μm 的夹杂物其去除率增加了 40%以上。因此，气幕挡墙技术主要是促进了微小夹杂物的去除。

3. 气体的体积分布

气幕挡墙中间包内气体的体积分布如图 11-17 所示。

由图 11-17(a)可知，吹入的气体在中间包内向上运动，形成向出口方向倾斜的气幕挡墙。中间包内气体的体积分数较少，不到 0.2%，大部分气泡均能上浮到渣-金界面被渣捕获。在形成气幕挡墙的横向截面上，沿中间包高度 1/2 以下区域，气体分布较均匀，气体体积分数等值线呈条形分布。随着高度的增加，除液面上外，气体体积分数降低，且靠近壁面处的气体体积分数小于中心区域，在中心区域气体体积分数等值线呈环形，如图 11-17(b)所示。

4. 吹气量的影响

采用气幕挡墙技术可以改变中间包内钗液的流动特性，如何既能延长停留时间，降低死区体积，增加全混流体积，又不至于引起表面卷渣现象，且利于浇注区钢液与夹杂物的分离，吹气参数的控制非常重要。影响钢液与气体流动的主要吹气参数是吹气位置和吹气量。

当吹气位置距离入口 2 000 mm，且在不同吹气量时中间包内纵向中心截面钢液的流场如图 11-18 所示，靠近液面处的湍动能如图 11-19 所示，不同吹气量时 RTD 曲线如图 11-20所示，RTD 曲线分析如表 11-5 所示。

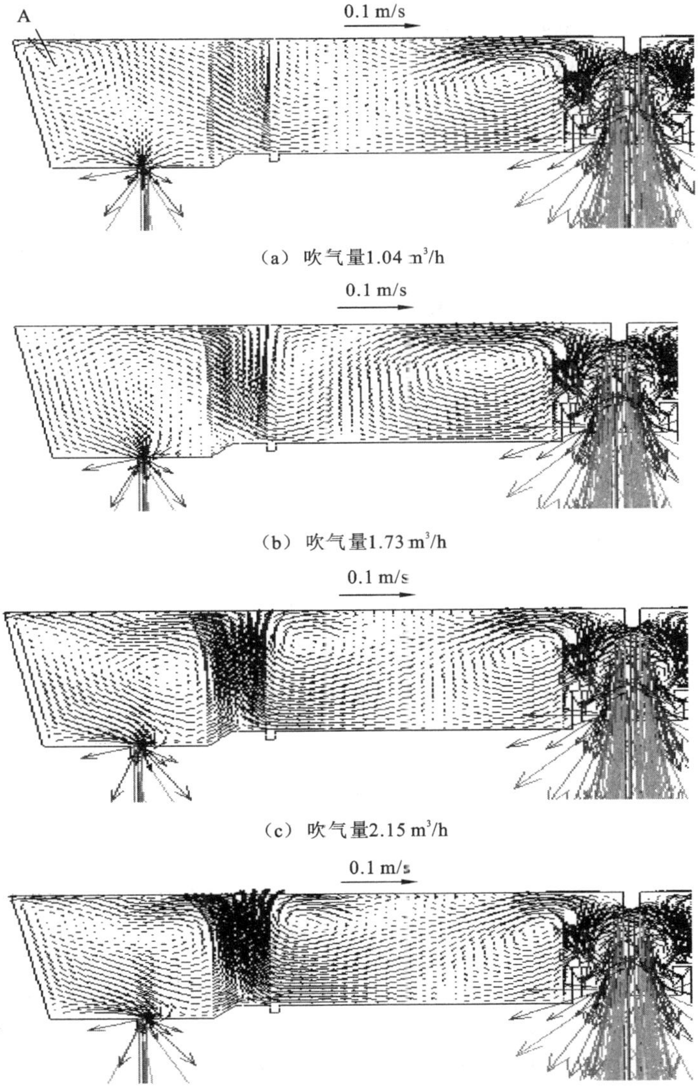

(a) 吹气量1.04 m^3/h

(b) 吹气量1.73 m^3/h

(c) 吹气量2.15 m^3/h

(d) 吹气量2.55 m^3/h

图 11-18　不同吹气量时中间包纵向中心截面($Y=0$)钢液流场

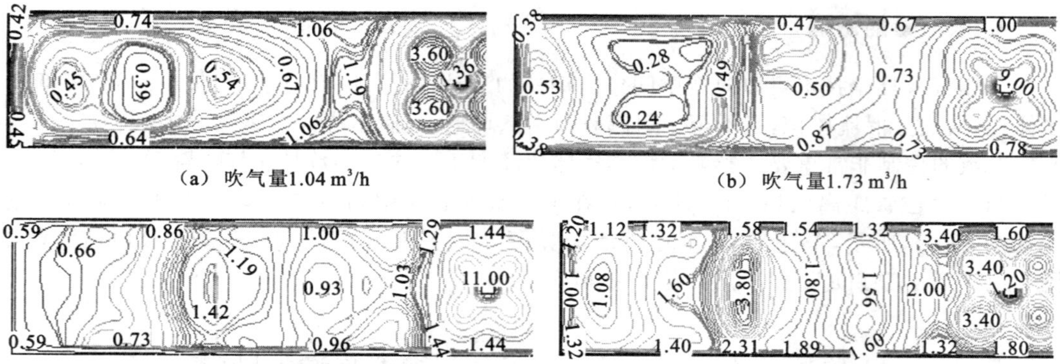

(a) 吹气量1.04 m³/h　　(b) 吹气量1.73 m³/h

(c) 吹气量2.15 m³/h　　(d) 吹气量2.55 m³/h

图 11-19　不同吹气量时中间包水平截面($Z/H=0.99$)湍动能($\times10^{-3}$)

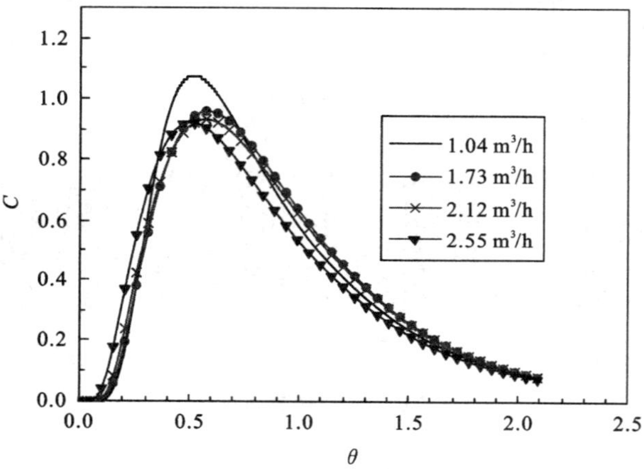

图 11-20　不同吹气量时的 RTD 曲线分析

表 11-5　不同吹气量时的 RTD 曲线分析

吹气量 /m³/h	t_{min}/s	t_{peak}/s	t_{av}/s	(V_d/V)/%	(V_p/V)/%	(V_m/V)/%
1.04	95	496	805	22.89	31.27	45.84
1.73	83	557	833	20.66	33.86	45.47
2.12	76	548	828	22.03	33.02	44.96
2.55	51	476	788	35.84	27.88	36.27

由图 11-18(a)可知，当吹气量较小时(1.04 m³/h)，上浮的气泡不能使沿底部流动的钢液上升到液面即在吹气位置左侧(靠近入口)靠近中间包底部形成回流，一部分钢液在出口引流的作用下，直接流向出口，使其停留时间较短，如图 11-20 及表 11-5 所示。当吹气量较小时，对注入区钢液流动影响不大，浇注区液面流动较平稳，湍动能较小，且靠近液面处的 A 区形成小的回流。

当吹气量较大时(2.55 m^3/h),大量上浮的气泡带动钢液以较大的速度向上流动,在液面处以较大的速度向四周铺展,易引起液面波动,造成卷渣现象,如图 11-18(d)所示。且吹气量较大时,浇注区形成混合流动,不利于渣与钢液的分离。

当吹气量适中时(1.70～2.12 m^3/h),由图 11-18 和图 11-19 可知,吹入的气体带动钢液向上流动,到达液面后沿着液面向四周铺展,在气幕墙右侧(靠近出口),一部分钢液到达端部后沿着壁面向下流动,然后沿着底部流向出口,大大延长了流动路程,停留时间有效延长,如表 11-5 所示。在气幕墙右侧(靠近入口),形成回流区域,增强了钢液之间的混合,有利于夹杂物的碰撞长大。由图 11-18(b)和图 11-19(b)可知,液面处钢液流动平稳,不会引起卷渣现象。

图 11-21～图 11-24 为不同吹气量时中间包内气体的体积分布图。

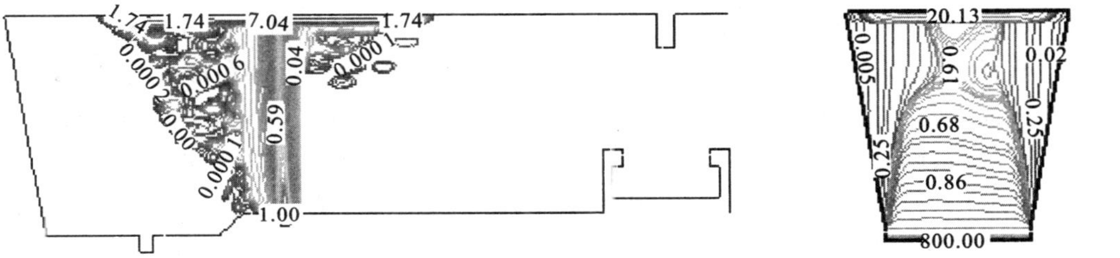

(a) 纵向中心截面(Y=0)　　(b) 气幕挡墙位置横向截面

图 11-21　吹气量为 1.04 m^3/h 时中间包内气体的体积分布($\times 10^{-3}$)

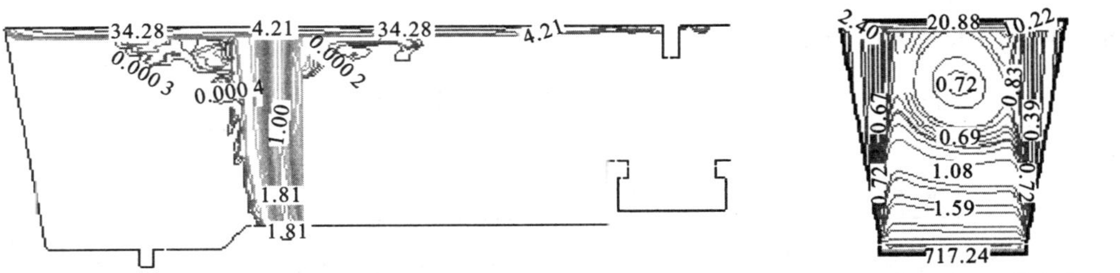

(a) 纵向中心截面(Y=0)　　(b) 气幕挡墙位置横向截面

图 11-22　吹气量为 1.73 m^3/h 时中间包内气体的体积分布($\times 10^{-3}$)

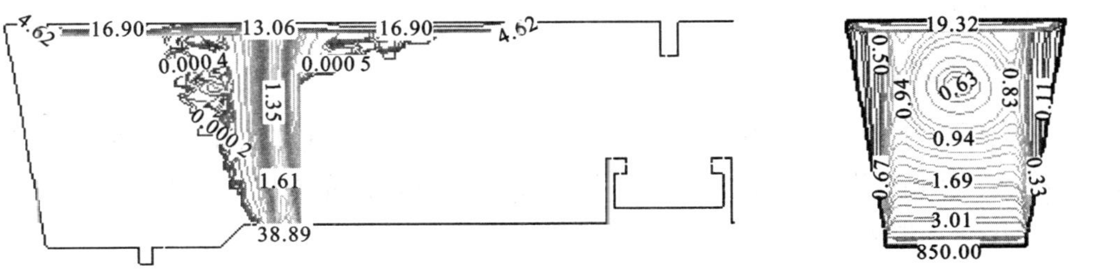

(a) 纵向中心截面(Y=0)　　(b) 气幕挡墙位置横向截面

图 11-23　吹气量为 2.02 m^3/h 时中间包内气体的体积分布($\times 10^{-3}$)

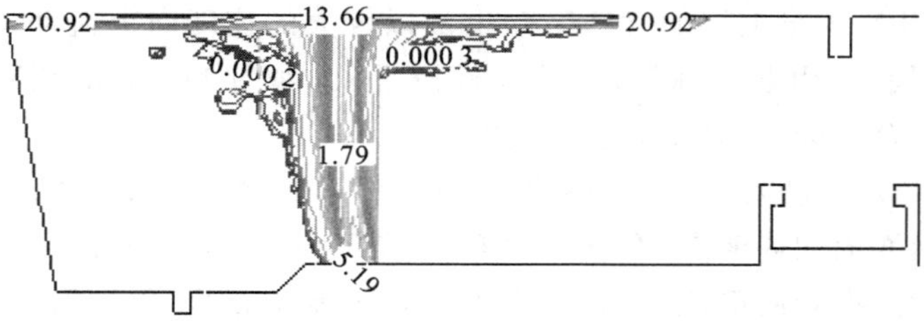

（a）纵向中心截面(Y=0)

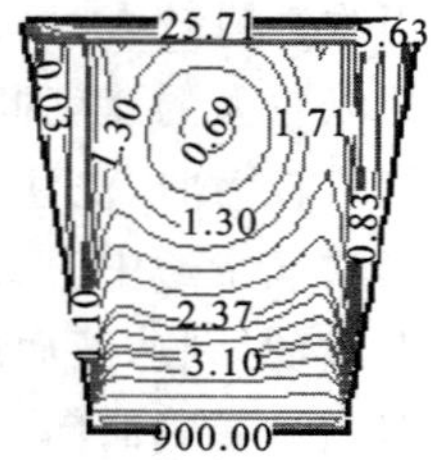

（b）气幕挡墙位置横向截面

图 11-24　吹气量为 2.55 m^3/h 时中间包内气体的体积分布（$\times 10^{-3}$）

由中间包底部吹入的气体绝大部分均能上浮到液面，中间包内气体的体积分数小于0.5%。且随着吹气量的增加，液面上气体的体积分数增加，中间包内气体的体积分数变化不大。在纵向截面上，气体的分布呈倒锥形，并向出口方向倾斜。吹气量越小，倒锥形区域的直径越大，向出口方向的倾斜角度增加，如图 11-21(a)所示。在形成气幕挡墙位置的横向截面上，气体的体积分布特性与吹气量有关。当吹气量较小时，中间包下部近 1/2 高度区域气体分布较均匀，中间包上部区域气体体积分数等值线呈马鞍形，靠近壁面处气体体积分数较少，只有 5×10^{-6}，在靠近中心区域形成气体分布相对集中的区域，与壁面处相比增加了 120 倍左右。随着吹气量的增加，中间包内气体的体积分数增加，中间包上部气体体积分数等值线呈环形，靠近壁面及中心区域气体体积分数较低，在壁面和截面中心之间形成气泡集中区域。

中间包内钢液的流动状态影响夹杂物的运动轨迹及去除率。表 11-6 为不同吹气量时中间包内夹杂物的去除率。

表 11-6　吹气量对夹杂物去除率的影响(%)

吹气量/(m^3/h)	1.12	1.73	2.12	2.55
夹杂物去除率/%	58.0	72.5	74.3	75.0

由表 11-6 可知，当吹气量小时，由于不能形成有效气幕，夹杂物总去除率只比不吹气时增加了 10%左右。当吹气量增加到 1.73 m^3/h 时，由于在中间包内形成了有效的气幕挡墙，钢液流动特性显著改善，夹杂物去除率显著增加。当吹气量继续增加时，夹杂物去除率增加缓慢。

5. 吹气位置的影响

由以上模拟研究可知，当吹气量太小时，不能形成有效的气幕挡墙，对钢液流动特性的改善效果不明显，当吹气量太大时，易引起液面波动，造成卷渣现象。因此以吹气量为 1.73 m^3/h 为例进行了不同吹气位置的模拟研究。

吹气量为 1.73 m^3/h 时，不同吹气位置对中间包停留时间的影响如图 11-25 及表 11-7所示。不同吹气位置纵向中心截面钢液的流场如图 11-26 所示，靠近液面处的湍动能如图 11-27 所示，纵向中心截面的气体的体积分布如图 11-28 所示。

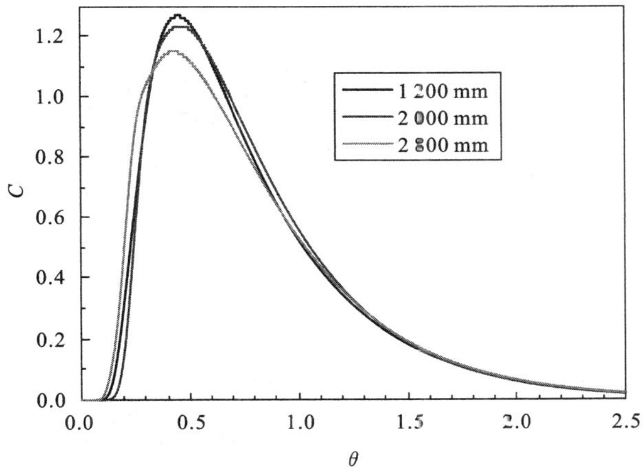

图 11-25　吹气位置对中间包 RTD 曲线的影响

表 11-7　不同吹气位置时 RTD 曲线分析

吹气位置(距离入口)/mm	t_{min}/s	t_{peak}/s	t_{av}/s	(V_d/V)/%	(V_p/V)/%	(V_m/V)/%
1 200	82	354	615	27.75	27.48	44.77
1 600	118	368	617	27.24	28.71	44.06
2 000	111	356	620	26.33	30.25	43.41
2 400	88	342	616	27.52	26.81	45.67
2 800	80	348	616	27.64	27.03	45.32

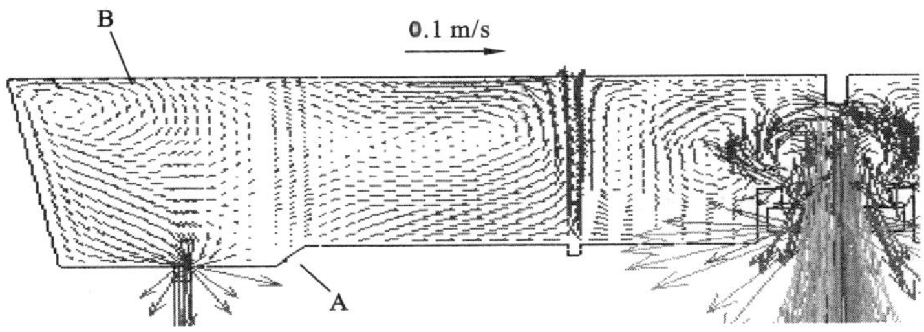

(a)　吹气距离入口1 200 mm

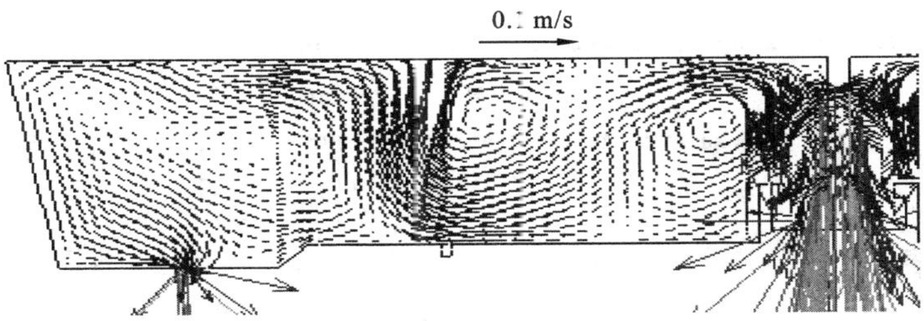

(b)　吹气距离入口1 600 mm

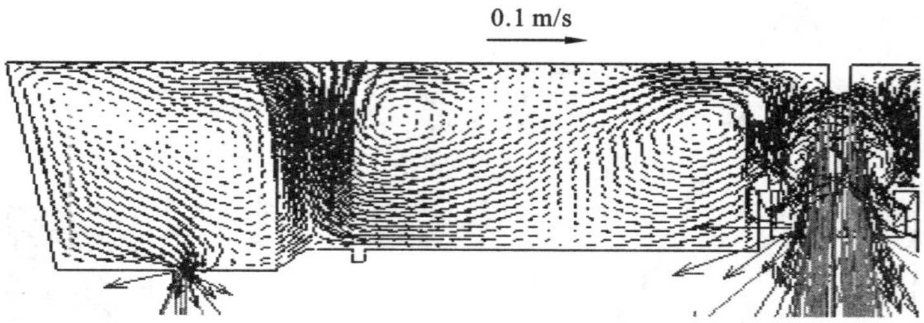

（c） 吹气距离入口2 000 mm

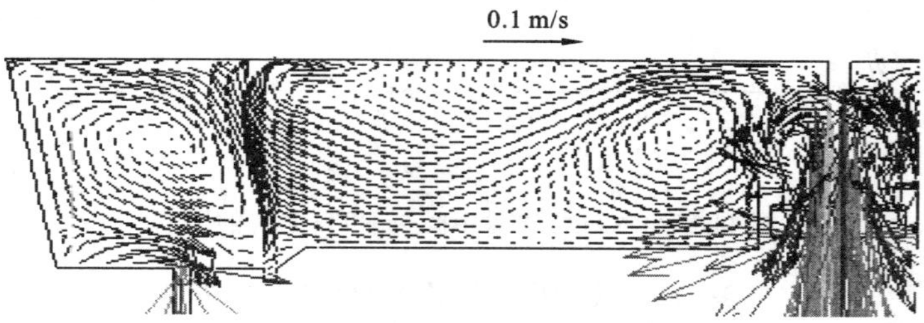

（d） 吹气距离入口2 400 mm

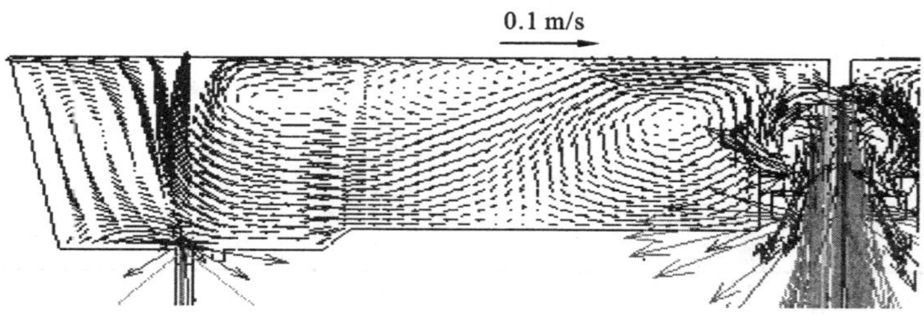

（e） 吹气距离入口2 800 mm

图 11-26 不同吹气位置中间包纵向中心截面钢液流场(Y=0)

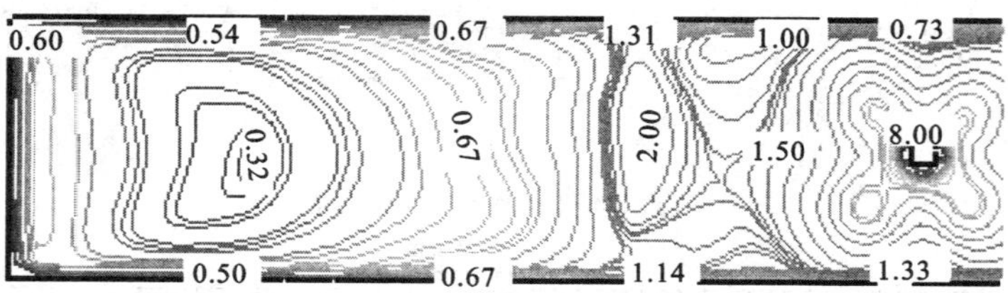

（a） 吹气距离入口1 200 mm

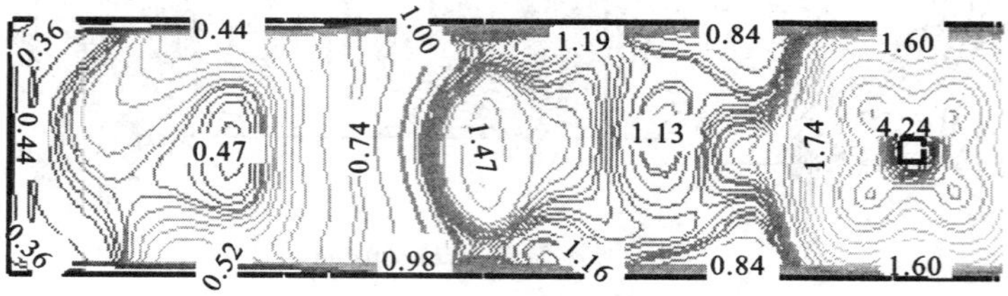

（b） 吹气距离入口1 600 mm

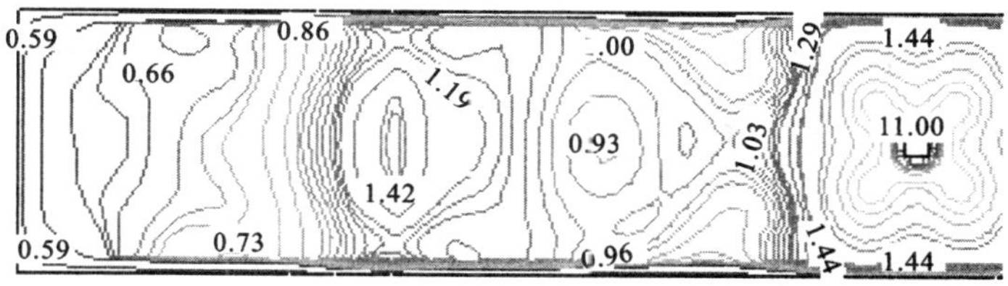

(c) 吹气距离入口2 000 mm

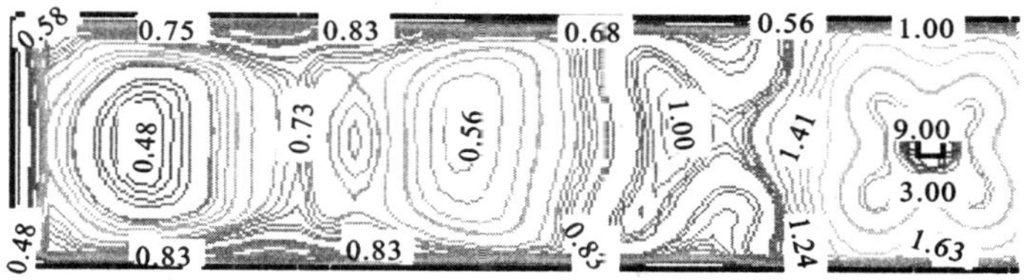

(d) 吹气距离入口2 400 mm

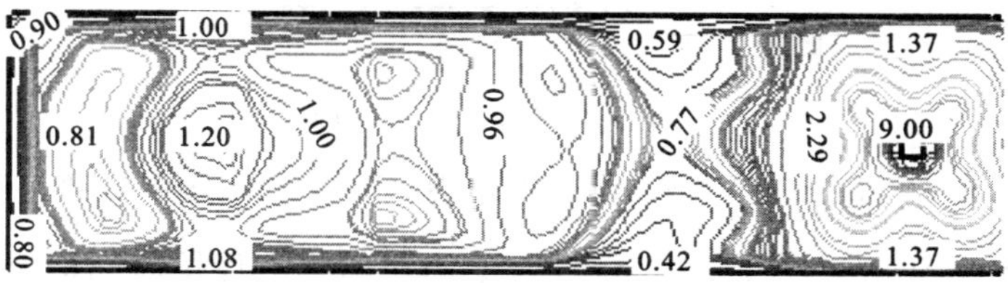

(e) 吹气距离入口2 800 mm

图 11-27　不同吹气位置中间包水平截面($Z/H=0.99$)湍动能($\times10^{-3}$)

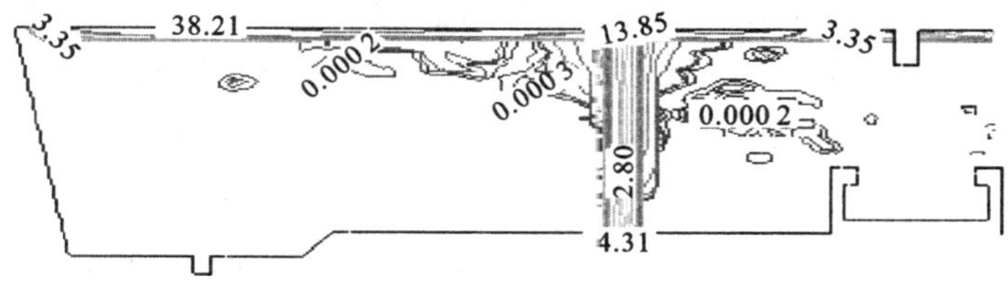

(a) 吹气距离入口1 200 mm

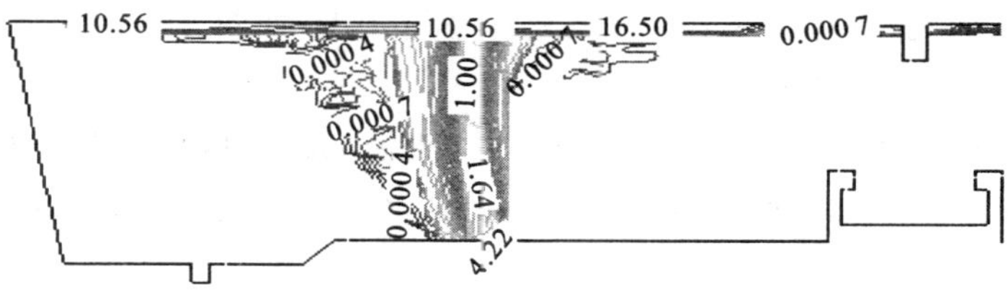

(b) 吹气距离入口1 600 mm

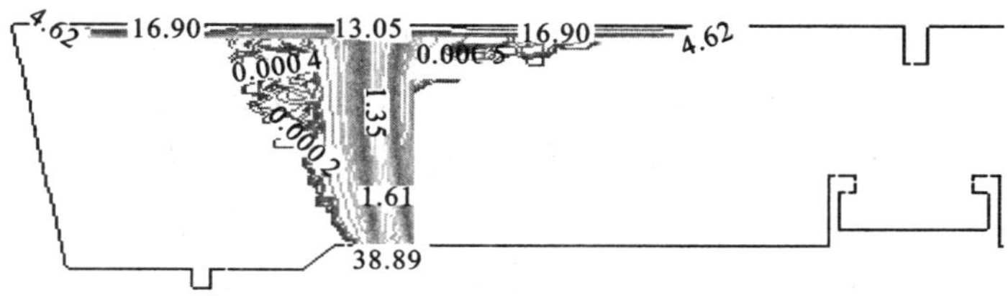

(c) 吹气距离入口2 000 mm

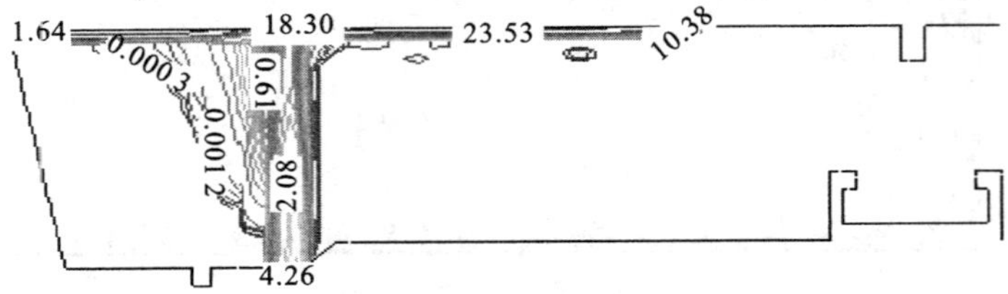

（d）吹气距离入口2 400 mm

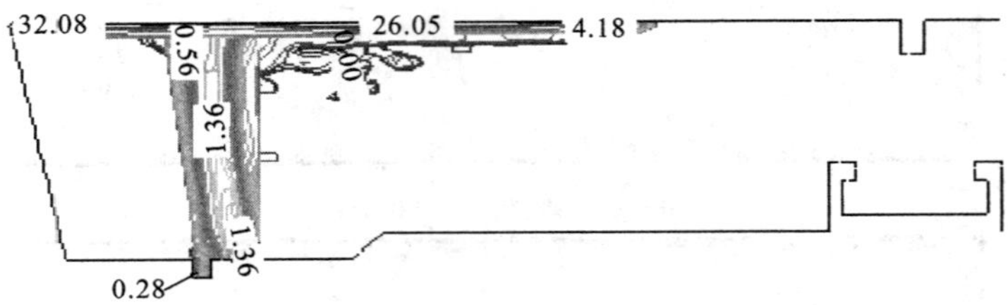

（e）吹气距离入口2 800 mm

图 11-28　不同吹气位置中间包纵向中心截面($Y=0$)气体的体积分布($\times10^{-3}$)

由图 11-25 及表 11-7 可知，吹气位置对中间包内钢液停留时间的影响不明显，与不采用气幕挡墙中间包相比，如表 11-3 所示，均可以有效延长停留时间。

由图 11-26(a)和图 11-27(a)可知，当吹气位置靠近入口时(距离入口 1 200 mm)，气体的搅拌作用增强了注入区钢液之间的混合与碰撞，靠近液面处湍动能较大。气泡带动钢液向上流动，消除了短路流，停留时间延长。浇注区靠近中间包底部 A 区，钢液流动速度较小，近乎滞止状态，形成死区。靠近中间包顶部 B 区，形成小的回流，不利于渣与钢液的分离。

当吹气位置靠近出口时(距离入口 2 400 mm、2 800 mm)，沿底部流动的钢液在气体的卷吸作用下以较大的速度向上流动，达到液面后向四周铺展，在气幕墙右侧靠近中间包顶部形成较强的回流，且浇注区靠近液面处湍动能较大，如图 11-27(e)所示，这不利于渣与钢液的分离，并易造成卷渣现象。

当吹气位置距离入口 1 600～2 000 mm 时，钢液的混合区域主要控制在气幕墙右侧近入口区，有利于夹杂物之间的碰撞长大，浇注区钢液流动较平稳，靠近液面处的湍动能较小，有利于渣与钢液的分离。

由图 11-28 可知，吹气位置距离出口越近，气体在中间包内的分布向出口方向倾斜角度越大。当吹气位置距离出口较远(大于 600 mm)时，吹入的气体都能上浮到液面被渣捕获，当吹气位置距离出口较近(小于等于 200 mm)时，一部分气泡在出口钢液的引流作用下不能上浮到液面，而是随钢液留出，如图 11-28(e)所示，出口处气体的体积分数为 0.028%。

不同吹气位置时中间包内夹杂物的去除率如表 11-8 所示。

表 11-8 吹气位置对夹杂物去除率的影响

吹气位置(距入口)/mm	1 200	1 600	2 000	2 400	2 800
夹杂物去除率/%	58.7	68.7	72.5	77.3	64.7

由表 11-8 可知，在不引起表面卷渣的情况下，任何位置吹气都可以促进夹杂物的去除。当气幕挡墙与入口的距离大于 1 200 mm 时，对夹杂物去除效果的影响较显著，比不吹气时增加了 20%以上。

11.3.3 气幕挡墙代替挡渣堰、挡渣坝的研究

挡渣堰、挡渣坝可以改善中间包内钢液的流动特性，有效延长停留时间，降低死区体积，促进夹杂物上浮去除。同时，堰、坝受钢水的冲刷而损毁，会污染钢液。因此，本小节研究气幕挡墙代替堰、坝时中间包内钢液及夹杂物的运动特性。

根据上述吹气量对钢液流动特性影响的研究，以能形成气幕挡墙且不引起液面卷渣的吹气量 1.70 m^3/h 为例进行模拟研究。

1. 对中间包内钢液流动特性的影响

气幕挡墙代替堰、坝时对中间包内钢液的停留时间分布的影响如图 11-29 及表 11-9 所示。不使用气幕挡墙时中间包内钢液的流场如图 11-30 所示，湍动能如图 11-31 所示。气幕挡墙代替堰、坝时中间包内钢液的流场如图 11-32 和图 11-33 所示，湍动能如图 11-34和图 11-35 所示。

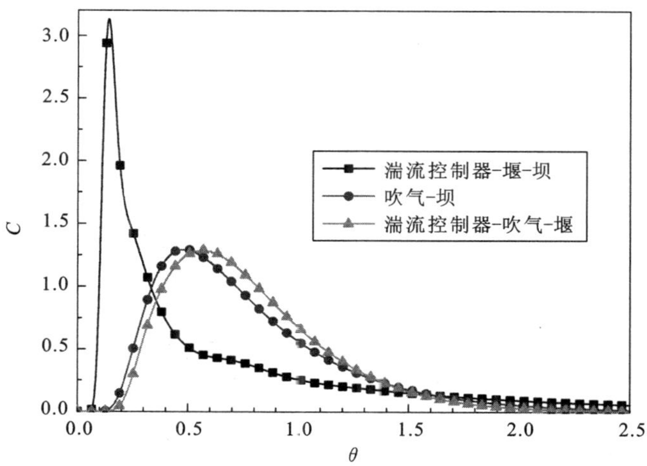

图 11-29 不同控流装置的 RTD 曲线

表 11-9　不同控流装置的 RTD 曲线分析

控流装置	$Q_g/m^3/h$	t_{min}/s	t_{peak}/s	t_{av}/s	$(V_d/V)/\%$	$(V_p/V)/\%$	$(V_m/V)/\%$
湍流控制器-堰-坝	0	80	296	585.6	30.50	21.89	47.61
湍流控制器-吹气-坝	1.70	108	404	616	24.96	32.37	42.67
湍流控制器-吹气-堰	1.70	118	450	620	23.16	35.88	40.96

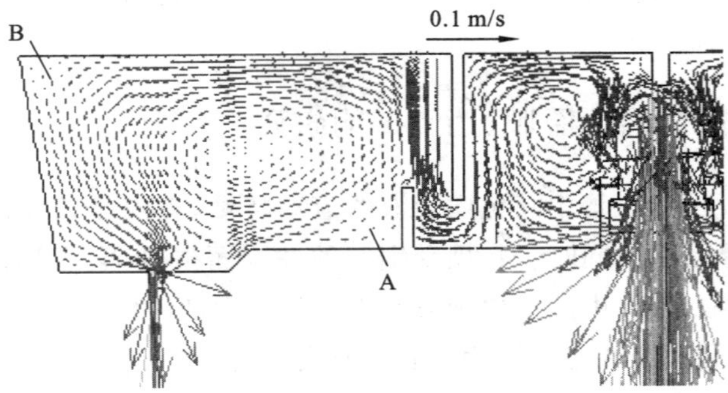

(a) 纵向截面（Y=0）

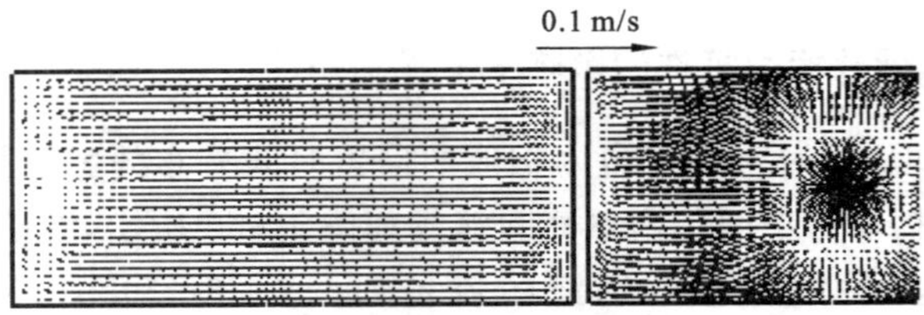

(b) 水平截面（Z/H=0.99）

图 11-30　采用湍流控制器、堰、坝时中间包内钢液流场图

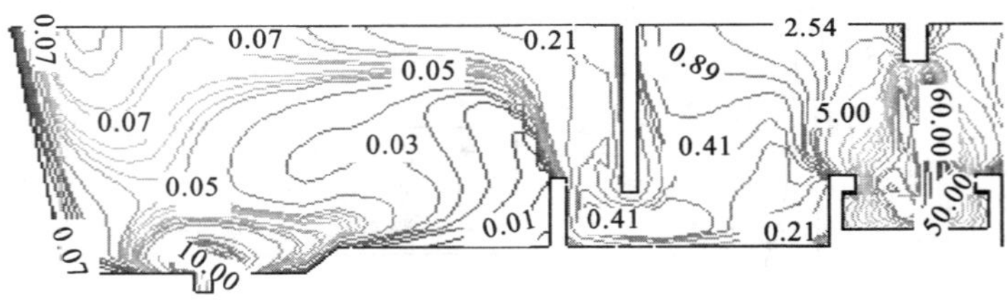

(a) 纵向截面（Y=0）

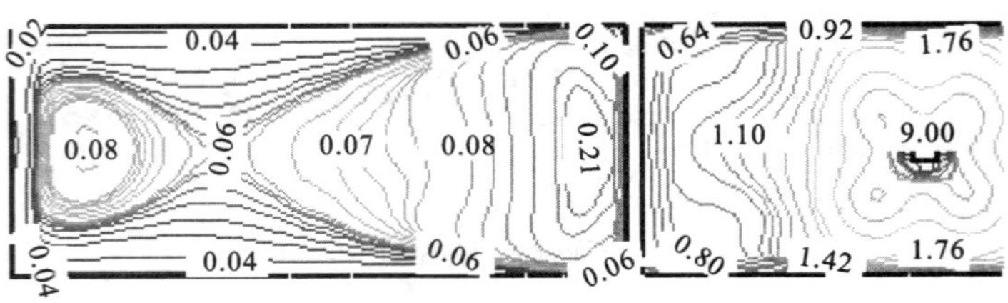

(b) 水平截面（Z/H=0.99）

图 11-31　采用湍流控制器、堰、坝时中间包内钢液湍动能分布

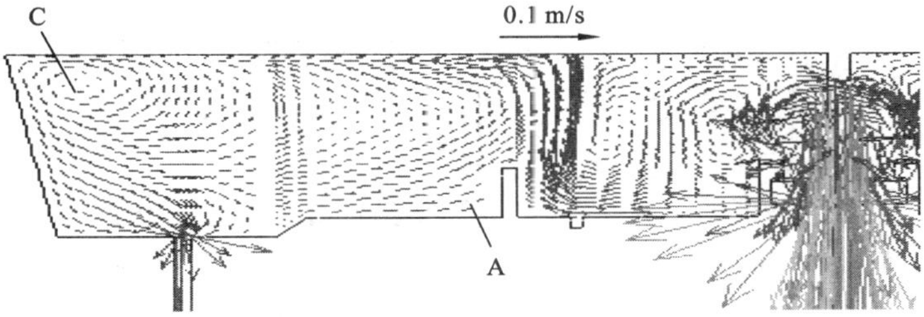

（a）纵向截面（$Y=0$）

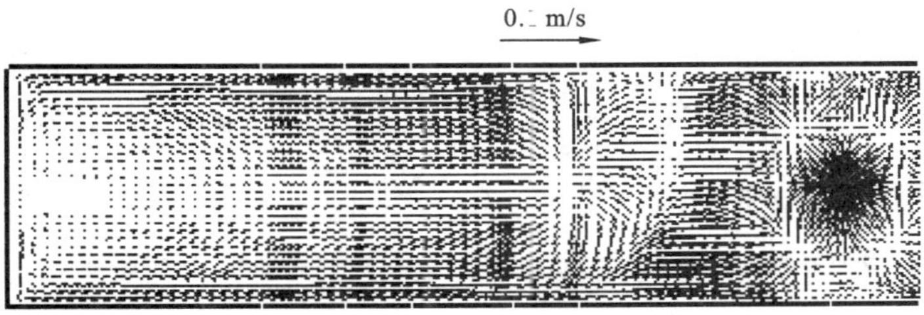

（b）水平截面（$Z/H=0.99$）

图 11-32　气幕挡墙代替堰时中间包流场

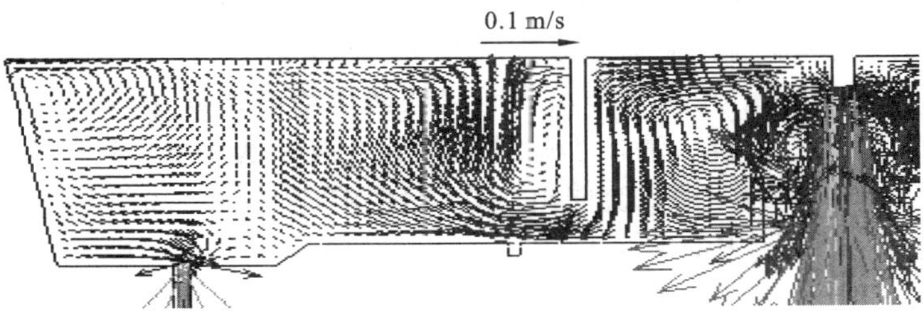

（a）纵向截面（$Y=0$）

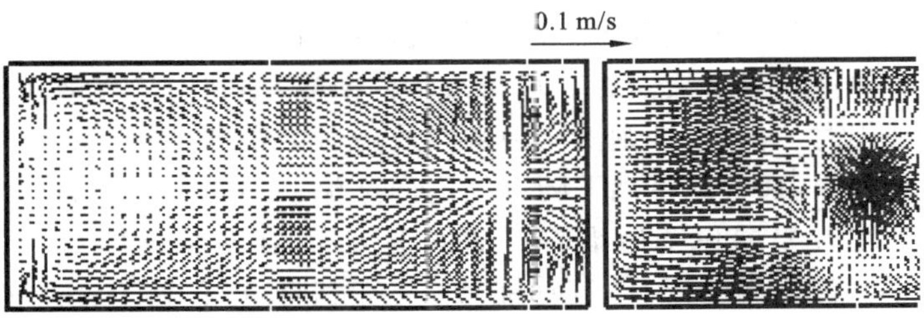

（b）水平截面（$Z/H=0.99$）

图 11-33　气幕挡墙代替坝时中间包流场

由图 11-29 及表 11-9 可知，气幕挡墙代替坝或堰时，示踪剂在出口出现的初始时间、峰值时间及平均停留时间均有效延长，死区体积显著降低。尤其是气幕挡墙代替坝时，响应时间由 80 s 延长到 118 s，峰值时间延长了 154 s，平均停留时间也有效延长，死区体积降低了 7.34%。

由图 11-30 可知，使用湍流控制器、堰、坝的中间包内，钢液以较快的速度流入湍流控

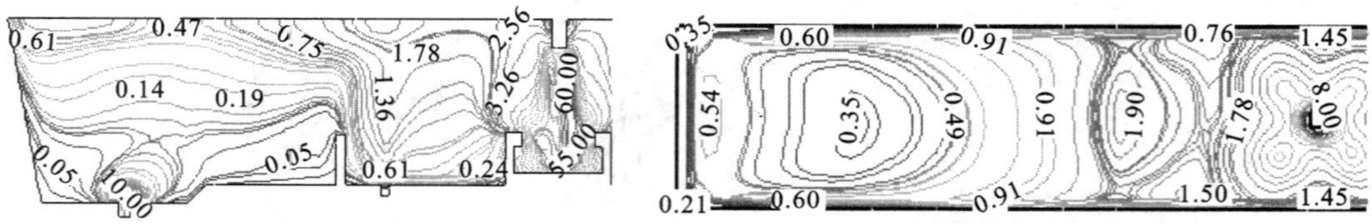

（a）纵向截面（Y=0）　　（b）水平截面（Z/H=0.99）

图 11-34　气幕挡墙代替堰时中间包内的湍动能分布

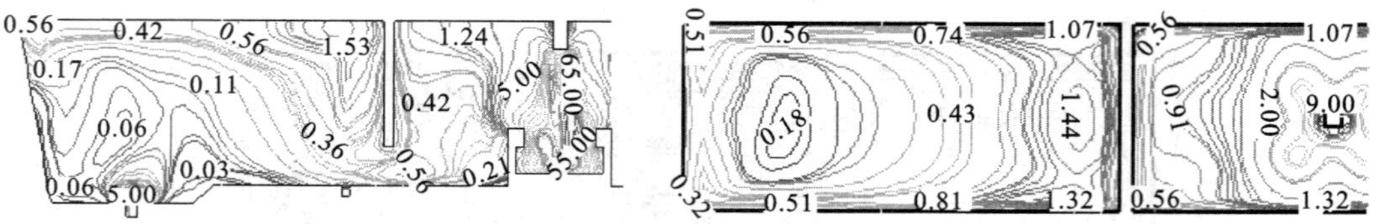

（a）纵向截面（Y=0）　　（b）水平截面（Z/H=0.99）

图 11-35　气幕挡墙代替坝时中间包内的湍动能分布

制器，与湍流控制器壁面发生碰撞后向上流动，在注入区两侧湍流控制器上方形成两个方向相反的回流。堰的作用使钢液首先控制在堰和湍流控制器之间进行混合流动，在堰和湍流控制器之间形成与湍流控制器上方方向相反的回流，涡心位置靠近液面，从而使注入区靠近液面处湍动能较大。由堰下方沿中间包底部流动的钢液在向出口流动的过程中，由于坝的导流作用而向上流动，消除了短路流。由于钢液越过坝之后一部分并不能上流到液面，而是在出口引流的作用下流向出口，从而使响应时间及峰值时间较短，并在靠近坝的 A 区及浇注区上方图中的 B 区形成死区。

气幕挡墙代替堰时，在湍流控制器及其上方，钢液的流动没有明显的变化，在气幕挡墙和湍流控制器之间形成的回流区域的涡心位置向中间包底部移动，使靠近液面处的速度降低(图 11-32)，可以避免卷渣现象。坝的导流作用消除了短路流，但在靠近坝的 A 区形成明显的死区。浇注区靠近液面处 C 区形成小的回流，不利于渣与钢液分离。

气幕挡墙代替坝时，对注入区钢液流动特性及湍动能分布的影响不大，钢液在堰的下部向出口流动的过程中，在气泡带动下随着气泡向上流动，到达液面后向四周铺展，沿液面流动的钢液遇到堰及横向包壁后沿着壁面向下流动，在气幕挡墙与堰之间形成回流(图 11-33)，增强了钢液之间的混合，湍动能增大(图 11-35)，有利于夹杂物的碰撞长大。气幕挡墙与出口之间呈现明显的上扬流动，从而使停留时间有效延长，死区体积降低。

2. 气幕挡墙代替堰、坝对夹杂物去除率的影响

表 11-10 为气幕挡墙代替堰、坝时对中间包内夹杂物去除率的影响。

表 11-10　气幕挡墙代替堰、坝对夹杂物去除率的影响

不同控流装置	湍流控制器-堰-坝	湍流控制器-气幕挡墙-坝	湍流控制器-堰-气幕挡墙
夹杂物去除率/%	65.8	73.2	78.2

由表 11-10 可知，气幕挡墙代替堰或坝均可以有效促进夹杂物的去除，其中代替坝时，效果更显著，夹杂物总去除率增加了 12.4%。

3. 气幕挡墙代替堰、坝时中间包内气体的体积分布

图 11-36 和图 11-37 分别为气幕挡墙代替堰、坝时中间包内气体的体积分布的倾斜角度较小，浇注区靠近液面处有微量的气体存在，大部分均上浮到液面被渣捕获。当气幕挡墙代替坝时，气体在中间包内的分布区域增加，气柱向出口方向倾斜，浇注区有少量的气体存在，大部分上浮到液面，出口处没有气体随钢液流出，如图 11-37 所示。

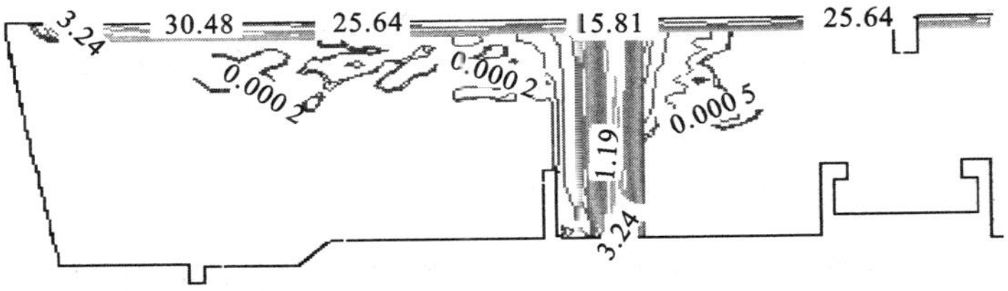

图 11-36　气幕挡墙代替堰时中间包中心截面的体积分布

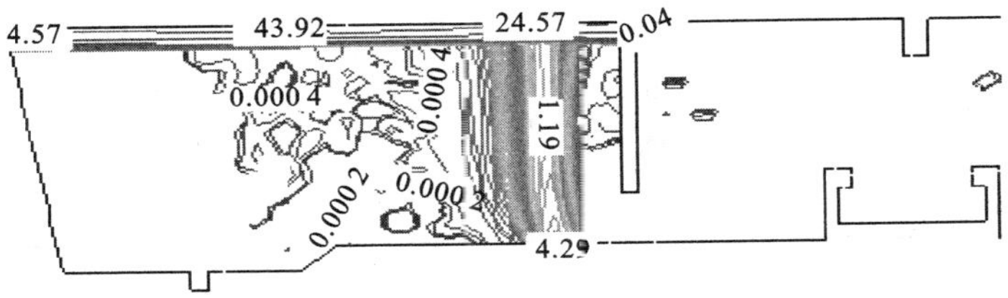

图 11-37　气幕挡墙代替坝时中间包中心截面的体积分布

11.3.4　含有湍流控制器、挡渣堰、挡渣坝的中间包内气幕挡墙的影响

为了有效改善中间包内钢液的流动特性，湍流控制器、挡渣堰、挡渣坝往往同时使用。张美杰等[6]对四流中间包水模实验研究认为，堰、坝与气幕挡墙组合使用时，中间包内钢液的流动最有利于夹杂物的去除及温度的均匀。本小节对二流板坯中间包内堰、坝、湍流控制器、气幕挡墙组合使用时的吹气参数进行模拟研究。

根据上述研究，当吹气量为 1.73 m^3/h 时，吹入的气泡能形成有效气幕挡墙并不引起液面波动。固定吹气量为 1.73 m^3/h，不同吹气位置气幕挡墙对中间包内钢液停留时间及流动特性的影响如图 11-38 及表 11-11 所示，不使用气幕挡墙时钢液的流场如图 11-30 所示，湍动能如图 11-31 所示。气幕挡墙与堰、坝、湍流控制器组合使用时，不同吹气位置钢液的流场如图 11-39～图 11-43 所示，湍动能如图 11-44～图 11-48 所示。

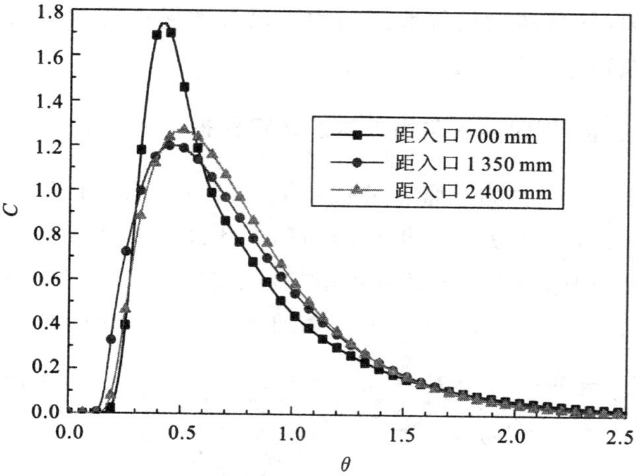

图 11-38 湍流控制器、堰、坝中间包内不同气幕挡墙位置时的 RTD 曲线

表 11-11 湍流控制器、堰、坝中间包内不同气幕挡墙位置时的 RTD 曲线分析

吹气位置(距入口)/mm	t_{min}/s	t_{peak}/s	t_{av}/s	(V_d/V)/%	(V_p/V)/%	(V_m/V)/%
700	127	330	586	30.28	28.71	41.01
1 350	100	365	604	26.85	27.51	45.65
2 000	117	388	607	26.08	31.93	41.99
2 400	115	396	610	25.34	32.31	42.36
2 800	117	427	613	24.39	34.45	41.15

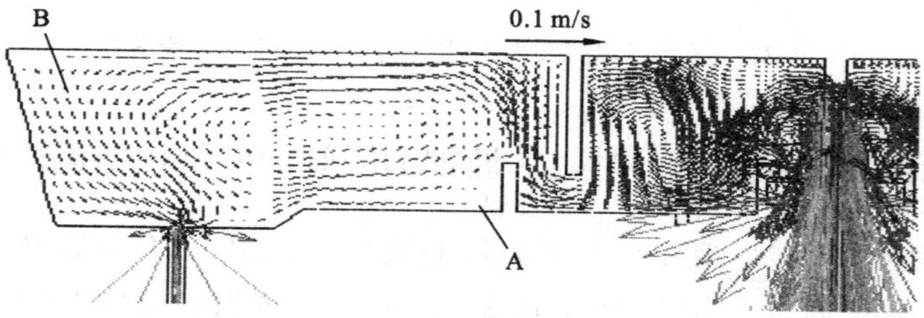

(a) 纵向中心截面

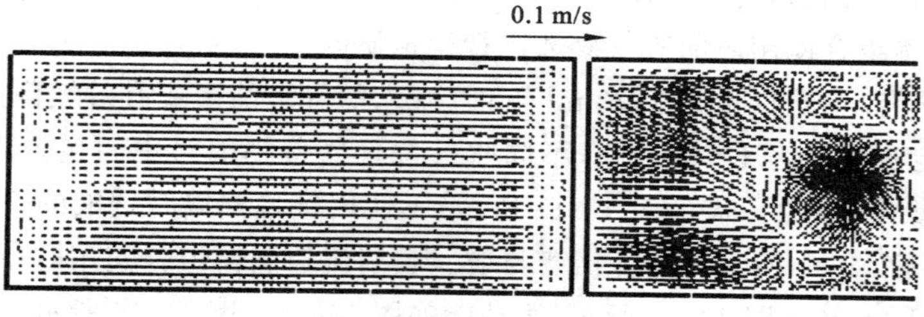

(b) 水平截面 (Z/H=0.99)

图 11-39 气幕挡墙位于堰和湍流控制器之间时中间包内钢液的流场图

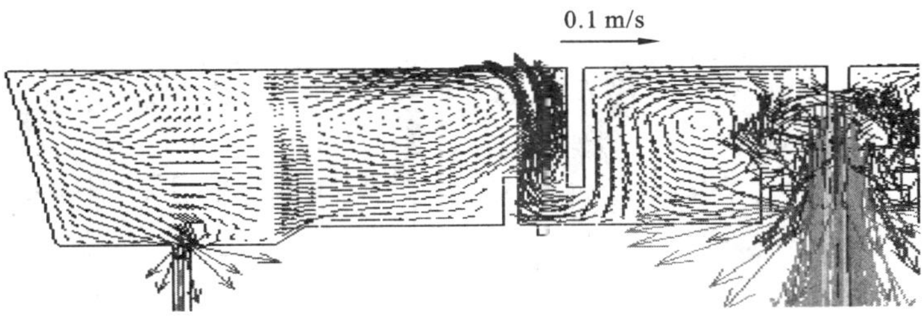

（a）纵向中心截面

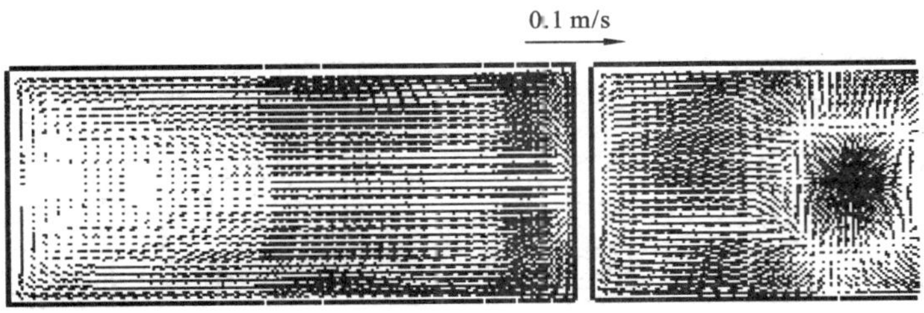

（b）水平截面（Z/H=0.99）

图 11-40　气幕挡墙位于坝和堰之间时中间包内钢液的流场图

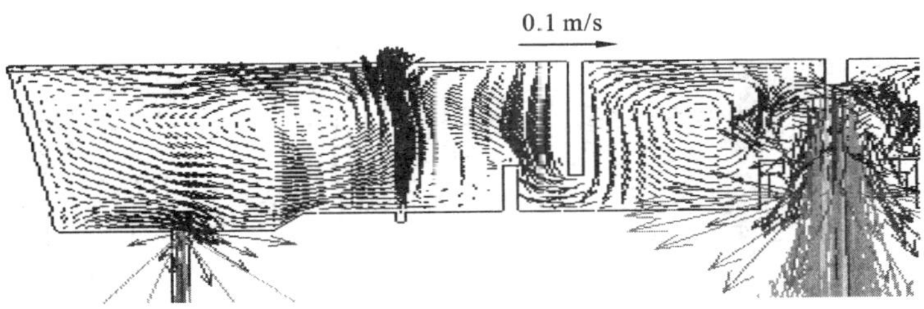

（a）纵向中心截面

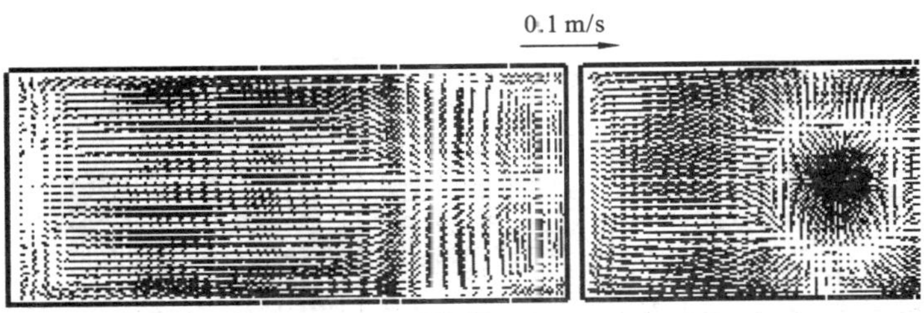

（b）水平截面（Z/H=0.99）

图 11-41　气幕挡墙距离入口 2 000 mm 时中间包内钢液的流场图

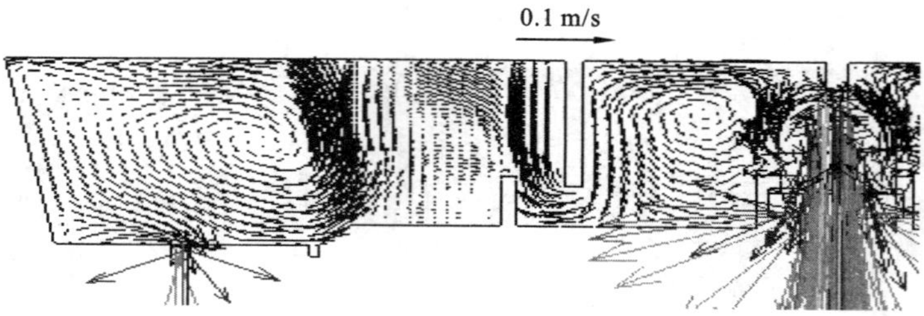

（a）纵向中心截面

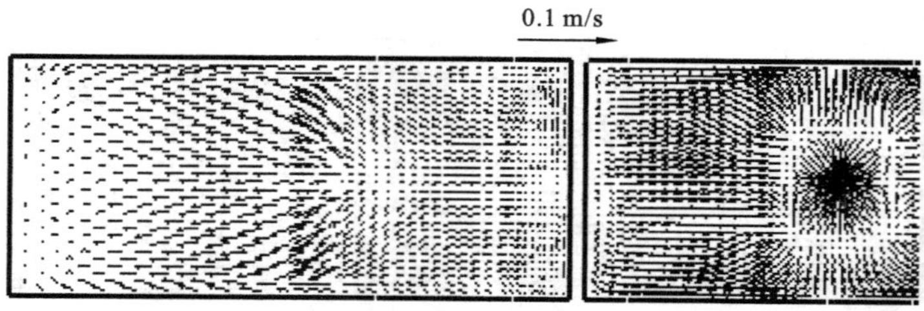

（b）水平截面（Z/H=0.975）

图 11-42　气幕挡墙距离入口 2 400 mm 时中间包内钢液的流场图

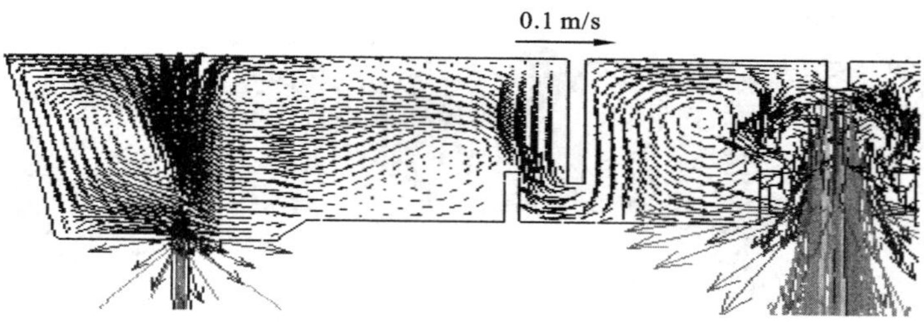

（a）纵向中心截面

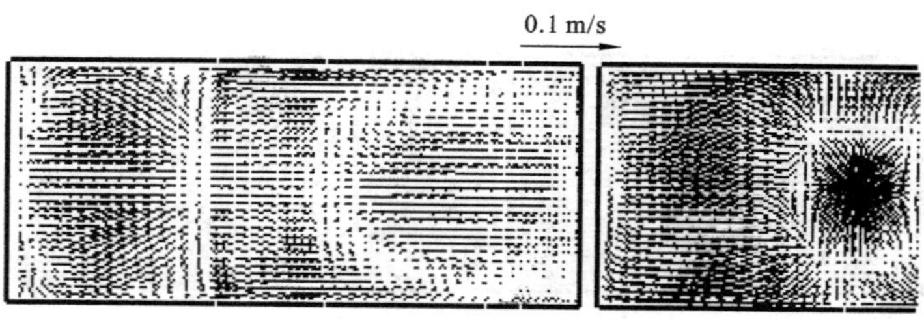

（b）水平截面（Z/H=0.975）

图 11-43　气幕挡墙距离入口 2 800 mm 时中间包内钢液的流场图

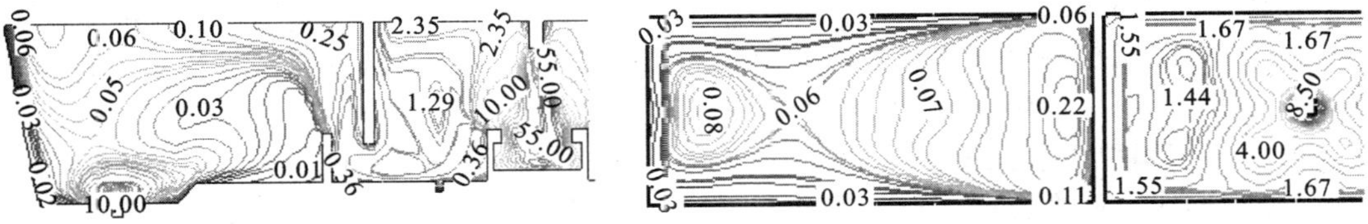

（a）纵向截面（$Y=0$）　　（b）水平截面（$Z/H=0.99$）

图 11-44　气幕挡墙位于堰和湍流控制器之间时中间包内钢液的湍动能分布

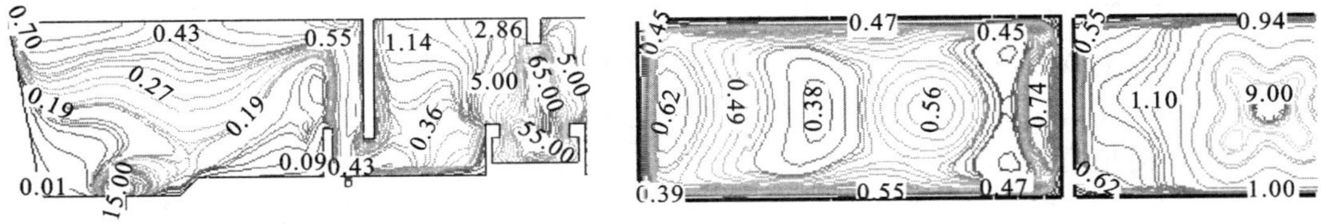

（a）纵向截面（$Y=0$）　　（b）水平截面（$Z/H=0.99$）

图 11-45　气幕挡墙位于坝和堰之间时中间包内钢液的湍动能分布

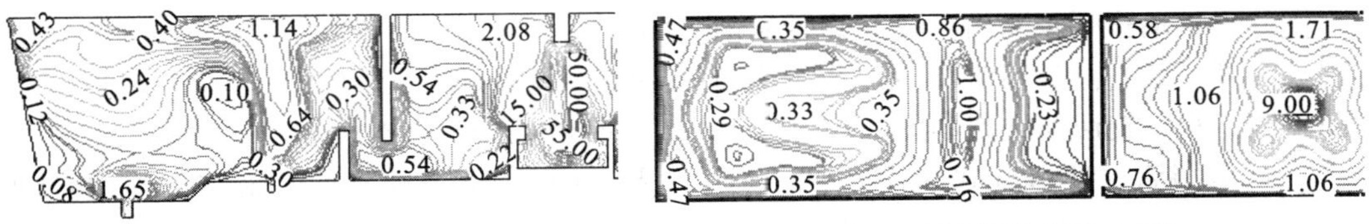

（a）纵向截面（$Y=0$）　　（b）水平截面（$Z/H=0.99$）

图 11-46　气幕挡墙距离入口 2 000 mm 时中间包内钢液的湍动能分布

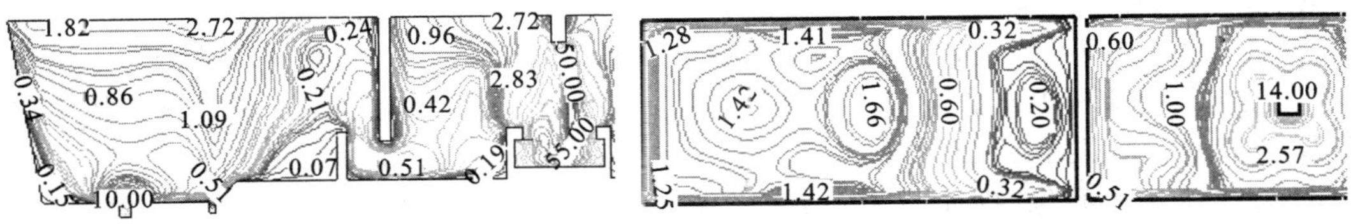

（a）纵向截面（$Y=0$）　　（b）水平截面（$Z/H=0.99$）

图 11-47　气幕挡墙距离入口 2 400 mm 时中间包内钢液的湍动能分布

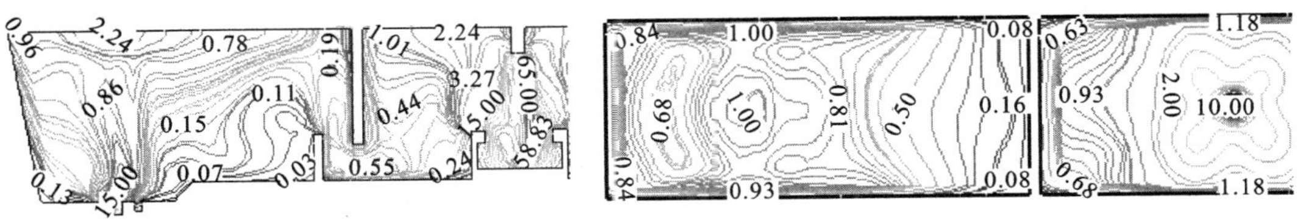

（a）纵向截面（$Y=0$）　　（b）水平截面（$Z/H=0.99$）

图 11-48　气幕挡墙距离入口 2 800 mm 时中间包内钢液的湍动能分布

由图 11-38 及表 11-11 可知，当气幕挡墙位于堰与湍流控制器之间时，对停留时间的影响不大；当湍流控制器在堰与坝之间及坝与出口之间时，均可以有效延长停留时间，降低死区体积，且离出口越近，停留时间越长。

当气幕挡墙位于湍流控制器和堰之间时，对注入区钢液流动影响较大，在气幕挡墙的两侧，分别形成了两个方向相反的小回流，气幕挡墙和湍流控制器之间的回流区涡心位置靠近中间包底部，气幕挡墙和上挡墙之间的回流区涡心位置在中间包中部，如图 11-39(a)所示，与不吹气时相比，中间包下部湍动能增大，靠近液面处湍动能下降(图 11-44)，既增加了钢液间的混合和夹杂物的相互碰撞，促进了夹杂物的长大，又不易引起卷渣现象。与不使用气幕挡墙相比，浇注区钢液流动变化不大，沿底部流动的钢液在坝的导流作用下向上流动，由于一部分钢液不能流动到液面即流向出口，停留时间变化不大，如表 11-11 所示，在浇注区的 A 区、B 区钢液流动近乎滞止，存在一定的死区。

当气幕挡墙位于坝和堰之间时，在气幕挡墙处形成近似于 S 形的回流区，如图 11-40(a)所示。坝与堰之间靠近中间包底部形成小的回流区，湍动能增加(图 11-43)，增加了钢液间的混合及夹杂物的碰撞长大，并带动该区域钢液向上流动，使混合区体积增大，滞止区体积降低，有利于夹杂物的上浮。坝的上部靠液面处形成大的回流区，使该位置的速度及湍动能较大，如图 11-40(b)和图 11-45(b)所示，容易引起表面卷渣现象。

当气幕挡墙位于坝和出口之间靠近坝时，如图 11-41 所示，在气幕挡墙两侧形成回流，特别是气幕挡墙右侧的回流，改变了该区域钢液的滞止状态，降低了死区体积。气幕挡墙左侧的回流不利于钢液与夹杂物的分离，且如果吹气量控制不当，会造成液面卷渣现象。

当气幕挡墙靠近出口时，如图 11-44 所示，沿着中间包底部流动的钢液在气泡的带动下向上流动，到达液面后向四周铺展，大大延长了流动路径，使停留时间延长。由于在出口上方，形成较大的回流区，增加了该区域钢液的混合，湍动能增加(图 11-48)，不利于夹杂物与钢液的分离，且由图 11-44(b)和图 11-48(b)可知，靠近液面处速度及湍动能较大，容易引起表面卷渣现象。

由图 11-49(a)可知，当气幕挡墙位于堰与湍流控制器之间时，大部分气体分布于注入区，浇注区只在液面上有微量气体存在。随着气幕挡墙向出口方向移动，浇注区气体体积分数增加。在气幕挡墙距离入口小于 2 400 mm 范围内，吹入的气体大部分能上浮到液面，少量气体在中间包内形成气柱，没有气体由出口流出。当吹气位置距离出口较近(小于等于 200 mm)时，吹入的气体除形成气柱及上浮到液面外，少量气泡在出口钢液的引流作用下随钢液流出。当气幕挡墙距离出口 200 mm 时，有 0.025%的气体随钢液由出口流出，如图 11-49(e)所示。不同吹气位置时中间包内夹杂物的去除率如表 11-12 所示。

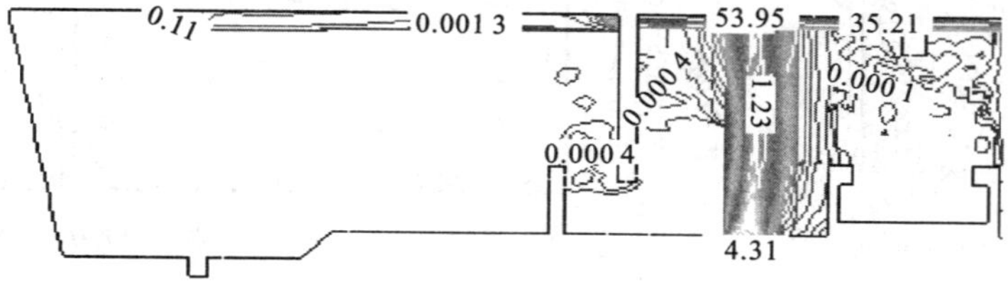

(a) 堰和湍流控制器之间

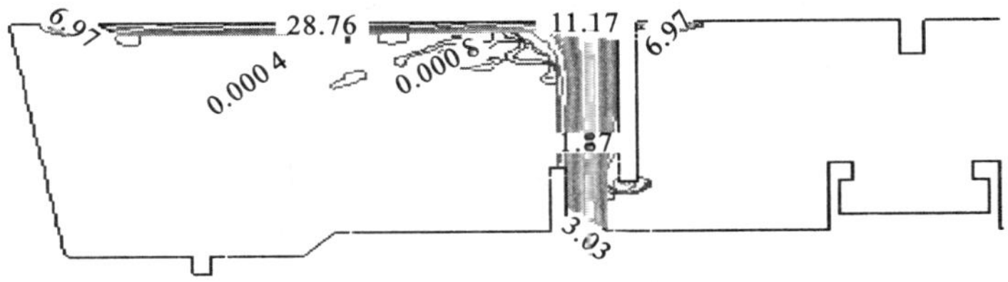

（b）堰和坝之间

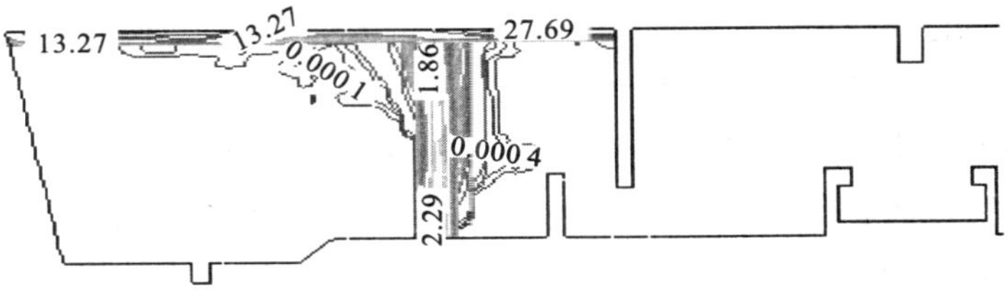

（c）距离入口2 000 mm

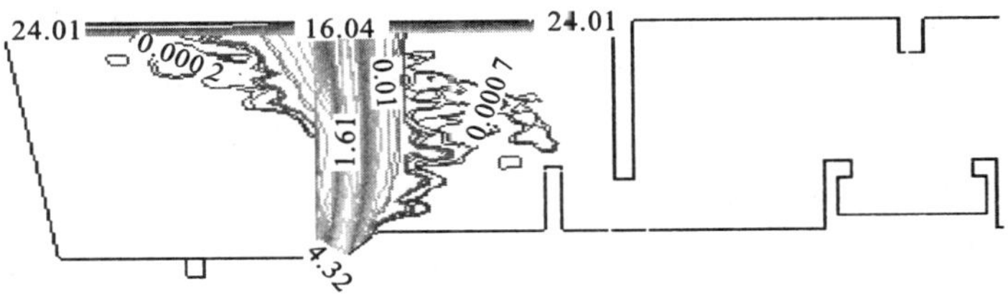

（d）距离入口2 400 mm

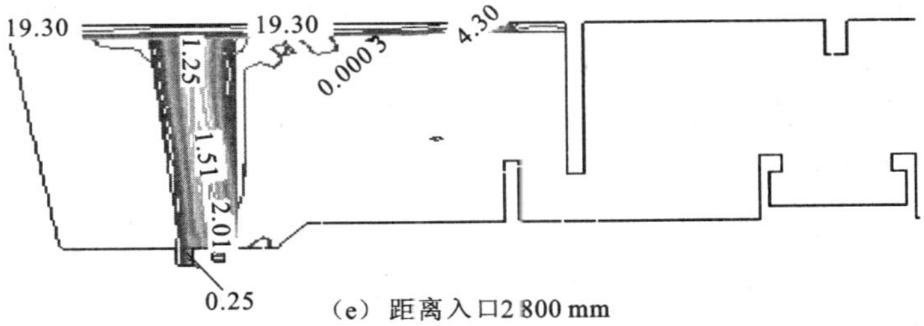

（e）距离入口2 800 mm

图 11-49　不同吹气位置时中间包内气体的体积分布

表 11-12　吹气位置对夹杂物去除率的影响

吹气位置(距入口)/mm	700	1 350	2 000	2 400	2 800
夹杂物去除率/%	75.2	87.8	84.2	86.3	82.1

由表 11-12 可知，同时采用湍流控制器、堰、坝的中间包，气幕挡墙有效促进了夹杂物的去除。其中气幕挡墙位置对夹杂物的去除率有重要影响。当气幕挡墙位于湍流控制器与堰之间时，对钢液流场的影响不大，主要是增加了注入区钢液的混合与夹杂物的碰撞长大，因此夹杂物总去出率只比不采用气幕挡墙时增加了 10%左右。当气幕挡墙位于堰、

坝之间或坝与出口之间时，由于对钢液流场的改善及气泡的吸附作用，与不采用气幕挡墙相比，夹杂物总去除率增加了25%左右。

11.4 本章小结

(1) 采用欧拉两流体模型描述中间包内的气液两相流动，多孔介质模型描述气体在气幕挡墙砖内的流动，拉格朗日随机轨道模型描述中间包内夹杂物的运动，用商业CFD软件与个人编程相结合，模拟计算气幕挡墙中间包内气液两相流动及夹杂物运动，并用Monte-Carlo法模拟计算了夹杂物的去除率。

(2) 在只有湍流控制器的中间包内，使用气幕挡墙技术可以显著改善中间包内流体的流动特性，在气幕挡墙位置形成上扬流动，有效延长了停留时间，降低了死区体积。

(3) 采用中间包气幕挡墙技术，吹气位置及吹气量对流体流动特性有重要影响。当吹气量较大时，靠近液面处钢液的湍动能增加，易引起卷渣现象；当吹气量太小时，不能形成有效的气幕，浇注区不能形成有效的上扬流动。当吹气位置距离入口较近时，有利于增强注入区钢液的混合及夹杂物的碰撞长大，但浇注区存在一定的死区；当吹气位置距离入口太近时，虽停留时间大大延长，但浇注区形成较强的回流，不利于渣与钢液的分离，且易于造成液面卷渣现象，并有少量气体随钢液由出口流出；当控制适当的吹气量及吹气位置时，中间包内钢液的流动有利于延长停留时间，促进夹杂物的去除，并没有气体由出口流出。

(4) 气幕挡墙代替中间包内的挡渣堰或挡渣坝均可以有效延长钢液的停留时间，促进夹杂物上浮去除。当气幕挡墙代替堰时，浇注区靠近液面处形成的回流不利于钢液与夹杂物的分离；当气幕挡墙代替坝时，既可以消除短路流，有效延长停留时间，又不存在明显的死区，且浇注区钢液流动平稳，有利于夹杂物的上浮去除。

(5) 在同时使用湍流控制器、堰、坝的中间包内，在能形成有效气幕并不引起表面卷渣的吹气量下，气幕挡墙的位置对流体流动特性有重要影响。当气幕挡墙位于堰、坝之间时，对停留时间及浇注区钢液流动特性影响不大，注入区钢液湍流混合增强，湍动能增大，有利于夹杂物的碰撞长大；气幕挡墙靠近出口时，浇注区造成较强的回流，湍动能较大，不利于夹杂物的上浮去除，易引起表面卷渣现象，且有少量气泡随钢液流出，造成对钢液的二次污染；在其他位置吹气时，气幕挡墙两侧形成的回流有利于降低死区体积，促进夹杂物的碰撞长大，稳定的上扬流动有利于延长停留时间，促进夹杂物上浮去除。

参考文献

[1] 钟良才，张立，黄耀文，等. 湍流控制装置的结构对中间包流体流动特性的影响[J]. 钢铁研究学报，2002，14(4)：6-9.

[2] 张立，黄耀文，杨时标，等. 连铸中间包湍流控制器的水模实验研究[J]. 钢铁，2002，37(12)：17-19.

[3] 陶立群，姜茂发，姜学锋，等. 连铸中间罐采用新型控流装置的模拟试验[J]. 武汉科技大学学报(自然科学版)，2004，27(3)：245-249.

[4] 王建军，包燕平，曲英. 中间包冶金学[M]. 北京：冶金工业出版社，2001.

[5] MAZUMDAR D，GUTHRIE R I L. The physical and mathematical modelling of continuous casting tundish systems [J]. ISIJ International，1999，39(6)：524-547.

[6] 张美杰，汪厚植，顾华志，等. 连铸中间包内钢液流场数值模拟的研究进展[J]. 武汉科技大学学报(自然科学版)，2004，27(3)：245-249.

第 12 章 中间包内场协同分析方法

自然界中的任何传递过程都是在强度量差的推动下由广延量的传递来实现的，且任何传递过程都不可能孤立存在。过增元院士在研究对流换热时，发现速度场与热流场之间的协同对传热有重要影响，根据其协同规律提出了传热强化的场协同理论。随后，场协同理论先后在能源、化工领域用于传递过程分析与优化。中间包内高温钢液的湍流流动、传热及夹杂物传输过程与能源、化工领域中的传递过程就物理本质而言是相同的。因此，本章将场协同原理引入到中间包冶金并从理论上分析中间包冶金过程的传热传质过程，为中间包流场优化提高新的理论指导。

12.1 中间包流场优化研究方法概述

钢液中夹杂物的去除主要有两个过程[1-2]：一是通过钢液流动将夹杂物输运到顶渣或耐火材料壁面，包括夹杂物的形核、碰撞和长大过程；二是夹杂物在顶渣或耐火材料壁面的沉积和吸附。显然，两个过程都离不开质量传递。夹杂物的碰撞、上浮和去除是以钢液为载体通过传递进行的，了解夹杂物的迁移及去除离不开对钢液流场的研究。对中间包内钢液流动特性的研究始于 20 世纪 70 年代[3]，研究方法主要是水模实验与数值模拟计算，根据钢液在中间包内的停留时间分布曲线（RTD 曲线），采用经典的 Sinha 模型[4]，通过对 RTD 曲线进行处理，采用平均停留时间、活塞流体积、死区体积等[5]近似判断钢液场与夹杂物去除的关系[6-7]。为了延长钢液的停留时间，冶金工作者通过改变中间包的形状[8]，在中间包内设置挡渣堰、挡渣坝、斜孔挡墙等耐火材料元、器件（称为控流装置），改变这些元器件的组合配置方案，控制钢液流动特性，提高夹杂物的去除[3-8]。

为了更直观研究中间包内钢液流动对洁净钢冶炼的作用，从 20 世纪 90 年代初，开始了钢液中夹杂物的研究，研究方法主要有欧拉（Euler）法和拉格朗日（Lagrange）法[1]。Sinha 等[9]考虑斯托克斯（Stokes）上浮力、夹杂物颗粒的碰撞与长大，通过数值计算求解夹杂物传递方程，研究了不同机制对夹杂物去除的贡献。Ling 等[10]采用欧拉法研究了湍流碰撞长大对小颗粒夹杂物去除的贡献，张邦文[1]采用拉格朗日法研究了中间包内夹杂物运动轨迹及碰撞、上浮、壁面吸附对夹杂物去除的贡献，提出湍流有利于小颗粒夹杂物的碰撞长大。为了增加旋流，提高夹杂物的湍流碰撞效果，提出了采用旋流长水口[11]，在中间包长水口下方设置湍流控制器与堰、坝组合[12-14]，采用旋流室[15]等耐火材料元、器件。Guo 等[16]对 Al_2O_3 颗粒的碰撞长大研究认为颗粒直径大于 11 μm 的夹杂物难以继续长大，通过控流延长钢液停留时间仍是主要去除方式。

进一步研究表明，通过在中间包内设置控流装置，改变钢液流场，可以有效去除颗粒直径大于 50 μm 的夹杂物[17-19]。为了去除小于 50 μm 夹杂物，利用气泡易于捕获夹杂物的原理[17]，提出了气幕挡墙技术[20-21]、通过设置带有过滤器的挡墙[14]、施加外场电磁搅拌[22]或感应加热技术[23-24]。但迄今为止，仍然采用枚举法进行实验研究控流技术，首先根据经验设计控流装置配置方案，然后进行水模试验、数值模拟计算获得钢液流场、温度分布及夹杂物去除率，根据多次模拟结果选择其中的优化配置。传统控流技术虽已在工业应用中获得成效，但尚存以下问题：①控流装置的配置方案主要依赖于工程设计人员的经验，能否最大限度地去除夹杂物并无科学统一的标准；②不同配置方案均需逐一进行实验与数值模拟计算，工作量大，耗时长，效率低。

12.2　场协同概述

自然界中的任何传递过程都是在强度量差的推动下由广延量的传递来实现的，且任何传递过程都不可能孤立存在。李志信等[25]在研究对流换热时，发现速度场与热流场之间的协同对传热有重要影响，根据其协同规律提出了传热强化的场协同理论，并基于热量传递现象的本质，定义了“炽”和“炽”耗散的概念，提出了“炽”耗散极值原理。陶文铨等[26]、刘伟等[27]进一步诠释了协同的思想，指出：“协同”意味着各种相互作用力之间的协调一致。Meng 等[28]、陈群[29]等在场协同分析的基础上，以“炽”耗散取极值为优化目标，用变分法分别推导了层流换热及湍流换热时强化传热的场协同方程，建立了最优流场数学模型，通过数值计算获得了黏性耗散一定时的最优流场，采用逆推法，实现了换热器单元结构的优化设计。目前，在传热学领域，该原理已成功应用于导热、对流及辐射传热过程的优化及换热器的优化设计中[30-33]。陈群[29]，Chen[31]研究了对流传质过程中的场协同性，定义了质量积(E_{vm})和质量积耗散(φ_m)，并用于溶液除湿和蒸发冷却[24]等层流状态下传热传质耦合过程的分析和优化，实现了室内通风排污过程及光催化反应器结构的优化设计。在化学反应工程领域，杨伯伦对反应精馏过程[34]、蒸发分离过程[35]进行了场协同分析，提出了传热、传质及化学反应之间的相互作用规律。Yu 等[36]对化学吸附法CO_2捕集过程进行了场协同分析，提出了同时具有流动、传热、传质及化学反应的多场协同关系式。

中间包内高温钢液的湍流流动、传热及夹杂物传输过程与能源、化工领域中的传递过程就物理本质而言是相同的。因此，本书将场协同原理引入到中间包冶金并从理论上分析中间包冶金过程的传热传质过程，为中间包流场优化提供新的理论指导。

12.3　流场与温度场之间的场协同分析

12.3.1　流场与温度场的场协同角计算

将对流换热的能量方程在整个中间包内钢液的流动区域内积分，并运用高斯公式将体积分转化为面积分，同时由于出入口速度较快，轴向导热可忽略，可得[29]

$$\int_{\Omega}\rho c_{p}U\cdot\nabla T\mathrm{d}V=\int_{\partial\Omega}\overline{n}\cdot(\lambda\nabla T)\mathrm{d}S=q_{w}\cdot S_{w}\qquad(12\text{-}1)$$

令 $\overline{U}=U/U_{\text{in}}$，$\nabla\overline{T}=(L_0\nabla T)/(T_{\text{w}}-T_{\text{in}})$ 和 $\mathrm{d}\overline{V}=\mathrm{d}V/V_0$，$q_{\text{w}}=h(T_{\text{in}}-T_{\text{w}})$，将式(12.1)进行无量纲化，即

$$\rho c_{\text{p}}U_{\text{av}}(T_{\text{w}}-T_{\text{in}})V_0/L_0\int_{\Omega}\overline{U}\cdot\nabla\overline{T}\mathrm{d}\overline{V}=h(T_{\text{w}}-T_{\text{in}})\cdot S_{\text{w}}$$

对上式进行整理，即

$$\frac{\rho U_{\text{in}}L_0}{\mu}\cdot\frac{\mu c_{\text{p}}}{\lambda}\cdot\frac{V_0}{L_0S_{\text{w}}}\int_{\Omega}\overline{U}\cdot\nabla\overline{T}\mathrm{d}\overline{V}=\frac{hL_0}{\lambda}$$

对于确定的中间包，$\frac{V_0}{L_0S_{\text{w}}}$ 为几何无量纲数，设为 K_{L}，将 $\frac{\rho U_{\text{in}}L_0}{\mu}=Re$，$\frac{\mu c_{\text{p}}}{\lambda}=\Pr$，$\frac{hL_0}{\lambda}=Nu$ 代入上式，即

$$Nu=K_{\text{L}}\mathrm{RePr}\int_{\Omega}\overline{U}\cdot\nabla\overline{T}\mathrm{d}\overline{V} \tag{12-2}$$

式(12-1)和式(12-2)中，U_{av} 表示钢液在中间包内的平均速度；T_{w}，T_{av} 分别表示传热面及中间包内钢液的平均温度；L_0 表示按照散热面积计算的中间包的等效特征长度；V_0 表示中间包内钢液的有效容积；S 表示中间包散热面的面积，数值上等于液面面积、侧面面积与底面面积之和。

由式(12-2)可知，努塞尔数 N_u 不仅取决于雷诺数 R_e 和普朗特数 P_r，还取决于无量纲化后的速度矢量 $\overline{U}$ 和温度梯度 $\nabla\overline{T}$ 的点积在对流换热区域内的积分，这就是流换热场协同数，即

$$Fc_h=\int_{\Omega}\overline{U}\,\nabla\overline{T}\mathrm{d}\overline{V}=\int_{\Omega}\overline{|U|}\,|\nabla\overline{T}|\cos\beta\,\mathrm{d}\overline{V} \tag{12-3}$$

式中：β 为温度和速度梯度矢量间的夹角。夹角越小，整个流动区域内的速度场和温度梯度场的场协同数就越大，通过边界的热流量就越高。

流场与温度场的场协同角即速度矢量和温度梯度矢量间的夹角，计算式为

$$\cos\theta=\left(\frac{\mathrm{grad}Tu}{\mathrm{grad}T|u|}\right) \tag{12-4}$$

即

$$\theta=\arccos\left(\frac{\mathrm{grad}Tu}{\mathrm{grad}T|u|}\right) \tag{12-5}$$

式中：u 表示流体的速度，m/s，通过计算中间包流场可得；T 为流体温度，K 通过求解能量方程可得。

温度场的场协同角反映了流场对传热的影响。当场协同角为 0°～90°时，流动对传热有加强的效果；当场协同角为 90°～180°时，流动对传热有减弱的效果。场协同角在一定程度上决定了对流换热的强度努塞特数。

周俊杰等[37]通过比较研究整个计算区域内协同角的简单算术平均角、模平均角、点积平均角、体积平均角、积分中值角等发现，除了简单算术平均角，其余四种定义在定性上相当一致，可以作为一个重要的指标对对流传热情况进行评价。以下将选取体积平均角进行传热情况的比较。

12.3.2　流场与温度场的场协同数计算

Guo 等[38] 认为对流换热强度努塞尔数 Nu 不仅取决于雷诺数 Re 及普朗特数 Pr，而且与场协同数有关。经过无量纲化的场协同数，其绝对值不超过 1。从而对流换热强度 Nu 的最大值为场协同数 $Fc=1$ 时，即 $Nu=Re\times Pr$。

中间包内的传热过程与一般换热器稍有区别。在换热器中是边界处热流流向流体，为一加热过程，而在中间包中是热流从钢液中流向边界处；在换热器中，优化的主要目的是加强传热加热流体，而在中间包中优化目的是阻止传热以达到保温的目的。

在计算无量纲化场协同数时，根据上述不同作以下调整。

可令 $\overline{U}=U/U_{\text{in}}$，$\nabla\overline{T}=(D_{\text{eff}}\nabla T)/(T_{\text{in}}-T_{\text{w}})$，其中，$U_{\text{in}}$ 为中间包入口处速度，T_{in} 及 T_{w} 分别为中间包入口及钢液顶渣处温度，D_{eff} 为有效扩散系数，而场协同数可由式(12-3)表示。

12.3.3　热量积耗散极值原理

过增元在比较了导热和导电的相似性后，提出了热量积的概念来对应导电中的电容器电势能，其表达式为

$$\mathrm{d}E_{\text{h}}=Q_{\text{vb}}\mathrm{d}T \tag{12-6}$$

同时借用导电中把电能耗散与电流平方的比值定义为电阻的方法，将热量积耗散与热流平方的比值定义为导热过程中的热阻，即

$$R_{\text{h}}=\frac{\Phi_{\text{h}}}{Q_{T}^{2}} \tag{12-7}$$

或

$$R_{\text{h}}=\frac{(\Delta T_{\text{t}})^{2}}{\Phi_{\text{h}}} \tag{12-8}$$

在热流 Q_T 一定时，热量积耗散取极小值，热阻最小，最利于对流换热；在传热温差给定时，热量积耗散取极大值，热阻最小，最利于对流换热。热量积耗散极值原理可总结为：当热阻最小时，传热性能最优。

由于中间包冶金要求中间包的功能之一是保温，则要求中间包内热交换时，热阻最大。同时由边界条件可知，中间包内钢液是给定热流一定的条件，要求热量积耗散取极大值，此时热阻最大，最不利于对流换热，最利于中间包保温。

热量积耗散的表达式为

$$\phi_{\text{h}}=-q\,\nabla T=k\,|\nabla T|^{2} \tag{12-9}$$

12.4　流场与夹杂物浓度场之间的场协同分析

陈群[29] 充分认识到了传热与传质现象同为线性输运定律(传热的傅里叶定律与传质的菲克定律）支配，且两者具有一定的相似性，于是将传热的场协同理论推广到了传质领域。

12.4.1 浓度场的场协同角及场协同数

1. 流场与夹杂物浓度场之间的场协同角计算

即流场与夹杂物浓度场之间的夹角，可通过以下公式计算，即

$$\theta = \arccos\left(\frac{\mathrm{grad}Yu}{\mathrm{grad}Y\left|u\right|}\right) \tag{12-10}$$

浓度场的场协同角反映了流场对传质的影响。当场协同角为 0° ～ 90° 时，流动对传质有加强的效果；当场协同角为 90° ～ 180° 时，流动对传质有减弱的效果。

2. 流场与夹杂物浓度场间的场协同数计算

因为对流换热和对流传质都是以线性输运定律描述的，所以两者之间存在一定的类比性。陈群[29] 根据这一特点将对流换热的场协同理论推广到对流传质过程的分析中。

相对于传热，同样的，对中间包内夹杂物的对流传质过程的各组分浓度方程可以写为

$$\rho u\ \nabla c + \rho u_{\mathrm{p}}\ \nabla c = \nabla(\Gamma_{\mathrm{eff}}\ \nabla(\rho c)) \tag{12-11}$$

在整个控制流体区域 Ω 内对上式进行积分为

$$\int_{\Omega}\rho u\ \nabla c\,\mathrm{d}\Omega + \int_{\Omega}\rho u_{\mathrm{p}}\ \nabla c\,\mathrm{d}\Omega = \int_{\Omega}\nabla\boldsymbol{\cdot}\ (\Gamma_{\mathrm{eff}}\ \nabla(\rho c))\,\mathrm{d}\Omega \tag{12-12}$$

对式(12-10) 运用高斯定理得

$$\int_{\Omega}\rho\left|u\right|\left|\nabla c\right|\cos\beta\,\mathrm{d}\Omega + \int_{\Omega}\rho u_{\mathrm{p}}\ \nabla C\,\mathrm{d}\Omega = \int_{S}\boldsymbol{n}\rho(\Gamma_{\mathrm{eff}}\ \nabla c)\,\mathrm{d}S \tag{12-13}$$

在对流传质过程中，控制容积边界分为传质表面、绝质表面、流体进口和流体出口四类。从而式(2-10) 可以表示为

$$\begin{aligned}&\int_{S}\boldsymbol{n}\rho(\Gamma_{\mathrm{eff}}\ \nabla c)\,\mathrm{d}S\\ =&\int_{\mathrm{sw}}\boldsymbol{n}(\Gamma_{\mathrm{eff}}\ \nabla c)\,\mathrm{d}S + \int_{\mathrm{bw}}\boldsymbol{n}(\Gamma_{\mathrm{eff}}\ \nabla c)\,\mathrm{d}S + \int_{\mathrm{ups}}\boldsymbol{n}(\Gamma_{\mathrm{eff}}\ \nabla c)\,\mathrm{d}S + \int_{\boldsymbol{in}}\boldsymbol{n}(\Gamma_{\mathrm{eff}}\ \nabla c)\,\mathrm{d}S + \int_{\mathrm{out}}\boldsymbol{n}(\Gamma_{\mathrm{eff}}\ \nabla c)\,\mathrm{d}S\end{aligned} \tag{12-14}$$

式中：下标为 ups 表示传质表面；sw，bw 表示绝质表面；in 表示入口处；out 表示出口处。具体对应中间包传质来讲，分别为中间包渣液面、中间包壁面、入水口处、出水口处。

在中间包中，式(12-14) 中等式右边第一项表示夹杂物上浮到壁面的吸附量。在中间包各壁面，组分浓度梯度为零，则等式右边第二项积分中的被积函数为零。等式右边第三、第四项表示在中间包进出口组分的轴向扩散。当流体流动的佩克莱数(即对流与扩散的相对比例) 大于 100 时，流体中的组分扩散相对于流体运动所传递的质量可以忽略。对于相当大部分工程领域中的对流传质过程，流动的佩克莱数都大于 100，所以式(12-14) 可以简化为

$$\int_{\Omega}\nabla(\rho U\ \nabla Y)\,\mathrm{d}V = \int_{\mathrm{cs}}\overline{n}(\rho D_{\mathrm{eff}}\ \nabla Y)\,\mathrm{d}S \tag{12-15}$$

此时，式(12-9)可简化为

$$\int_{\Omega}\rho U\ \nabla Y \mathrm{d}V=\int_{\mathrm{cs}}\overline{n}(\rho D_{\mathrm{eff}}\ \nabla Y)\mathrm{d}S \tag{12-16}$$

式(2-14)说明了速度与组分浓度梯度点积在整个控制容积内的积分与系统整体对流传质量相等。总传质量可看作夹杂物的总去除率。

与传热的场协同理论相似，现定义等效特征长度为

$$L=\frac{V}{S} \tag{12-17}$$

式中：V 为中间包体积；S 为中间包渣液面面积。

将参数无因次化为

$$\overline{U}=\frac{U}{U_{\mathrm{in}}} \tag{12-18}$$

就中间包而言，中间包入口处夹杂物浓度高，顶渣面夹杂物浓度低，在对夹杂物浓度场进行无因次化时，需要与陈群[29]稍有区别，即用入口浓度减顶渣浓度。

$$\nabla\overline{Y}=\frac{\nabla Y}{(Y_{\mathrm{in}}-Y_{\mathrm{ms}})/L} \tag{12-19}$$

$$\mathrm{d}\overline{V}=\frac{\mathrm{d}V}{V} \tag{12-20}$$

将式(12-15)～式(12-17)代入式(12-14)，则对流传质过程的无因次关系式为

$$S_{\mathrm{h}}=ReS_{\mathrm{c}}\int_{\Omega}\overline{U}\ \nabla\overline{Y}\mathrm{d}V \tag{12-21}$$

与对流传热理论相似，对流传质的强度部分取决于 $\overline{U}\ \nabla\overline{Y}$ 在整个传质区域内的积分。于是定义对流传质场协同数为

$$Fc_{\mathrm{m}}=\int_{\Omega}\overline{U}\ \nabla\overline{Y}\mathrm{d}V \tag{12-22}$$

场协同数反映了整个流场区域流体的流动对传质的效果的影响，这里优化的目标是加强传质，以尽量多的使得夹杂物上浮到钢液顶渣被吸附去除。

12.4.2　质量积耗散极值原理

陈群[29]根据热量积耗散推导了适用于传质的质量积耗散值为

$$\phi_{\mathrm{m}}=-q_{\mathrm{m}}\ \nabla Y=\rho D_{\mathrm{eff}}\ |\nabla Y|^{2} \tag{12-23}$$

并通过推导证明了在黏性耗散给定的条件下，使得质量积耗散取极值时，其对流传质能力也越强。

12.5　本章小结

连铸中间包内同时存在高温钢液的湍流流动、传热及夹杂物传输过程，根据场协同原理，定义了钢液流场与温度场的场协同角、场协同数及热量积耗散，根据积耗散极值原理

对钢液流场进行优化，以实现钢液温度均匀分布的最优流场。针对中间包洁净钢冶炼目标，定义了钢液流场与夹杂物浓度场的场协同角、场协同数及夹杂物质量积耗散，根据质量积耗散极值原理优化钢液流场，以获得最大程度的夹杂物去除。

参考文献

[1] 张邦文. 冶金熔体中夹杂物一般动力学的理论研究及其应用[D]. 上海：上海大学，2003.

[2] REIS B H，BIELEFELDT W V，VILELA A C F. Absorption of non-metallic inclusions by steelmaking slags—a review[J]. Journal of Material Research and Technology，2014，3(2)：179-185.

[3] 王建军，包燕平，曲英. 中间包冶金学[M]. 北京：冶金工业出版社，2001.

[4] SAHAI Y，EMI T. Melt flow characterization in continuous casting tundishes[J]. ISIJ International，1996，36 (6)：667-672.

[5] 李怡宏，赵立华，包燕平，等. 板坯中间包内钢液流动特性[J]. 北京科技大学学报，2014，36(1)：21-28.

[6] DIPAK M，RODERICK I L，GUTHRIE E. Physical and mathematical modelling of steelmaking tundish operations：a review of the last decade (1999-2009)[J]. ISIJ International，2010，50(3)：331-348.

[7] 朱苗勇，肖泽强. 连铸中间包内三维流动的数学模拟[J]. 东北大学学报(自然科学版)，1995，16(4)：352-355.

[8] WARZECHA M，WARZECHA P. Effect of the structural parameters changes in themulti-strand tundish on the non-metallic inclusions distribution andseparation[J]. Metalurgija，2014，53(4)：439-442.

[9] SINHA A K，SAHAI Y. Mathematical modeling of inclusion transport and removal in continuous casting tundishes [J]. ISIJ International，1993，33(5)：556-566.

[10] LING H T，ZHANG L F. Numerical simulation of the growth and removal of inclusions in the molten dteel of a two-strand tundish[J]. JOM，2013，65(9)：1155-1163.

[11] DIAZ G S，MORALES K D，SANDCVAC J B，et al. New ladle shroud for fluidynamic control and its effect on inclusions removal in a slab tundish[J]. Steel research，2013，85(5)：863-874.

[12] 张美杰，汪厚植，黄奥，等. 湍流控制器结构对中间包流场影响的数模研究[J]. 炼钢，2005，21(5)：42-45.

[13] CWUDZIŃSKI A，JOWSA J. Mathematical modeling of behaviour in a liquid steel flow and a non-metallic inclusions in the one strand wedge type tundish with a subflux turbulence controller and a low dam[J]. Materials Science Forum，2012，706/707(2)：1379-1384.

[14] 陈阳，张炯明. 板坯连铸中间包内夹杂物去除的数值模拟[J]. 钢铁研究，2014，42(1)：22-35.

[15] QIANG Y，ZOU Z S，HOU Q F. Aggregation kinetics of inclusions in swirling flow tundish for continuous casting [J]. Journal of Iron and Steel Research，International，2010，17(5)：06-10.

[16] GUO L F，LI H，LING H T，et al. Numerical simulation of fractal agglomerating-growth of Al_2O_3 inclusions in tundish[J]. Journal of Iron and Steel Research，International，2013，20(11)：7-12.

[17] ZHANG L F，TANIGUCHI S. Fundamentals of inclusion removal from liquid steel by bubble flotion[J]. International Materials Reviews，2000，45(2)：59-82.

[18] 王耀，李宏，郭洛. 钢液中球状夹杂物颗粒受力情况的数值模拟[J]. 北京科技大学学报，2013，35(11)：1437-1442.

[19] WARZECHA M，MERDER T，WARZECHA P. Effect of the structural parameters changes in the multi-strand tundish on the non-metallic inclusions distribution and separation[J]. Metalurgija，2014，53(4)：439-442.

[20] 张美杰. 中间包气幕挡墙的结构优化及其夹杂物去除的数学物理模拟研究[D]. 武汉：武汉科技大学，2006.

[21] SMIRNOV A N，EFIMOVA V G，KRAVCHENKO A V. Flotation of nonmetallic inclusions during srgon injection into the tundish of a continuous_casting machine. Part 1[J]. Steel in Translation，2013，43(11)：673-677.

[22] TRIPATHI A. Numerical investigation of electro-magnetic flow control phenomenon in a tundish[J]. ISIJ International，2012，52(3)：447-456.

[23] 王强，石月明，李一明，等. 感应加热中间包夹杂物的运动及去除[J]. 东北大学学报(自然科学版)，2014，35(10)：1442-1446.

[24] 谢文新，包燕平，王敏，等. 特殊钢连铸生产中 30t 中间包感应加热的应用[J]. 特殊钢，2014，35(6)：28-31.

[25] 李志信，过增元. 对流传热优化的场协同理论[M]. 北京：科学出版社，2010.

[26] 陶文铨，何亚玲. 场协同原理在强化换热与脉管制冷机性能改进中的应用(上)[J]. 西安交通大学学报，2002，36(1)：1101-1105.

[27] 刘伟，刘志春，过增元. 对流换热层流流场的物理量协同与传热强化分析[J]. 科学通报，2009，54(12)：1779-1785.

[28] MENG J A，LIANG X G，LI Z X. Field synergy optimization and enhanced heat transfer by multi-longitudinal vortexes flow in tube[J]. International Journal of Heat and Mass Transfer，2005，48 (16)：3331-3337.

[29] 陈群. 对流传递过程的不可逆性及其优化[D]. 北京：清华大学，2008.

[30] XIA S J，CHEN L G，SUN F R. Entransy dissipation minimization for liquid-solid phase change processes[J]. Sci. China Technol. Sci.，2010，53(4)：960-968.

[31] CHEN Q，REN J，MENG J A. Field synergy equation for turbulent heat transfer and its application[J]. Int J Heat Mass Transf，2007，50(25-26)：5334-5339.

[32] CHENG X T，LIANG X G. Entransy flux of thermal radiation and its application to enclosures with opaque surfaces[J]. Int J Heat Mass Transf，2011，54(1-3)：269-278.

[33] 袁芳，陈群. 间接蒸发冷却系统传热传质性能的优化准则[J]. 科学通报，2012，57(1)：88-94.

[34] WANG H J，YANG B L，WU J. Multi-fields synergy in the process of reactive distillation coupled with membrane separation[J]. Chemical Engineering and Processing，2005，44(11)：1207-1215.

[35] LEI Z，WU Y Y，LU S Q，et al. Mass transfer modeling in pervaporation based on multi-fields synergy theory[J]. Chinese Journal of Chemical Engineering，2008，16(1)：79-83.

[36] YU Y S，LI Y，LU H F. Multi-field synergy study of CO_2 capture process by chemical absorption[J]. Chemical Engineering Science，2010，65(10)：3279-3292.

[37] 周俊杰，陶文铨，王定标. 场协同原理评价指标的定性分析和定量探讨[J]. 郑州大学学报(工学版)，2006，27(2)：45-47.

[38] GUO Z Y，TAO W Q，SHAH R K. The field synergy (coordination) principle and its applications in enhancing single phase convective heat transfer[J]. International Journal of Heat and Mass Transfer，2005，48(9)：1797-1807.

第 13 章 中间包内钢液流场与温度场数值计算与场协同分析

本章以某钢厂单流中间包为模型，对钢液流场与温度场进行了数值模拟计算，并计算了场协同角，通过场协同分析讨论了不同控流装置对流场的优化效果。

13.1 数学模型与计算条件

计算中间包内钢液流场数学模型与第 8 章钢液流动模型相同，温度场模型与第 12 章能量传递方程相同。

13.1.1 几何模型与物性参数

某钢厂现生产中使用的连铸中间包装置，中间包砌筑示意图如图 13-1 所示，稳流器示意图见图 13-2。

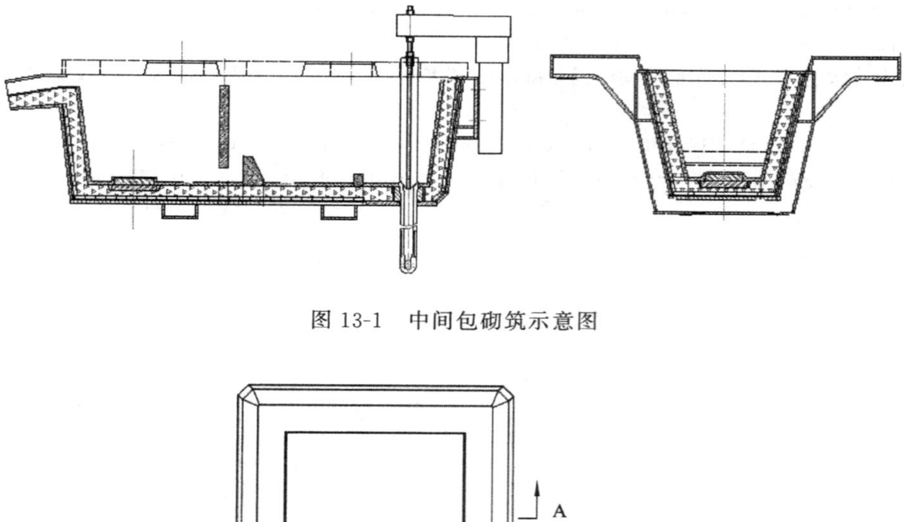

图 13-1 中间包砌筑示意图

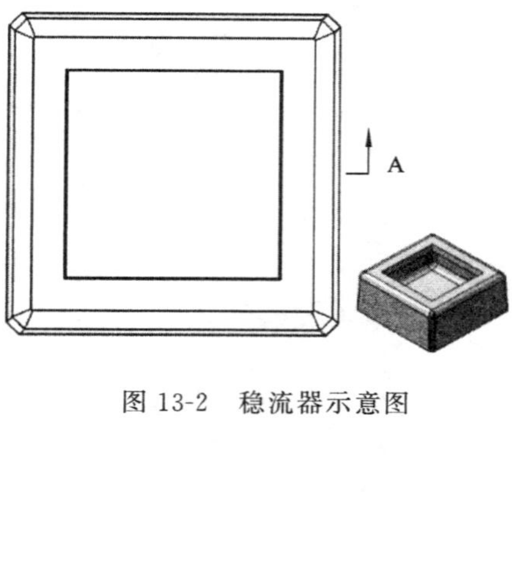

图 13-2 稳流器示意图

单流中间包示意图如图 13-3 所示。如图可见中间包设置湍流控制器，挡墙档坝。

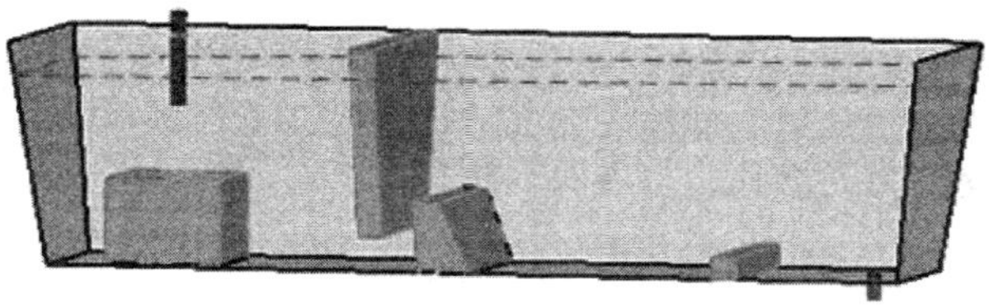

图 13-3　带控流装置的中间包示意图

实验设置了四种方案，如表 13-1 所示。

表 13-1　中间包内设置控流装置方案

方案号	冲击板	湍流控制器	挡墙＋挡坝
1	有	无	无
2	有	无	有
3	无	有	无
4	无	有	有

钢液及夹杂物的物性参数如表 13-2 所示。

表 13-2　钢液及夹杂物的物性参数

符　号	名　称	参　数
E	固体壁面粗糙度	0.8
g	重力加速度	9.8 m/s
K_{in}	湍动能（水口出口）	$0.01V_{in}^2$ m^2/s^2
Pr_o	附面层普朗特数	0.1
Pr_t	湍流普朗特数	0.9
V_z	拉坯速度	3.8，3.0，2.0 m/min
ε_{in}	耗散率（水口出口）	$K_{in}^{1.5}/(D_{in}/2)$ m^2/s^2
k	冯卡门常数	0.4
M_o	钢液黏度	0.005 55 kg/m·s
μ_{tin}	湍流黏度（水口）	$0.09\rho K_{in}/\varepsilon_{in}$ g/m·s
ρ	钢液密度	$(-0.883T+8\,612.5)$ kg/m^3

13.1.2　边界条件

1. 钢液表面

在钢液表面，切应力可以忽略不计，计算时设置为自由表面。平行于自由表面的速度分量和其他标量的梯度设置为零，同时垂直于自由表面的速度分量也为零，则有

$$w=0 \qquad \frac{\partial u}{\partial z}=0 \qquad \frac{\partial v}{\partial z}=0 \qquad \frac{\partial k}{\partial z}=0 \qquad \frac{\partial \varepsilon}{\partial z}=0 \qquad \frac{\partial p}{\partial z}=0$$

2. 中间包壁面

将中间包壁面设置为无滑移边界条件,即

$$u=0 \qquad v=0 \qquad w=0 \qquad k=0 \qquad \varepsilon=0$$

3. 长水口

长水口处钢液进入中间包的速度方向垂直于钢液面,速度大小根据实际拉坯速度换算而得 $V_{in}=-1.5$ m/s。设置为速度边界。

入口处湍动能和耗散率为[1]

$$k_{入口}=0.01u_{in}^2$$

$$\varepsilon_{入口}=2k_{入口}^{1.5}/d_{nozzle}$$

式中:u_{in}为入口处速度,m/s;d_{nozzle}为钢包长水口内径,m。

4. 出水口

出水口根据中间包数值模拟的基本控制方程,置为压力出口。

5. 传热边界

设通过中间包顶部、侧墙、底墙的热损失[2]分别为 36.0/(kW·m^{-2})、3.0/(kW·m^{-2})和1.8/(kW·m^{-2})。

13.2 设置冲击板装置时计算结果及分析

13.2.1 中间包流场分析

图 13-4 为空包内(无湍流控制器等任何控流装置)的钢液流场图。钢液由入口直接冲击到中间包底部冲击板,并向四周分散流动。由于钢包距离右边壁面远大于距离中间包左边壁面距离,冲击到包底的钢液在向四周流动时,沿远离出口方向首先到达包壁,并

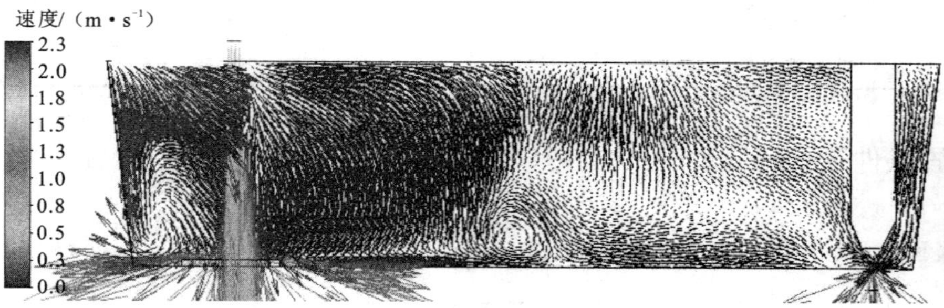

图 13-4 空包钢液流场图

沿着包壁向上、向出口流动，在中间包中心处包底形成旋流。而中间包右侧的钢液则是直接流向出口，且速度较小，在中间包右上角形成了死区，在中间包内停留时间短，不利于钢液内部温度传递及夹杂物的上浮去除。

13.2.2　中间包温度场分析

由图 13-5 可知，仅有冲击板时，中间包入口处温度较高，而在出口处附近，温度相对较低。中间包热量损失主要是钢液表面的热量损失。从中间包的等温线可以看出，在中间包入口区域，温度较高，温差较大，即温度梯度大。相反，在入口区域右侧，温度较低，等温线分布稀疏，温度梯度小，在塞棒右侧，温度最低，几乎形成死区。中间包出口温度为 1 817.54 K，整个中间包的平均温度为 1 818.22 K，整个中间包内的最低温度为 1 796.7 K。

图 13-5　温度分布图

13.2.3　场协同角分析

由图 13-6 可知，仅有冲击板时，场协同角分布不均匀，中间包的中下游区域的角度分布同样差异很大，在中部形成的回流区域和出口处协同角接近 90(°)，对流传热不明显，

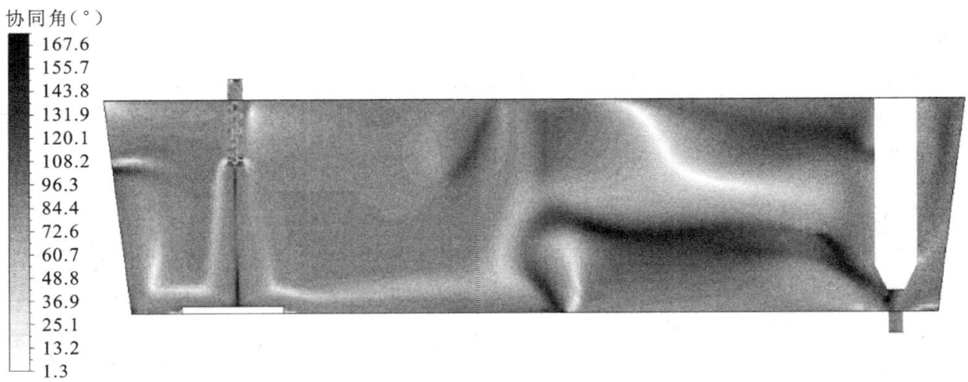

图 13-6　场协同角分布图

对应图 13-5 中温度分布图，温度梯度线较疏，温度分布均匀；靠近塞棒左侧区域，场协同角逐渐变大，而图 13-5 相对应处显示的等温线也逐渐变疏。在渣液面处，部分区域颜色较亮，其场协同角小于 25°，利于传热，热损失较为严重。整个计算区域内，体积平均协同角为 89.07°。

13.3 设置挡墙、挡坝装置时计算结果及分析

13.3.1 中间包流场分析

从图 13-7 中可以看出，加上挡墙、挡坝后，钢液形成回流，减少了短路流。可以明显看出，下降钢液在注流区的流动具有很大的动能，不能和周围的钢液完全混合。注流对包底有很大的冲击力，钢液在冲击板上四散而去。挡墙有效地阻止了顶面回流，并使注流的冲击限制在较小范围内，减少渣的卷入。同时挡坝可以阻止钢液沿包底运动，而直接流向出口，形成短路流。挡坝的加入还使得钢液形成了向上回流，有利于夹杂物的去除。钢液流过挡坝后，折向上方的钢液重新转向水口，形成回流。

图 13-7　速度矢量图

13.3.2 中间包温度场分析

加上挡墙、挡坝后，钢液形成回流，减少了短路流，钢液混合均匀，温度分布较为均匀如图 13-8 所示。在挡墙左侧区域钢液温度稳定在 1 820～1 821 K，而在挡墙右侧区域钢液温度稳定在 1 818～1 819 K。中间包出口处的平均温度为 1 817.7 K，整个中间包内的平均温度为 1 818.51 K。中间包内钢液最低温度为 1 802.0 K。

13.3.3 场协同角分析

加上挡墙、挡坝后，由图 13-9 可知，在挡墙以内的注入区形成回流，此区域场协同角度主要集中在 100°以上，协同作用较弱；在中间包的右半区域，顶部靠近钢液表面场协同角较小，这使得在中间包顶渣附近的传热得到加强，从图 13-8 温度分布图可以看出角度较小的该区域等温线分布密集，梯度大，温差大。整个计算域内，体积平均协同角为 89.91°。

图 13-8　温度分布图

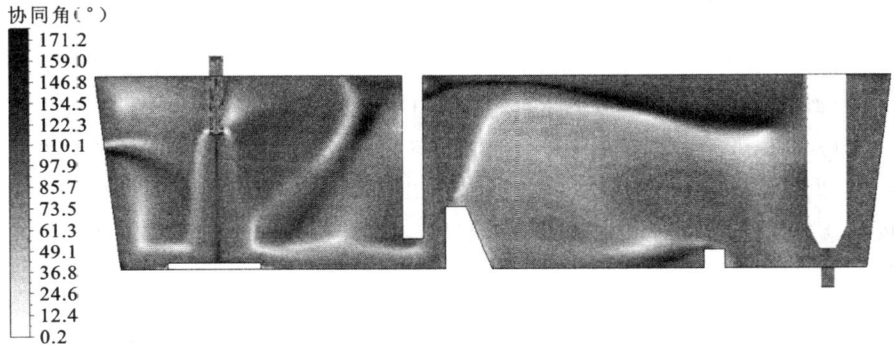

图 13-9　场协同角分布图

13.4　设置湍流控制器装置时计算结果及分析

13.4.1　中间包流场分析

图 13-10 为设置有湍流控制器的中间包内钢液的流场图。从图中可以看出，钢液以较大的速度从钢包冲击到湍流控制装置中，强烈的湍流被控制在湍流控制器内，高速流动的钢液在湍流控制器内充分混合，有利于夹杂物的碰撞长大。钢液与湍流控制器的碰撞，产生较大的能量损失，使浇注区钢液湍动能降低，流动较平稳。由湍流控制器留出的钢液沿着包壁流向出口，在靠近湍流控制器区域形成复杂的回流，然后钢液直接由包底流向出口，形成一定的短路流；塞棒后面区域形成大片滞止区，会降低夹杂物去除率。因此，设置湍流控制器可以显著改善钢液的流动特性，延长钢液的停留时间，促进夹杂物的上浮去除。但是中间包底部钢液直接流向出口，钢液流场还可以进一步优化。

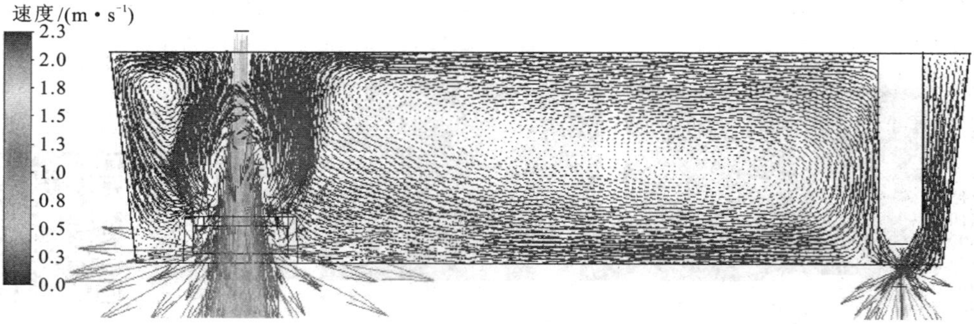

图 13-10　速度矢量图

13.4.2　中间包温度场分析

加入湍流控制器后，由于在湍流控制器内速度较大，混合充分，在湍流控制器内部及其上方温度较高。钢液经湍流控制器后向上流动，并由图 13-11 可知，形成了一个较大回流，温度场形成了分层，不利于钢液的浇注。温度场相对前面没有湍流控制器来说温度分布梯度较大，整个中间包内的平均温度为 1 817.94 K，出口处的平均温度为 1 818.8 K，中间包内最低温度为 1 802 K。整个中间包的最低温度在中间包的右上角，这是中间包右上角流动缓慢，热传导作用明显所致。

图 13-11　温度分布图

在长时间浇注时，钢液在这种情形下会出现分层，即出现高、低温层。中间包钢液温度的不稳定性会加剧结晶器坯壳生长的不均匀性，不利于中间包钢液中夹杂物的上浮分离，严重时还会导致拉漏，因此必须对中间包作出相应改进。

13.4.3　场协同角分析

湍流控制器能有效地将下降的钢液控制在湍流控制器内，钢液与湍流控制器壁发生碰撞后改变方向，沿速度方向的协同角较大，如图 13-12 所示。协同作用处于弱化状态，这是因为，下降钢液注流动能大，钢液以较高速度进入中间包后不易与周围钢液混合，热传递小。在注流区右侧，形成一个较大的回流，回流区域及中间包下游区域，场协同角普遍较小，协同作用相对较强。整个计算域内，体积平均协同角为 91.65°。

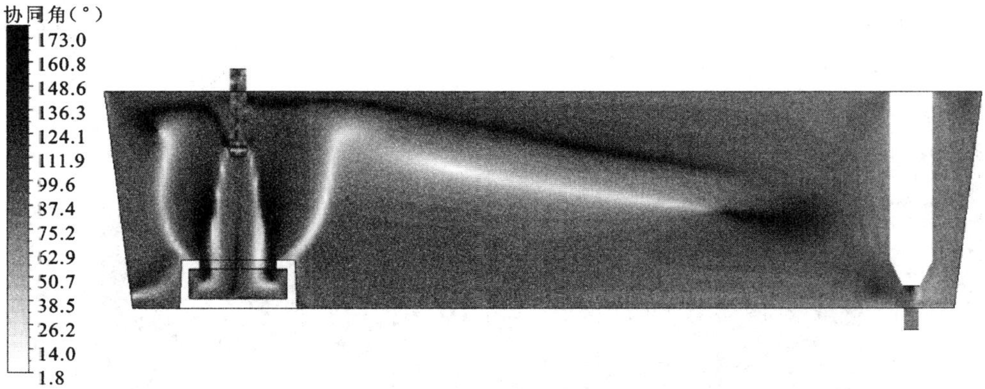

图 13-12　场协同角分布图

13.5　设置湍流控制器加挡墙挡坝时计算结果及分析

13.5.1　中间包流场分析

图 13-13 为设置湍流控制器及挡墙、挡坝后中间包内钢液的流场图。由图可知，设置了湍流控制器及挡墙、挡坝后在入口两侧分别形成了回流，使得钢液得到了充分的混合，而挡墙挡坝的加入，使得钢液流动更为稳定。在靠近出口处设置挡坝后，避免了钢液沿包底直接流向出口，一定程度避免了短路流，钢液在出口的响应时间得到延长，但在中间包塞棒右侧速度很小，几乎形成滞留区。

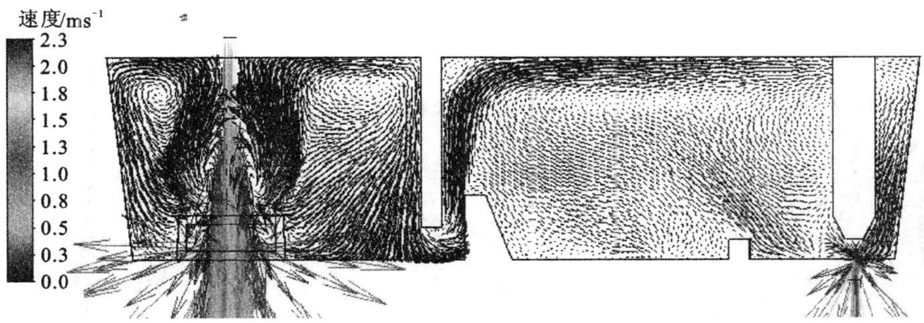

图 13-13　设置湍流控制器及挡墙、挡坝后中间包内钢液的流场图

13.5.2 中间包温度场分析

在入口处形成逆时针回流，该回流处形成温度较低区域；在出口处也形成逆时针回流，在出口处温度分布较为均匀。中间包内的温度分布较均匀，没有明显的温度分区。中间包内的平均温度为 1 818.08 K，而出口处的平均温度为 1 819.9 K，中间包内最低温度为 1 800.0 K，如图 13-14 所示。

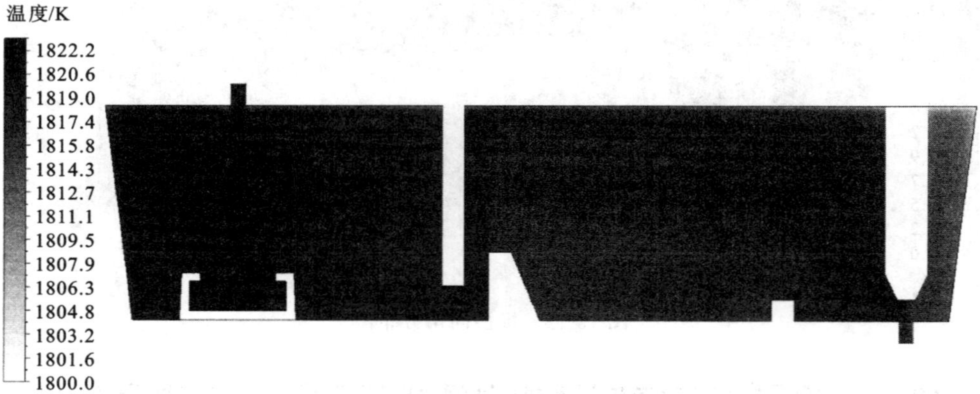

图 13-14　温度分布图

13.5.3 场协同角分析

加上挡墙、挡坝后，与只有湍流控制器的装置（方案 3）相比，中间包入口右侧区域的场协同角明显增大，如图 13-15 所示。弱化了协同作用，有利于中间包钢液温度的均匀化和减小热损失。挡墙的设置，使得高温区主要集中在挡墙左侧的注流区，右侧温度相对较低，温度梯度也较小。结合图 13-14 来看，等温线分布密集，也是主要的热量损失区域。而中间包其他区域的场协同角都较大，大约为 100°，在传热边界处（即渣液面处），其场协

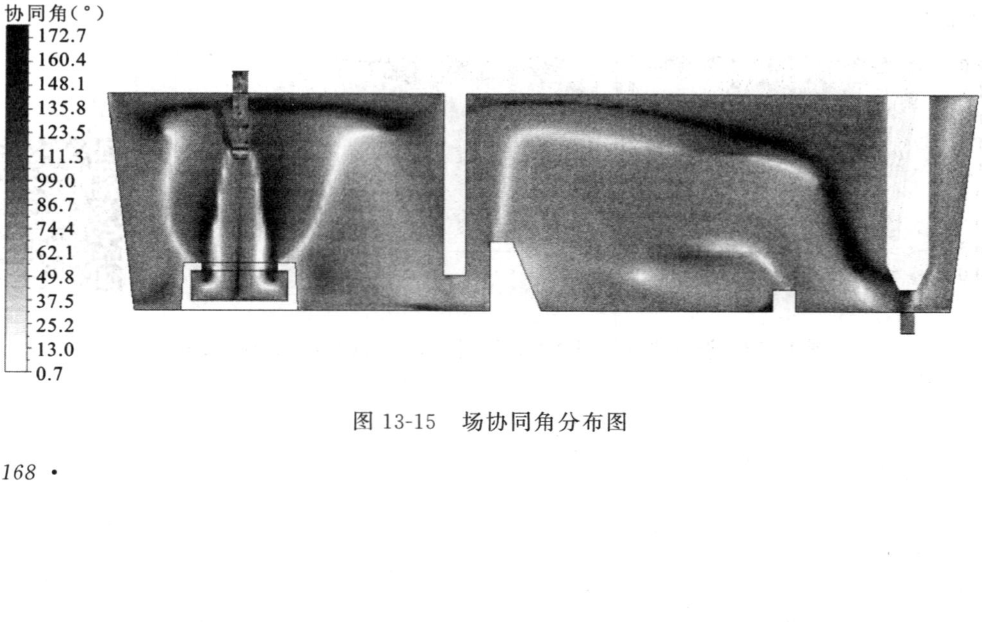

图 13-15　场协同角分布图

同角较大,场协同效果较差,不利于传热,温度分布均匀。整个计算域内,体积平均协同角为 92.36°。

13.6　流场及温度场的场协同数分析

考虑钢液密度随温度变化时,上述四种不同控流装置的中间包内,出口平均温度、整体平均温度及场协同数结果如表 13-3 所示。

表 13-3　场协同数及钢液平均温度

方　案	出口处平均温度/K	整体平均温度/K	场协同数	体积平均角/(°)
1	1 817.5	1 818.2	0.004 5	89.07
2	1 817.7	1 818.5	0.002 7	89.91
3	1 817.9	1 818.8	−0.011	91.65
4	1 818.0	1 818.9	−0.014 3	92.37

由表 13-2 可知,方案 1 即设置湍流控制器时的中间包内整体平均温度最低,不利于中间包保温的作用的发挥,场协同数最大,体积平均协同角最小,钢液流动强化传热作用强,中间包内热损失总量越大,温度分布不均匀。而第四种方案中间包内钢液的出口平均温度和整体平均温度最大,温度分布相对均匀,与其他三种方案相比,其场协同数最小,体积平均协同角最大,为所期望的最优方案。这与速度矢量图、温度分布图及场协同角图所示的分布情况相统一。总体而言,四种方案温度差异不大,这是由于中间包保护渣处热损失相对整个中间包内的能量较小所致。

13.7　温度场的热量积耗散

热量积耗散是表征传热能力的物理量,在热流 Q_t 一定时,热量积耗散取极小值,热阻最小,最利于对流换热;在传热温差给定时,热量积耗散取极大值,热阻最小,最利于对流换热。中间包所给定的边界条件是边界处热流一定,则说明中间包热量积越小,越利于对流换热,整个中间包内平均温度及出口处温度越小,越不利于保温。下面计算得出的四种方案下计算的热量积耗散值如表 13-4 所示。

表 13-4　各方案下热量积耗散值

方　案	1	2	3	4
热量积耗散	37 260	41 840	57 300	64 370

由表 13-4 可知,方案 1 热量积耗散值最小,与表 13-3 对应,其对应的整体平均温度及出口处平均温度也最小,中间包内的温差大,不利于温度的均匀分布;而方案 4 热量积耗

散最大，其相应平均温度及出口温度也最大，中间包内的温差小，利于温度的均匀分布；方案 2 及方案 3 则在热量积耗散及平均温度、出口温度都处于中间状态。

由此可以得出，热量积耗散作为评价中间包内钢液的传热强度是合理的。

13.8 本章小结

(1) 仅有冲击板的中间包，中间包流场出现“少回流”、“多短路流”，钢液在中间包内停留时间短，不利于夹杂物上浮去除；设置挡墙、挡坝时，中间包内钢液上扬效果明显，有利于夹杂物去除；设置湍流控制器时，有效地将钢液的湍动能抑制在了湍流控制器内，有利于延长钢液在中间包内的停留时间及夹杂物去除；设置湍流控制器加挡墙、挡坝时，抑制湍流及上扬效果明显，但在中间包塞棒右侧形成了滞留区。

(2) 四种方案下中间包出口处钢液的平均温度相差不大，分别为：①仅冲击板时为 1 817.54 K；②设置挡墙档坝时为 1 817.70 K；③设置湍流控制器时为 1 817.93 K；④设置湍流控制器加挡墙、挡坝时为 1 818.03 K。但设置湍流控制器加挡墙、挡坝时整个中间包内平均温度较高。运用场协同理论对中间包温度场进行了分析，分析结果为设置控流装置时场协同效果得到减弱，有利于中间包保温。

参考文献

[1] LINO D, Morales D. Mathematical modeling of the geometry influence of a multiple-strand tundish on the momentum, heat and mass transfer of steel flow[J]. Steel Research International, 2001, 72(9): 346-353.

[2] 王建军，包燕平，曲英. 中间包冶金学[M]. 北京：冶金工业出版社. 1999.

第 14 章　单流中间包夹杂物去除数值模拟与场协同分析

采用与第 13 章相同的单流中间包为模型，对钢液流场与夹杂物浓度场、夹杂物去除率进行数值模拟计算，并通过场协同分析讨论不司控流装置对流场的优化及夹杂物去除效果的影响。

14.1　数学模型与计算条件

计算中间包内钢液流场数学模型与第 8 章钢液流动模型相同，夹杂物浓度场模型与第 12 章相同，钢液流场边界条件与第 13 章相同，此处不再赘述。

首先确定夹杂物的初始数量浓度。众多实验研究结果表明[1-7]，夹杂物数量浓度与尺寸之间存在以下关系

$$\mathrm{d}n_i = A \cdot \mathrm{e}^{-BR_i} \cdot \mathrm{d}R_i \tag{14-1}$$

式中：n_i 为夹杂物的数量密度（单位体积熔体中半径为 R_i 的夹杂物数量），个/m^3；A，B 为与夹杂物尺寸无关的常数；R_i 为夹杂物的颗粒半径，m。

本书具体采用张立峰等[4]根据工业实验得到的分布表达式回归如下

$$n_k = \begin{cases} 2.0\times 10^{13}\mathrm{e}^{-0.576r} & (1\leqslant r\leqslant 36\ \mu\mathrm{m}) \\ 7.75\times 10^{6}\mathrm{e}^{-0.188r} & (36\leqslant r\leqslant 75\ \mu\mathrm{m}) \\ 0 & (r>36) \end{cases} \tag{14-2}$$

拟模拟的 15 组（尺寸分布从 10～150 μm）夹杂物数量浓度经过计算后由图 14-1 给

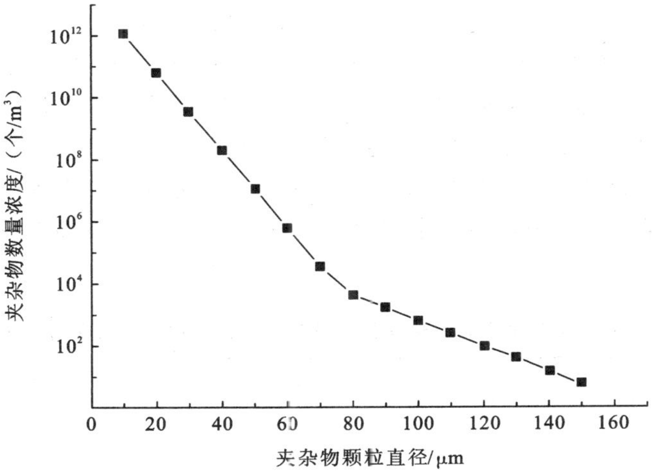

图 14-1　各尺寸颗粒夹杂物数量浓度

出。可以看出，夹杂物初始以小颗粒为主，但在钢铁中，大颗粒夹杂物对洁净钢质量的影响较小颗粒夹杂物大许多。所以研究大尺寸颗粒夹杂物的去除情况显得尤为重要。

14.2 湍流碰撞对夹杂物浓度的影响

设置控流装置后，中间包内的湍动能将得到改变。在 k-ε 湍流双方程模型中，湍动能越大则表示湍流脉动长度和时间尺寸越大，中间包内钢液流动越不稳定，而同时湍动能还能影响湍流碰撞的发生概率。本书比较了四种方案下湍动能夹杂物去除率的影响。

湍流碰撞是中间包内夹杂物碰撞长大最重要的方式，下面将分析湍流控制器的加入对中间包内夹杂物碰撞长大及去除的影响。

14.2.1 不同控流装置的湍动能

表 14-1 是各种方案下整个中间包内湍动能及湍动能耗散率的平均值。由表 14-1 可知，只有冲击板时，中间包钢液流场的湍动能及其耗散率最大，随着挡墙、挡坝的使用，中间包内的湍流强度略有下降(其中湍动能相对仅有冲击板时下降 11.3%，湍动能耗散率下降 13.5%)。而加入湍流控制器后，有湍流控制器及挡墙、挡坝＋湍流控制器两方案相对仅有冲击板时的湍动能及湍动能耗散率分别下降 45%和 36%及 48%和 42%。可见挡墙、挡坝和湍流控制器的加入有效的降低了中间包内的平均湍动能及湍流耗散率。

表 14-1 各种方案下整个中间包内湍动能及湍动能耗散率的平均值

项目	方案 1	方案 2	方案 3	方案 4
湍动能/m^2s^{-2}	7.14×10^{-4}	6.33×10^{-4}	3.95×10^{-4}	3.69×10^{-4}
湍动能耗散率/m^2s^{-3}	8.84×10^{-3}	7.65×10^{-3}	5.69×10^{-3}	5.13×10^{-3}

横向对比四种方案下中间包内夹杂物的湍流碰撞生成情况可以看到，加入湍流控制器后，湍动能相对仅冲击板和挡墙档坝时明显下降，而夹杂物的湍流碰撞生成量的绝对值也减少了。但由于设置湍流碰撞及挡墙档坝时，湍动能被局限在中间包入水口一侧，从而使得生成的大部分大颗粒夹杂物得到较好地去除。在中间包出水口处湍动能较大，表示在出水口处会有一定量的大颗粒夹杂物生成后来不及上浮去除而被带出中间包。由表 14-2 可知湍流碰撞对大颗粒夹杂物的碰撞生成相对量较大，从而会影响整个中间包大颗粒夹杂物的去除情况。

表 14-2 各方案下湍流碰撞引起的各尺寸夹杂物数量浓度的变化量

夹杂物尺寸/μm	入口夹杂物数量流量/个/s	方案 1	方案 2	方案 3	方案 4
10	6.43×10^{9}	-3.50×10^{6}	-3.28×10^{6}	-2.13×10^{6}	-2.25×10^{6}
20	3.62×10^{8}	-1.44×10^{6}	-1.36×10^{6}	-8.78×10^{5}	-9.35×10^{5}
30	2.03×10^{7}	-2.36×10^{5}	-2.27×10^{5}	-1.47×10^{5}	-1.57×10^{5}

续表

夹杂物尺寸/μm	入口夹杂物数量流量/个/s	方案 1	方案 2	方案 3	方案 4
40	1.14×10^{6}	-2.51×10^{4}	-2.46×10^{4}	-1.60×10^{4}	-1.71×10^{4}
50	6.37×10^{4}	-2.07×1003	-2.07×10^{3}	-1.36×10^{3}	-1.45×10^{3}
60	3.59×10^{3}	-1.43×10^{2}	-1.45×10^{2}	-9.70×10^{1}	-1.04×10^{2}
70	2.02×10^{2}	-8.60×10^{0}	-8.79×10^{0}	-6.01×10^{0}	-6.39×10^{0}
80	2.41×10^{1}	-9.23×10^{-1}	-9.45×10^{-1}	-6.65×10^{1}	-7.01×10^{-1}
90	9.41×10^{0}	-2.33×10^{-1}	-2.36×10^{-1}	-1.72×10^{1}	-1.80×10^{-1}
100	3.68×10^{0}	-4.47×10^{-4}	-4.46×10^{-4}	-3.34×10^{-4}	-3.48×10^{-4}
110	1.44×10^{0}	5.48×10^{-2}	5.31×10^{-2}	4.13×10^{-2}	4.27×10^{-2}
120	5.63×10^{-1}	5.40×10^{-2}	5.03×10^{-2}	4.05×10^{-2}	4.16×10^{-2}
130	2.18×10^{-1}	3.83×10^{-2}	3.38×10^{-2}	2.82×10^{-2}	2.88×10^{-2}
140	8.61×10^{-2}	2.51×10^{-2}	2.06×10^{-2}	1.79×10^{-2}	1.82×10^{-2}
150	3.44×10^{-2}	1.58×10^{-2}	1.18×10^{-2}	1.06×10^{-2}	1.07×10^{-2}

14.2.2　湍流碰撞对不同粒度夹杂物浓度的影响

由碰撞引起的夹杂物数量浓度变化平衡方程式可知，对固定颗粒尺寸夹杂物数量浓度的影响，不仅有小尺寸的夹杂物相互碰撞生成该尺寸夹杂物而引起的数量浓度的增加，而且有该尺寸夹杂物与各尺寸夹杂物碰撞生成更大的夹杂物而引起的数量浓度的减少。为研究湍流碰撞对各颗粒尺寸夹杂物数量浓度的具体影响，表 14-2 统计了各种方案单位时间内中间包入口处夹杂物的流入量及整个中间包内碰撞引起的夹杂物数量浓度变化量。由表 14-2 可知，小尺寸颗粒夹杂物相互碰撞而生成大尺寸颗粒夹杂物的量大于更小尺寸颗粒的夹杂物碰撞生成小尺寸颗粒夹杂物的量，而大颗粒夹杂物则相反。在某一中间尺寸(接近 100 μm)下，湍流碰撞对夹杂物数量浓度的影响接近于 0，但这不表示没有碰撞现象，而是在该尺寸下夹杂物的相互碰撞引起的消失项与小尺寸颗粒碰撞生成该颗粒的项相等，从而相互抵消。

为讨论湍流碰撞对各方案下的各尺寸夹杂物数量浓度的相对影响情况，本书用湍流碰撞对夹杂物数量浓度的影响量相比中间包入口处单位时间内的夹杂物进入量。由表 14-3 可知，当直径小于 30 μm 时，湍流碰撞引起的夹杂物数量浓度的变化≤1%，对夹杂物数量浓度的相对影响较小；当直径大于 130 μm 时，湍流碰撞引起的夹杂物数量浓度的变化≥10%，对夹杂物数量浓度的相对影响较大。而在夹杂物颗粒尺寸接近 100 μm 时，湍流碰撞对夹杂物的贡献由去除减少(即相对影响比率为负数)到增加(即相对影响比率为正数)转变。

表 14-3　湍流碰撞对夹杂物数量浓度的相对影响量(%)

夹杂物尺寸/μm	方案 1	方案 2	方案 3	方案 4
10	−0.055	−0.051	−0.033	−0.035
20	−0.40	−0.38	−0.24	−0.26
30	−1.16	−1.12	−0.72	−0.77
40	−2.19	−2.15	−1.40	−1.50
50	−3.24	−3.24	−2.13	−2.28
60	−3.98	−4.04	−2.70	−2.88
70	−4.27	−4.36	−2.98	−3.17
80	−3.83	−3.92	−2.76	−2.91
90	−2.47	−2.51	−1.82	−1.91
100	−0.012	−0.012	−0.009 1	−0.009 5
110	3.82	3.70	2.88	2.97
120	9.60	8.94	7.20	7.40
130	17.5	15.5	12.9	13.2
140	29.1	23.9	20.7	21.1
150	45.9	34.3	30.8	31.2

挡墙、挡坝及湍流控制器的设置有抑制湍流的作用，下面给出了各方案下的中间包内钢液流动的湍动能分布图。由湍流碰撞的碰撞系数可知，湍流碰撞系数与湍流强度有关，而对于同一尺寸夹杂物，湍动能及其耗散率是影响湍流碰撞率的主要原因。由图 14-2～图 14-5 可知，仅有冲击板时，整个中间包湍动能的最大值为 $1.022\times10^{-1}\,m^2s^{-2}$，最小值为 $1.707\times10^{-6}\,m^2s^{-2}$；加入了挡墙、挡坝后，相对仅有冲击板时湍动能的最大值不变，最小值略有减少(为 $1.572\times10^{-6}\,m^2s^{-2}$)；加入湍流控制器后，湍动能的最大值略有下降(为 $9.992\times10^{-2}\,m^2s^{-2}$)，而湍动能的最小值则有很明显的下降(为 $6.649\times10^{-7}\,m^2s^{-2}$)。对比分析各方案下中间包的湍动能分布图可知，加入挡墙、挡坝后的中间包湍动能被局限在中间包左侧区域，而加入湍流控制器后的中间包湍动能被局限在湍流控制器内及湍流控

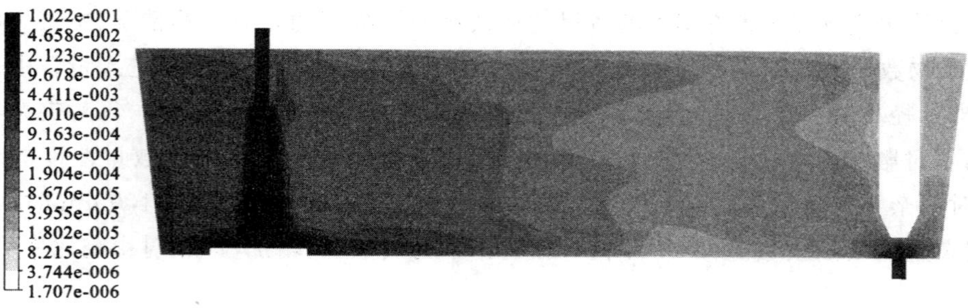

图 14-2　仅冲击板时中间包湍动能分布图

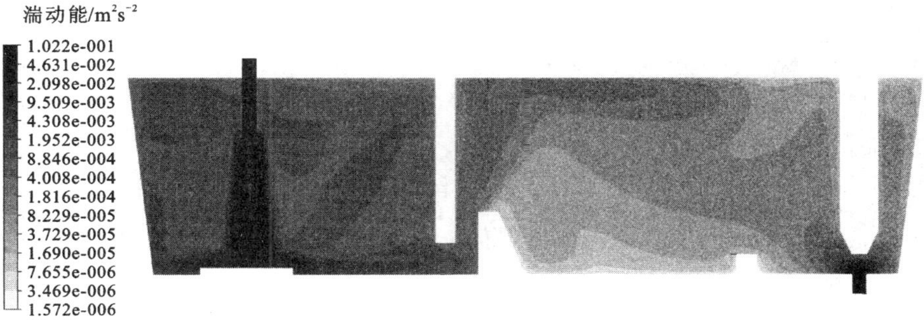

图 14-3　设置挡墙、挡坝时中间包湍动能分布图

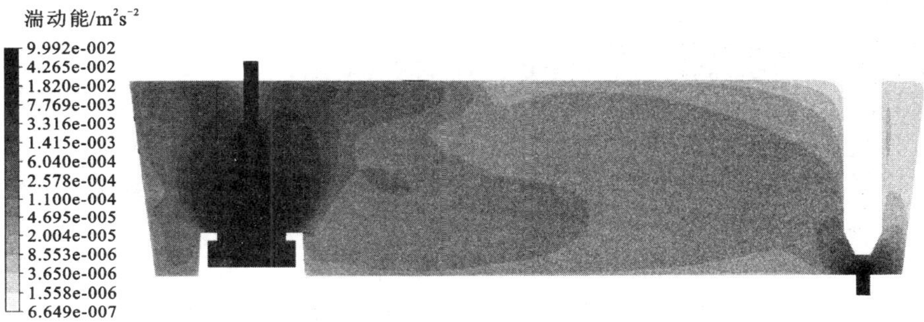

图 14-4　设置湍流控制器时中间包湍动能分布图

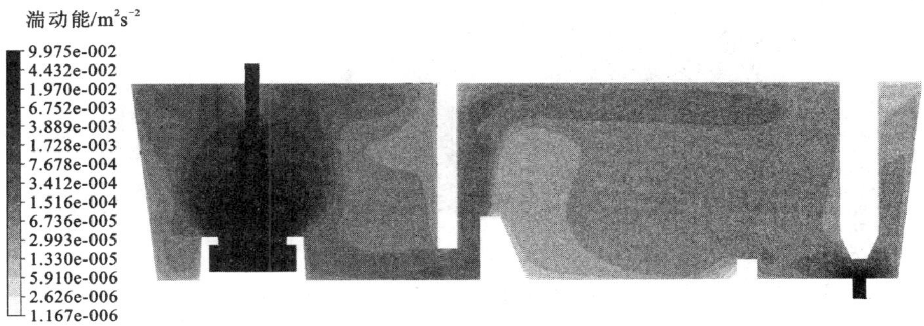

图 14-5　设置湍流控制器和挡墙、挡坝时的中间包湍动能分布图

制器上部区域，从而保证了湍流碰撞生成的大部分大颗粒夹杂物能得到有效的上浮去除。在中间包出口处，湍动能较大，会生成较大量的夹杂物颗粒，此时生成的夹杂物可能来不及上浮去除而流出中间包。可见挡墙、挡坝和湍流控制器的加入有助于湍流碰撞局限于中间包左侧从而利于夹杂物的上浮去除。

为验证湍动能与湍流碰撞的关系，图 14-6～图 14-9 给出了各方案在计算后直径为 150 μm 的夹杂物数量密度云图。

图 14-6　仅冲击板时中间包内夹杂物尺寸为 150 μm 的数量密度

图 14-7　设置挡墙、挡坝时中间包内夹杂物尺寸为 150 μm 的数量密度

图 14-8　设置湍流控制器时中间包内夹杂物尺寸为 150 μm 的数量密度

图 14-9　设置湍流控制器＋挡墙、挡坝时中间包内夹杂物尺寸为 150 μm 的数量密度

由图 14-6～图 14-9 可知，仅有冲击板时夹杂物尺寸为 150 μm 的最小数量密度为 3.23×10^{-1} 个/m^3，远大于设置了控流装置的其他三种方案（分别为 4.79×10^{-2} 个/m^3、4.43×10^{-2} 个/m^3、4.05×10^{-1} 个/m^3），与以上分析相符。

14.3　不同控流装置对夹杂物去除率的影响

夹杂物的上浮去除是中间包内夹杂物去除的主要方式。因为夹杂物的上浮去除被视为上浮至保护渣即被吸附，去除过程由传递通量形式给出，所以中间包内夹杂物的上浮去除由上浮速度、中间包自由表面附近夹杂物数量浓度及钢液在中间包内的停留时间决定。

比较不同方案下同一尺寸夹杂物的去除率，则主要看中间包内钢液是否有向上的回流及中间包内整体湍流强度影响的停留时间等主要作用。上面分析了加入控流装置会使湍流强度减弱，延长钢液在中间包的停留时间；同时挡墙档坝及湍流控制器的加入会使钢液在中间包上部区域形成回流。图 14-10～图 14-13 给出了颗粒尺寸直径为 100 μm 时，中间包入口及出口处夹杂物的平均浓度。

图 14-10　仅冲击板时中间包夹杂物尺寸为 100 μm 的数量密度

图 14-11　设置挡墙、挡坝时中间包夹杂物尺寸为 100 μm 的数量密度

当设置了控流装置后，由于湍动能减小，钢液在中间包内的停留时间得到延长，从而夹杂物拥有更长的上浮时间；且控流装置的设置使得中间包内钢液流动形成了接近渣液

图 14-12 设置湍流控制器时中间包夹杂物尺寸为 100 μm 的数量密度

图 14-13 设置湍流控制器+挡墙、挡坝时中间包夹杂物尺寸为 100 μm 的数量密度

面的回流，使得夹杂物更易被去除。如图 14-10～图 14.13 所示，仅冲击板时的中间包出口处夹杂物尺寸为 100 μm 的数量密度约为其他三种方案的两倍，而湍流控制器+挡墙、挡坝方案出口处夹杂物尺寸为 100 μm 的数量密度又是最少的。

下图 14-14 给出了各方案下各尺寸颗粒夹杂物去除率。

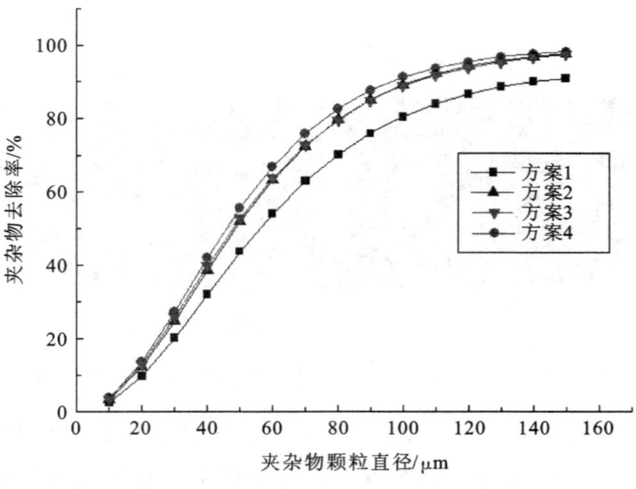

图 14-14 各方案下各尺寸颗粒夹杂物去除率

由于小颗粒夹杂物斯托克斯上浮速度慢，而大颗粒夹杂物斯托克斯上浮速度快，大颗粒夹杂物去除率远大于小颗粒夹杂物。就整体而言，加入控流装置对改善大颗粒夹杂物的去除更为有利。

14.4　中间包内流场与夹杂物数量浓度场的协同分析

14.4.1　场协同角及场协同数分析

以尺寸为 50 μm 的夹杂物为例求解无因次化速度及夹杂物浓度的一些参数见表 14-4。

表 14-4　无因次化速度及夹杂物浓度的一些参数

V	S	U_{in}	$Y_{in}(D=50\ \mu m)$	Y_{rns}(方案 1)	Y_{ms}(方案 2)	Y_{ms}(方案 3)	Y_{ms}(方案 4)
3.77 m³	4.7 m²	1.5 m/s	1.12×10^7	6.82×10^6	6.58×10^6	6.34×10^6	6.19×10^6

为具体讨论中间包钢液流场与夹杂物数量浓度场间的相互协同作用，本书选取了各方案下尺寸为 50 μm 的夹杂物数量浓度分布图与该尺寸夹杂物数量浓度场与流场的协同角进行具体分析，如图 14-15～图 14-18 所示。Y_{ms} 为壁面处夹杂物浓度。

图 14-15　仅冲击板时中间包内尺寸为 5C μm 的夹杂物数量密度分布图

图 14-16　设置挡墙、挡坝时中间包内尺寸为 50 μm 的夹杂物数量密度分布图

图 14-17　设置湍流控制器时中间包内尺寸为 50 μm 的夹杂物数量密度分布图

图 14-18　设置湍流控制器＋挡墙、挡坝时中间包内尺寸为 50 μm 的夹杂物数量密度分布图

由图 14-15～图 14-18 比较可知，在入口处夹杂物浓度相当的情况下，四种方案出口处的浓度依次为 6.17×10^6、5.05×10^6、4.81×10^6、4.76×10^6。从而可知设置湍流控制器或湍流控制器＋挡墙、挡坝时夹杂物去除率最高，设置挡墙、挡坝时其次，去除率最低的为仅设置冲击板时。

同时，运用传质的场协同角计算公式(14-1)，对尺寸为 50 μm 夹杂物浓度场及流场求场协同角。在中间包 y-0 处场协同云图如图 14-19～图 14-22 所示。

$$\theta=\arccos\left(\frac{\mathrm{grad}Y u}{\mathrm{grad}Y\left|u\right|}\right) \tag{14-1}$$

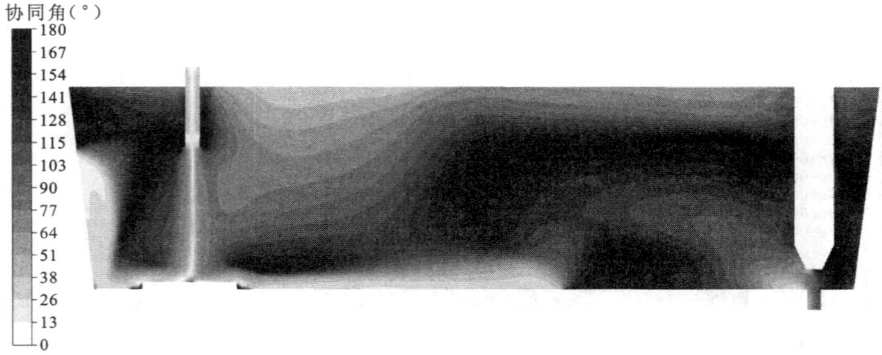

图 14-19　仅冲击板时中间包内尺寸为 50 μm 的夹杂物浓度场及流场场协同角分布图

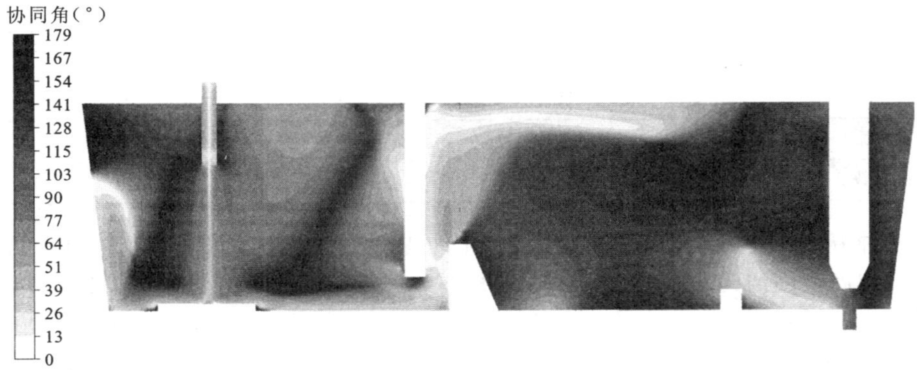

图 14-20　设置挡墙、挡坝时中间包内尺寸为 50 μm 的夹杂物浓度场及流场场协同角分布图

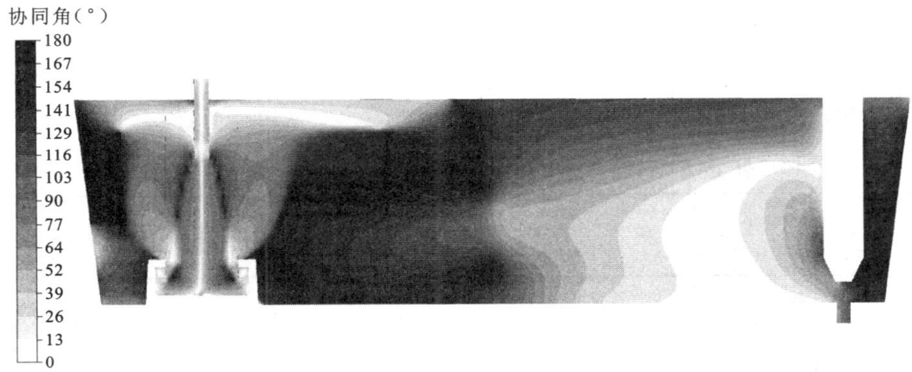

图 14-21　设置湍流控制器时中间包内尺寸为 50 μm 的夹杂物浓度场及流场场协同角分布图

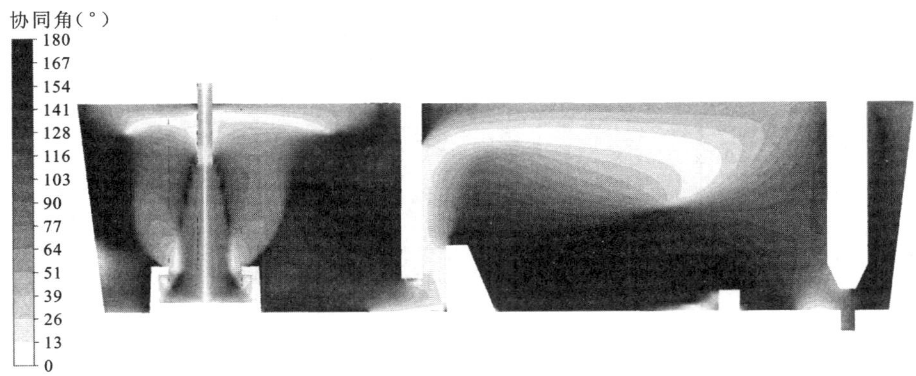

图 14-22　设置湍流控制器＋挡墙、挡坝时中间包为尺寸为 50 μm 的夹杂物浓度场及流场场协同角分布图

由图 14-19～图 14-22 可知，设置了湍流控制器及湍流控制器＋挡墙、挡坝的中间包场协同角接近于 0°的区域最大(即浅色区域)，这就意味着这两种方案对流传质的强度最大，其次是设置了挡墙、挡坝的方案，最不明显的是仅有冲击板时。这个分析与尺寸为

50 μm的夹杂物去除率相对应。

下面根据表 14-5 对四种方案尺寸为 50 μm 夹杂物的场协同数进行计算，列表如下。

表 14-5　四种方案的场协同数

方　案	1	2	3	4
场协同数	-3.77×10^{-2}	-3.68×10^{-2}	-1.20×10^{-2}	-1.15×10^{-2}

由 4 种方案尺寸为 50 μm 夹杂物浓度图 14-15～图 14-18 比较可得，整个中间包内夹杂物平均浓度最高的为第 13 章中表 13-1 的方案 1，最低的为第 13 章中表 13-1 的方案 3 及方案 4。方案 3 及方案 4 的场协同数大，中间包内及传质表面(即钢液渣层)处夹杂物浓度小，对流传质协同程度最高。仅冲击板时协同程度最低，不利于夹杂物去除。

14.4.2　质量积耗散极值原理分析

同时通过求解质量积耗散极值方程、质量守恒方程、组分守恒方程可以确定传质能力最强的流谱(及流场)，从而达到最佳的排污去夹杂效果。表 14-6 给出了中间包内尺寸为 50 μm 夹杂物的质量积耗散。

表 14-6　四种方案下尺寸为 50 μm 夹杂物的质量积耗散

方　案	1	2	3	4
50 μm 夹杂物的质量积耗散/(kg/s)	1.26×10^{-16}	9.89×10^{-17}	8.58×10^{-17}	8.04×10^{-17}

由表 14-6 可知，方案 4 的质量积耗散最小最利于传质，使得夹杂物的去除效果得到了加强。图 14-23 同时给出了各种方案下不同尺寸的夹杂物质量积耗散值，可以看出，方案 4 下的质量积耗散最小，与方案 4 下夹杂物的去除率最大相印证。

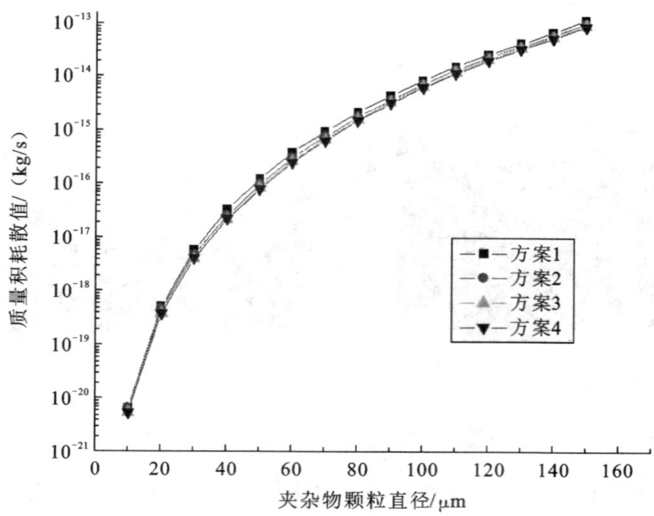

图 14-23　各种方案下不同尺寸的夹杂物质量积耗散值

由上可知，运用质量积耗散原理优化中间包是可行的。

14.5　本章小结

（1）比较了第 13 章表 13-1 中四种方案下中间包内的湍动能及湍动能耗散，分析了湍动能与湍流碰撞间的关系，得到设置了控流装置的三种方案将湍动能局限在入口一侧区域，从而有利于生成的夹杂物得到去除；湍流碰撞对大颗粒夹杂物的影响更为明显。

（2）比较了四种控流装置下夹杂物的去除情况，其中仅冲击板时夹杂物去除率最低，设置湍流控制器及挡墙、挡坝时效果相当，而湍流控制器＋挡墙、挡坝时效果最好；控流装置的设置对大颗粒夹杂物的去除更有利。

（3）以 50 μm 为例就四种控流装置下流场与夹杂物浓度场的协同效果对夹杂物去除的影响进行了分析。分析得出，场协同数大、质量积耗散小的方案其传质效果好，夹杂物去除率高。场协同理论适用于中间包去夹杂。

参考文献

[1] 朱苗勇，萧泽强. 冶金反应器内过程模拟三维计算机软件开发及其应用[C]. 第三届全国冶金工艺理论学术会议论文集. 上海：中国金属学会，1994：260-266.

[2] 张邦文，邓康，雷作胜，等. 连铸中间包中夹杂物聚合与去除的数学模型[J]. 金属学报，2004，40(6)：623-628.

[3] SINHA A K，SAHAI Y. Mathematical modeling of inclusion transport and removal in continuous casting tundishes [J]. ISIJ Int，1993，33：556-566.

[4] 张立峰，蔡开科. 连铸中间包钢水流动及夹杂物去除的研究[J]. 钢铁，1999，34(增刊)：405-411.

[5] 王立涛. 钢铁研究总院博士学位论文[D]. 北京：钢铁研究总院. 2006.

[6] 王建军，包燕平，曲英. 中间包冶金学[M]. 北京：冶金工业出版社，1999：282.

[7] LINDBORG U，TORSSELL K. A collision model for the growth and separation of deoxidation products[J]. Trans AIME，1968，242(1)：94-102.

第 15 章　透气耐火材料服役过程热应力分析

透气耐火材料的使用效果直接影响冶炼的安全和高效，其损毁形式有承受急冷急热的热应力，钢液的冲刷、侵蚀，烧氧等引起的侵蚀和残钢残渣渗透堵塞狭缝等，其中热应力是造成透气耐火材料横断的主要影响因素[1]。采用有限元法计算分析钢包透气耐火材料在精炼及烧氧条件下的热应力分布状况，为指导透气耐火材料的设计和现场合理使用提供一定的理论依据。

15.1　数学模型

采用欧拉-欧拉两流体模型描述钢包内气、液两相流动，其中钢液作为主相，气体作为第二相，并认为两相的流动均是三维稳定湍流流动。描述两相流的基本方程包括液相和气相的连续性方程、动量方程、湍动能方程、湍动能耗散率方程、钢液的传质方程以及能量方程，具体形式参见第 9 章。

热应力计算一般分成以下步骤：首先根据温度分布和物体各部分的热膨胀系数计算在特定约束条件下的变形(物体内各点的变形位移)，然后利用几何方程由变形位移计算物体内各点的应变，最后根据物体的物理方程(应力与应变的关系)和应变计算物体内各点的应力。具体方程参见文献[2]。

15.2　计算条件与方法

本研究对象为钢包刚玉-尖晶石质透气耐火材料，其结构简图如图 15-1 所示。鉴于其呈周期性对称，建立其 30°有限元模型，并进行网格划分(图 15-2)，计算模型划分单元 216 000 个。在计算的模型两端分别施加 300 ℃(底面)和 1 600 ℃或 2 000 ℃(工作面)的温度边界条件，其他边界施加绝热边界条件，狭缝内耦合氩气的对流换热，四周施加位移约束边界条件。钢液和氩气的密度分别取 6 940 和 0.342 $kg \cdot m^{-3}$，黏度分别取 6.293×10^{-3} 和 5.741×10^{-5} $Pa \cdot s$，钢液温度为 1 600 ℃。透气耐火材料的导热系数和比热容与温度有关，参见文献[2-3]，其他物性参数见表 15-1。

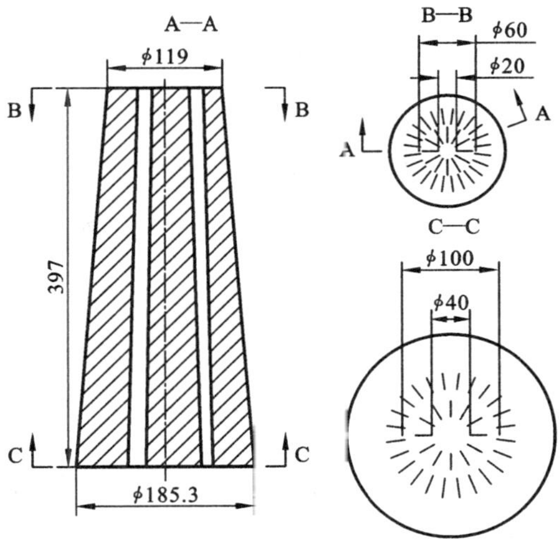

图 15-1　钢包透气耐火材料结构示意图

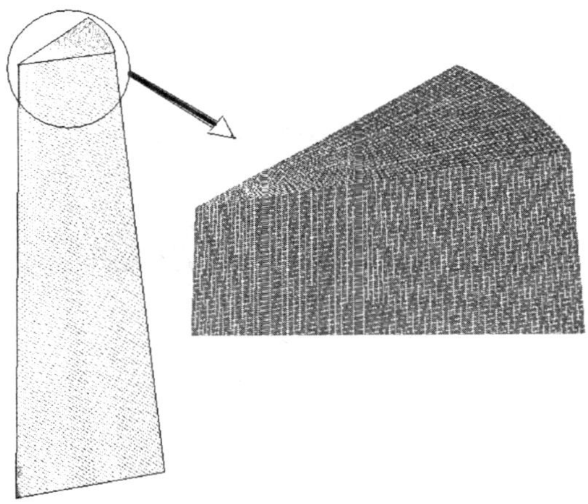

图 15-2　钢包透气耐火材料网格划分示意图

表 15-1　计算参数

参　　数	原耐火材料	优化后耐火材料
热膨胀系数（$\times 10^{-6}/K^{-1}$）	8.00	5.00
体积密度（kg/m^3）	3.00	2.95
杨氏模量（MPa）	6 200	6 100
泊松比	0.21	0.21

采用数值模拟计算的方法，首先计算了吹气量对服役中透气耐火材料温度分布的影响，然后模拟分析了透气耐火材料在不同服役条件下尤其是烧氧排渣钢堵塞过程的热应力分布。

15.3 结果与分析

15.3.1 吹气量对透气耐火材料温度场的影响

不同的吹气量条件下透气耐火材料中心截面温度场分布如图 15-3 所示。

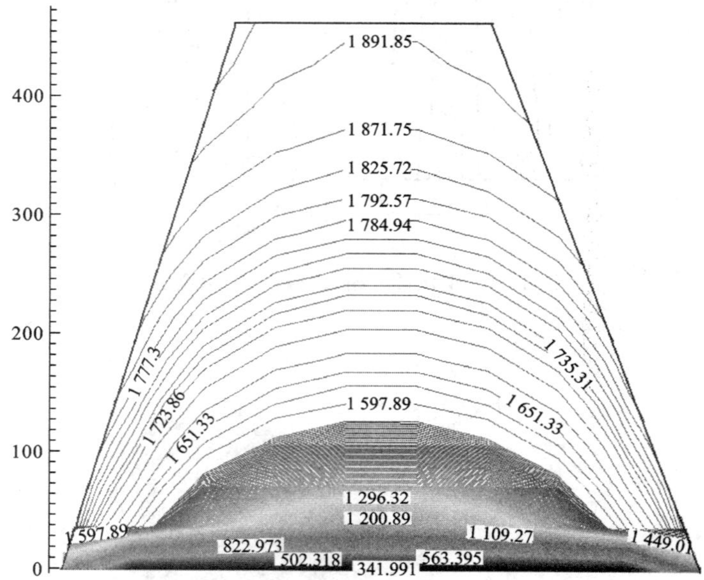

(a) 36 m³/h

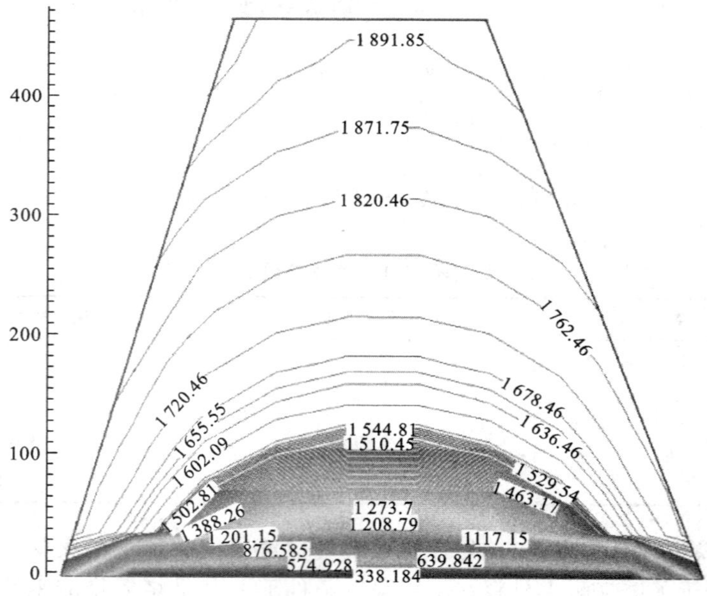

(b) 45 m³/h

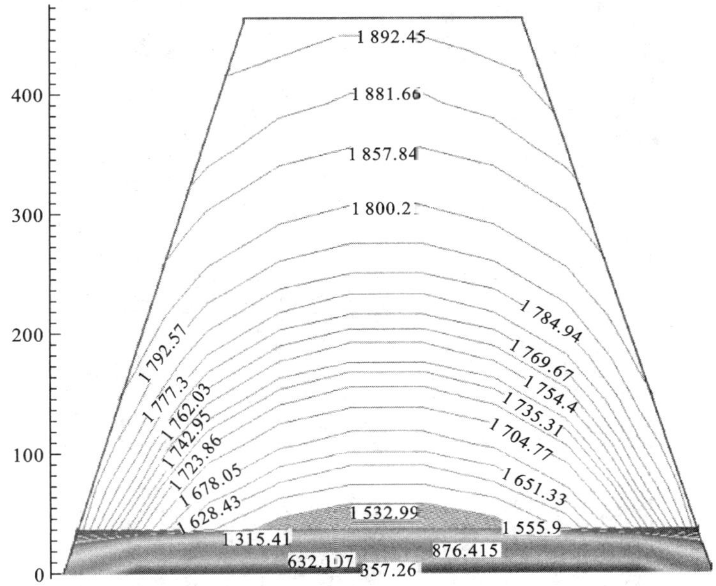

(c)　54 m^3/h

图 15-3　不同的吹气量条件下透气耐火材料中心截面温度场(K)

如图 15-3(a)所示为吹气量为 36 m^3/h 时透气耐火材料内的温度场分布图，由于吹气量偏小，在高度方向上从低温到高温的过渡缓慢，100 mm 处才到达 1 500 K，最高温度出现在透气耐火材料顶端达 1 891.85 K；40 mm 高度以下在宽度方向上温度分布较均匀，40 mm高度以上宽度方向上温度呈中间高两端低的弧形分布，上部温度变化幅度不大。如图 15-3(b)所示为吹气量为 45 m^3/h 时透气耐火材料内的温度场分布图，较图 15-3(a)差别不大，影响甚微。如图 15-3(c)所示为吹气量为 54 m^3/h 时透气耐火材料内的温度场分布图，大约在 50 mm 高度处就已经到达 1 533 K，40 mm 高度以下温度梯度大且在宽度方向上温度分布较均匀，40 mm 高度以上宽度方向上温度呈中间高两端低的弧形分布，透气耐火材料的高温区域较大。由此可见，气量的改变会带来透气耐火材料局部温度场的骤变，会对透气耐火材料的寿命产生非常不利的影响。

15.3.2　吹气量对透气耐火材料热应力分布的影响

如图 15-4 所示为不同的吹气量条件下透气耐火材料的热应力分布。可以明显看出随着吹气量的增大，透气耐火材料的热应力整体都有所增大，其中最小热应力由 36 m^3/h 吹气量时的 5.308 MPa 增大到 54 m^3/h 时的 9.484 MPa，最大热应力由 36 m^3/h 吹气量时的 525.058 MPa 增大到 54 m^3/h 时的 601.069 MPa，说明吹气量的变化对服役中的透气耐火材料的热应力分布有着较大的影响，尤其是狭缝附近较大的热应力分布区域随着气量的改变存在 70 MPa 左右的热应力变化。由图 15-4(a)可以看出透气耐火材料在精

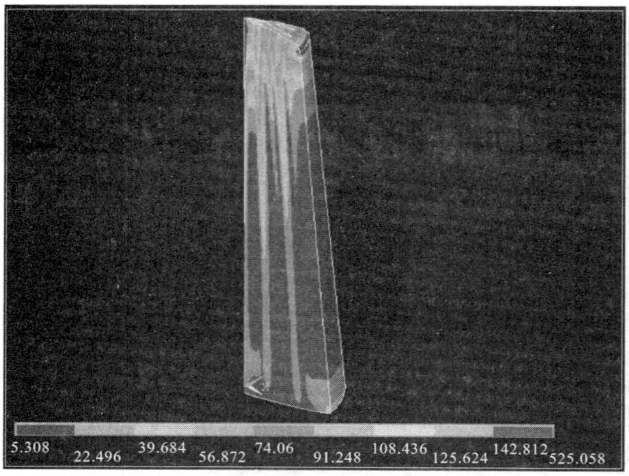

(a) 36 m³/h

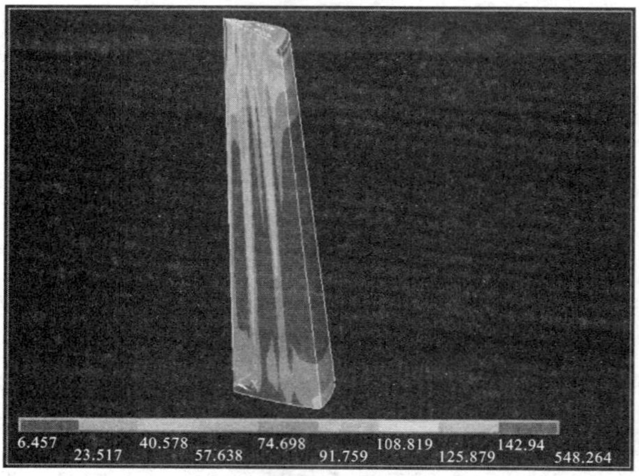

(b) 45 m³/h

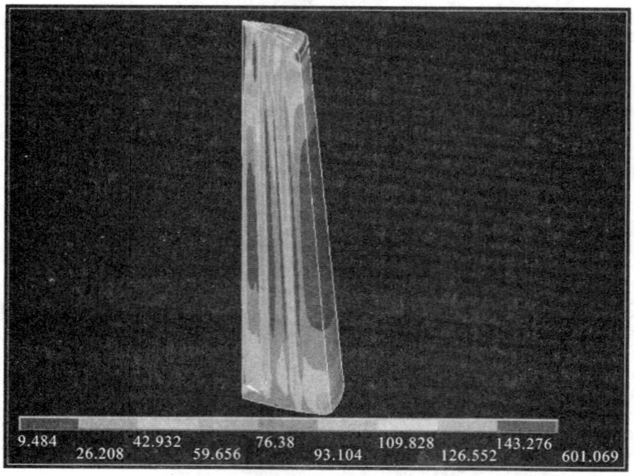

(c) 54 m³/h

图 15-4　不同的吹气量条件下透气耐火材料热应力分布(MPa)

炼服役时，由于上临高温钢液、下通室温氩气导致较大的热应力集中在顶部，其次集中在贯通狭缝之间；随着吹气量由 36 m^3/h 增加到 45 m^3/h 后，由图 15-4(b)可以看到透气耐火材料底部的热应力也随之明显增大；吹气量为 54 m^3/h 时，如图 15-4(c)所示，其热应力分布的变化已经显而易见，贯通狭缝之间的热应力已达到 60 MPa 左右。

综上所述，吹气量的改变会使服役中的透气耐火材料产生温度-应力的骤变，其局部会承受较大的热应力交替，容易在近工作面部位产生裂纹和剥落，即吹气量不稳定会对透气耐火材料的寿命产生非常不利的影响。

15.3.3　缝宽对烧氧过程中透气耐火材料热应力的影响

钢包浇注完毕和翻包倒渣后要对透气耐火材料进行吹氧清扫，扫去工作面上的残渣，保证工作面的清洁和气体通道的畅通。但烧氧时超高温（2 000 ℃以上）和强氧化对透气耐火材料有很大的破坏力，不仅容易在近工作面部位产生裂纹和剥落，而且由于透气耐火材料属于多次使用的耐火材料，周期性急冷急热严重时直接导致其横断损毁。

如图 15-5 所示为不同缝宽透气耐火材料在烧氧过程中的轴向热应力分布。由图 15-5(a)显而易见，由于烧氧时超高温（2 000 ℃以上）以及反吹室温氩气的影响，透气耐火材料的顶部工作面产生了较大的形变，其向上突出导致狭缝尖端被挤开，而靠近圆周的小部分区域热应力超过 180 MPa，极易产生裂纹和剥落。由图 15-5 可知，总体上整个透气耐火材料的轴向热应力分布划分为四个区域，其中中间的两个区域的轴向热应力较大，分别为 40 MPa 和 60 MPa 左右。随着狭缝宽度由 0.16 mm 增加到 0.25 mm，如图 15-5(b)和图 15-5(c)所示，大于 60 MPa 的区域逐步扩大，而透气砖耐压强度在 90 MPa 左右，周期性急冷急热极易导致其横断损毁。

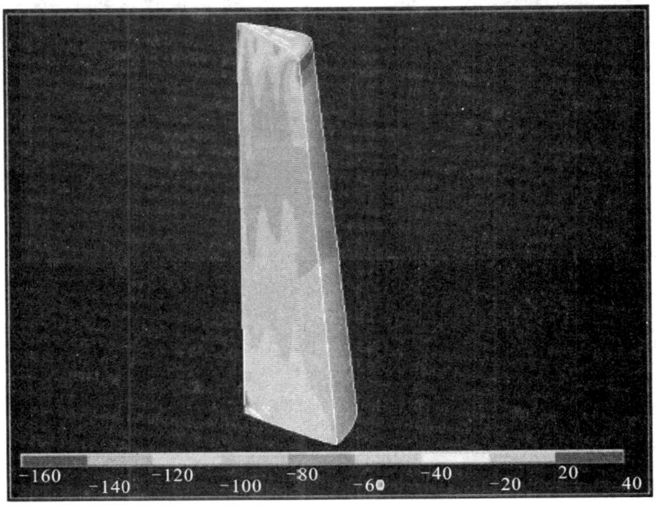

(a) 0.16 mm

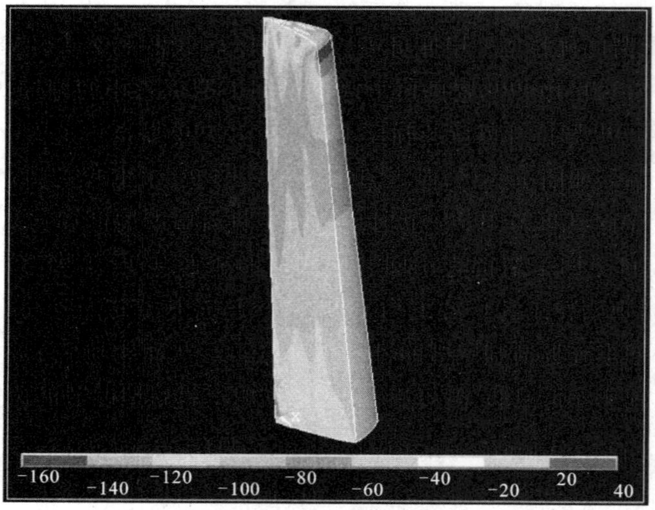

(b) 0.20 mm

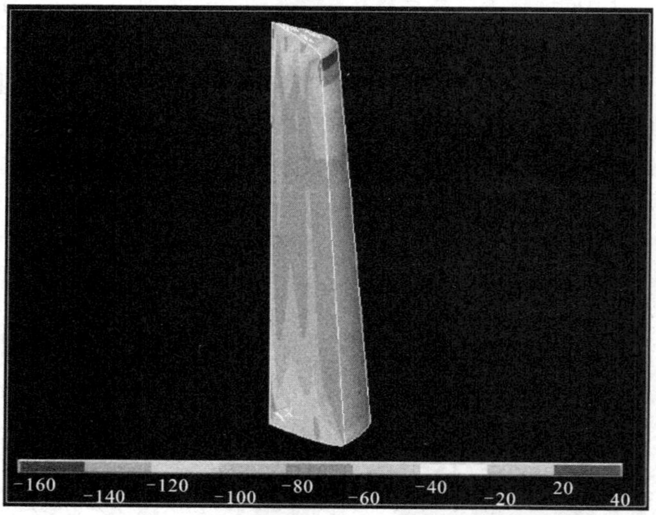

(c) 0.25 mm

图 15-5　不同缝宽透气耐火材料在烧氧过程中的轴向热应力分布(MPa)

15.3.4　优化后透气耐火材料在烧氧过程中的热应力分析

图 15-6 为狭缝结构参数优化后透气耐火材料在烧氧过程中的轴向热应力分布，图 15-7为热膨胀系数逐渐减小后透气耐火材料在烧氧过程中的轴向热应力分布。

通常情况，为了提高透气耐火材料的寿命，其缝宽应该趋向窄缝，然而狭缝过窄会导致透气耐火材料透气量降低而影响精炼效果[4]。因此，本小节更改了透气耐火材料的均宽狭缝，将其外围狭缝设计成 0.16 mm 和 0.25 mm 的两种缝宽，按 1∶1分布。由图 15-4 和图 15-5 对比可以看出，狭缝结构参数优化后的透气耐火材料在烧氧过程中的轴向热应

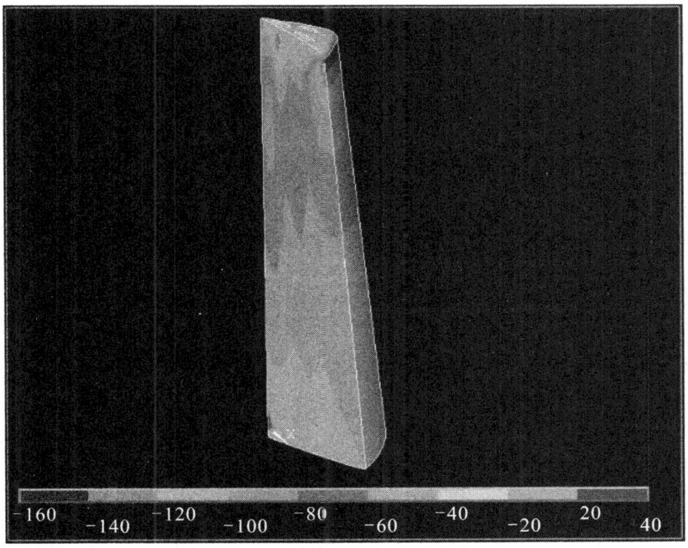

图 15-6　狭缝结构参数优化后透气耐火材料在烧氧过程中的轴向热应力分布(MPa)

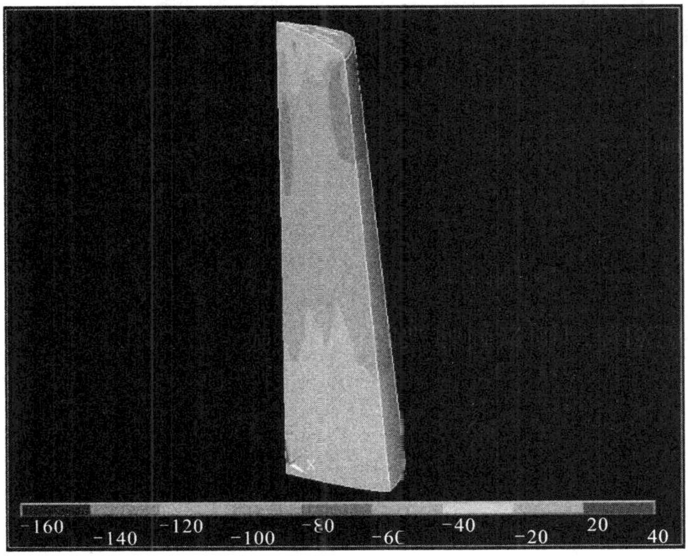

图 15-7　热膨胀性能优化后透气耐火材料在烧氧过程中的轴向热应力分布(MPa)

力分布优于均缝宽 0.20 mm 时，基本接近均缝宽为 0.16 mm 时的分布状态，在保证了精炼效果的情况下提高了透气耐火材料的寿命。

由图 15-7 可以看出，由于再次逐步降低了其热膨胀系数，透气耐火材料在烧氧过程中的轴向热应力分布逐渐更优，除了靠近工作面的小部分区域外，大部分区域轴向热应力均小于 60 MPa，能够较好地避免其在短期内因横断而完全损毁。

15.4 本章小结

(1) 吹气量的改变会使服役中的透气耐火材料产生温度-应力的骤变,其局部会承受较大的热应力交替,容易在近工作面部位产生裂纹和剥落,即吹气量不稳定会对透气耐火材料的寿命产生非常不利的影响。

(2) 透气耐火材料在烧氧过程中极易因周期性急冷急热而导致横断损毁,缝宽趋向窄时轴向热应力会随之降低。

(3) 经过缝宽、分布优化以及热膨胀系数降低后,透气耐火材料在烧氧过程中的轴向热应力分布较优,除了靠近工作面的小部分区域外,大部分区域轴向热应力均小于60 MPa,能够较好地避免其在短期内因横断而完全损毁。

参考文献

[1] 张宝鑫,佟晓军.精炼条件对狭缝式透气砖使用效果的影响[J].耐火材料,2000,34(1):38-40.

[2] 陈荣.钢包温度分布和应力分布模型及应用研究[D].武汉:武汉科技大学,2005.

[3] 孟庆新.钢包外壁热像与内衬厚度之间关系的模拟研究[D].武汉:武汉科技大学,2007.

[4] 米源.钢包底吹氩工艺技术改进[J].耐火材料,2007,41(4):287-289.